国家出版基金项目
NATIONAL PUBLICATION FOUNDATION

国 家 出 版 基 金 资 助 项 目
“十四五”时期国家重点出版物出版专项规划项目

交直流微电网的运行与控制

Operation and Control of AC/DC Microgrids

王 卫　王盼宝　刘鸿鹏　编 著

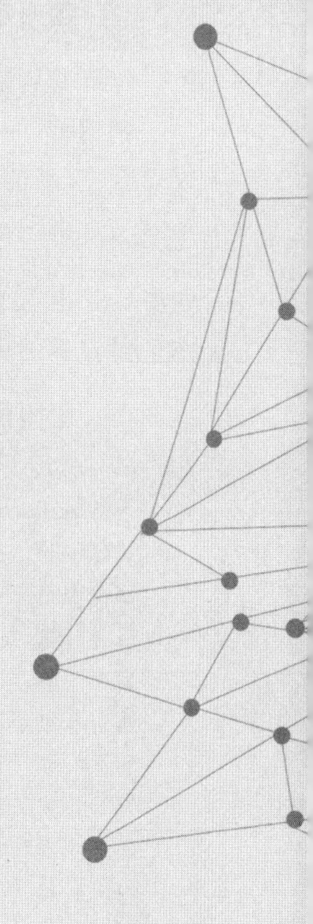

哈爾濱工業大學出版社
HITP HARBIN INSTITUTE OF TECHNOLOGY PRESS

内容简介

本书为新能源先进技术研究与应用系列丛书之一，主要介绍交直流微电网的构成、运行、优化控制等关键技术，是作者通过借鉴国内外相关文献，结合团队多年的科研成果，经提炼后撰写而成。本书从分布式发电有效利用出发，以“现代电力电子技术”为基础，系统深入地讨论交流微电网的孤岛功率控制技术、并网功率控制技术、运行模式切换控制，直流微电网的分布式协同控制技术、二次调节技术、容量优化配置等内容。

本书可为从事新能源开发利用相关研究与应用的工程技术人员提供参考，也可作为高等院校电气工程专业研究生的参考书。

图书在版编目(CIP)数据

交直流微电网的运行与控制/王卫，王盼宝，刘鸿鹏编著. —哈尔滨：哈尔滨工业大学出版社，2024.1

(新能源先进技术研究与应用系列)

ISBN 978-7-5767-1171-4

Ⅰ.①交… Ⅱ.①王… ②王… ③刘… Ⅲ.①电网-电力系统运行-协调控制 Ⅳ.①TM727

中国国家版本馆CIP数据核字(2024)第014006号

策划编辑　王桂芝　张　荣
责任编辑　庞亭亭　王　爽
出版发行　哈尔滨工业大学出版社
社　　址　哈尔滨市南岗区复华四道街10号　邮编150006
传　　真　0451-86414749
网　　址　http://hitpress.hit.edu.cn
印　　刷　辽宁新华印务有限公司
开　　本　720 mm×1 000 mm　1/16　印张14.5　字数285千字
版　　次　2024年1月第1版　2024年1月第1次印刷
书　　号　ISBN 978-7-5767-1171-4
定　　价　88.00元

国家出版基金资助项目

新能源先进技术研究与应用系列

编审委员会

总　序

能源是人类社会生存发展的重要物质基础,攸关国计民生和国家安全。当前,随着世界能源格局深刻调整,新一轮能源革命蓬勃兴起,应对全球气候变化刻不容缓。作为世界能源消费大国,牢固树立和贯彻落实创新、协调、绿色、开放、共享的发展理念,遵循能源发展“四个革命、一个合作”战略思想,推动能源生产和利用方式发生重大变革,建设清洁低碳、安全高效的现代能源体系,是我国能源发展的重大使命。

由于煤、石油、天然气等常规能源储量有限,且其利用过程会带来气候变化和环境污染,因此以可再生和绿色清洁为特质的新能源和核能越来越受到重视,成为满足人类社会可持续发展需求的重要能源选择。特别是在“双碳”目标下,构建清洁、低碳、安全、高效的能源体系,加快实施可再生能源替代行动,积极构建以新能源为主体的新型电力系统,是推进能源革命,实现碳达峰、碳中和目标的重要途径。

“新能源先进技术研究与应用系列”图书立足新时代我国能源转型发展的核心战略目标,涉及新能源利用系统中的“源、网、荷、储”等方面:

(1)在新能源的“源”侧,围绕新能源的开发和能量转换,介绍了二氧化碳的能源化利用,太阳能高温热化学合成燃料技术,海域天然气水合物渗流特性,生物质燃料的化学烟,能源微藻的光谱辐射特性及应用,以及先进核能系统热控技术、核动力直流蒸汽发生器中的汽液两相流动与传热等。

(2)在新能源的“网”侧,围绕新能源电力的输送,介绍了大容量新能源变流器并联控制技术,面向新能源应用的交直流微电网运行与优化控制技术,能量成型控制及滑模控制理论在新能源系统中的应用,面向新能源发电的高频隔离变流技术等。

(3)在新能源的“荷”侧,围绕新能源电力的使用,介绍了燃料电池电催化剂的电催化原理、设计与制备,Z源变换器及其在新能源汽车领域中的应用,容性能量转移型高压大容量电平变换器,新能源供电系统中高增益电力变换器理论及其应用技术等。此外,还介绍了特色小镇建设中的新能源规划与应用等。

(4)在新能源的“储”侧,针对风能、太阳能等可再生能源固有的随机性、间歇性、波动性等特性,围绕新能源电力的存储,介绍了大型抽水蓄能机组水力的不稳定性,锂离子电池状态的监测和状态估计,以及储能型风电机组惯性响应控制技术等。

该系列图书是哈尔滨工业大学等高校多年来在太阳能、风能、水能、生物质能、核能、储能、智慧电网等方向最新研究成果及先进技术的凝练。其研究瞄准技术前沿,立足实际应用,具有前瞻性和引领性,可为新能源的理论研究和高效利用提供理论及实践指导。

相信本系列图书的出版,将对我国新能源领域研发人才的培养和新能源技术的快速发展起到积极的推动作用。

2022 年 1 月

前言

微电网(Microgrid)是一种由分布式电源、储能装置、能量变换装置、负荷、监控和保护装置等组成的能够实现自我控制、管理和保护的小型发配电系统。

随着传统化石能源的日渐枯竭,双碳减排压力的日益增加,分布式发电(Distributed Generation,DG)技术凭借其清洁低碳、经济便捷的优势受到越来越多的关注。随着分布式发电的数量和容量不断攀升,其发展由原来的自给自足转换为与大电网并联运行。大量分布式电源在电网中的渗透必然会给传统电网带来诸多不利影响,如功率间歇波动、供电可靠性降低、保护协调困难等。而微电网可以集成多个分布式电源和负荷,是解决大电网与分布式发电之间矛盾的有效途径,使分布式发电的应用更加灵活、高效、可控,可实现分布式发电的"即插即用"。开发和延伸微电网能够充分促进分布式电源与可再生能源的大规模接入,实现对负荷多种能源形式的高可靠供给,是实现主动式配电网的一种有效方式,使传统电网向智能电网过渡。

微电网系统这一概念于 2001 年由美国威斯康星大学麦迪逊分校的 R. H. Lasseter 教授首次提出,并在 2002 年由美国电力可靠性技术解决方案协会(Consortium for Electric Reliability Technology Solutions, CERTS)给出明确定义。由于微电网能够灵活智能控制且大量采用分布式发电技术,因此其成为世界各国发展各自电力行业、制定能源战略的重要组成部分。

根据公共配网接入点为工频交流的特点，交流母线式微电网因其结构简单、控制灵活、管理简便，成为当今的主流模式。但交流微电网具有电能转换环节多、网络损耗大、电网运行控制复杂等缺点，这与高效、高可靠、高电能质量供电服务相矛盾。为解决上述问题，不同分布式电源无须任何同步的直流微电网应运而生。其主要优势体现在：分布式电源与直流母线的连接形式更便捷，易于实现分布式电源间的协调控制，线路成本和损耗低，没有无功功率平衡和稳定问题，电网运行可靠性更高。

在微电网研究领域，最关键的技术是微电网的运行与控制。作者通过借鉴国内外的相关文献资料，结合团队多年的科研成果与体会完成本书的撰写。全书共7章，第1章绪论概括地介绍了分布式发电与微电网技术及交直流微电网的运行与控制。第2～4章从交流微电网的运行方式、模式切换等方面入手，针对交流微电网的功率分配、系统运行动态特性、谐波及离并网运行模式切换等问题进行了系统分析，创新性地提出了弹性功率控制、谐波功率均分方法、并网电流谐波抑制方法及并联系统运行模式无缝切换控制，以保证交流微电网运行的稳定性。第5～7章介绍直流微电网系统的分布式协同控制技术、二次调节技术及容量优化配置，主要包括直流微电网基本控制原理、光伏发电单元无缝切换控制方法、直流微电网协同运行方法、直流下垂控制局限性分析、基于下垂平移的直流二次调节技术、自适应阻抗直流二次调节技术、直流微电网容量配置模型、基于多目标优化算法的容量配置方法、直流微电网优化配置案例分析等，实现直流微电网更加自主、稳定、高效、经济地运行。

本书在撰写过程中，得到了多位专家提出的宝贵意见，张伟、江师齐博士参与了部分章节的整理工作，在此一并表示衷心的感谢！

由于作者学识水平有限，书中疏漏之处在所难免，敬请广大专家读者提出宝贵意见。

作　者

2023年10月

目 录

第1章

绪　论

能源和环境问题的双重压力使得利用可再生能源发电成为当前发电市场的一个重要发展方向。而需求侧分布式发电对充分利用可再生能源起着至关重要的作用。在此情况下，由分布式电源、储能装置、负载等整合而成的小型发配电系统——微电网应运而生，为助力分布式发电发挥其最大潜能做出了重大贡献。本章首先介绍分布式发电的国内外发展现状、发展趋势及其面临的问题，进而引出微电网技术。在简要介绍微电网的产生背景、发展现状及组成结构的基础上，着重总结和分析交流和直流微电网的运行与控制等关键技术。

1.1 分布式发电与微电网技术

面对日益严峻的能源资源约束、生态环境恶化、气候变化加剧等重大挑战，全球多个国家纷纷加快了建立低碳化能源体系的步伐。国际能源署预测：可再生能源在全球发电量的占比将于2050年从目前的27.8%攀升至86%。分布式发电技术凭借其清洁环保、灵活便捷的优势受到越来越多的关注。然而，随着可再生能源发电的渗透率逐年上升，分布式发电系统的不足（如分布式电源的随机性和波动性、分布式电源能量的不确定性及配电网潮流反向）逐渐暴露出来。为了解决高渗透率分布式发电系统的并网运行问题，减小其对电网稳定性的冲击，2001年，美国威斯康星大学麦迪逊分校的R. H. Lasseter教授首次提出了微电网系统（Microgrid System，MGS）的概念。

1.1.1 国内外分布式发电技术的发展

分布式发电系统中的发电设施称为分布式电源，主要包括风力发电、光伏发电、生物质能发电、潮汐能发电设施，以及燃料电池、微型燃气轮机等。随着世界范围内能源领域竞争加剧，各国纷纷制定了适合各自特点的可持续发展战略，分布式发电技术以其独有的经济性和环保性等特点引起了世界各国及相关科研机构的关注，欧盟各国和美国、日本等国家已经将分布式发电作为能源结构调整战略的重要内容。

美国能源信息署发布的《2011年度能源展望》指出，2011—2035年，美国居民以及商业机构用于购买分布式能源设备、发电系统和电器节能等方面的资金将新增110亿美元，分布式能源平均增长率约0.6%。美国商业分布式能源系统装机容量将从2009年的190万kW增加到2035年的680万kW。预计在2035年，可再生能源将占分布式能源供应的50%。

日本的分布式发电以热电联产和太阳能光伏发电为主，总装机容量约

3 600 万 kW，占全国发电总装机容量的 13.4%。日本政府在 2003 年出台的《能源总体规划设计》中系统阐述了发展和普及使用分布式燃料电池、热电联产、太阳能、风力、生物质能和垃圾发电的目标。据国际分布式能源联盟对日本能源供需前景的预测，到 2030 年日本分布式发电比重将达到总发电量的 20%。

2022 年，我国国家能源局、科学技术部联合发布《“十四五”能源领域科技创新规划》明确提出在“十四五”期间围绕先进可再生能源、新型电力系统及其支撑技术集中攻关、示范实验、应用推广的路径，给出了具体技术路线图。

由于分布式发电系统运行时会对常规电力系统的可靠性、电能质量、继电保护等方面造成影响，因此必须制定统一的标准和规范以保证分布式发电系统与电网间的协调稳定运行。此外，并网标准应当适用不同类型的分布式发电设备和利益相关者，即所谓的无差异性。目前，世界上大多数国家已经制定了适应各自国情的分布式发电系统运行标准和技术要求，如美国的《分布式电源接入电力系统标准》IEEE P1547—2003。

1.1.2 分布式发电对常规电力系统的影响

随着分布式发电技术在电力系统中的渗透程度逐渐加深，电力系统的运行规划、保护等方面受到了一定影响。

(1)对继电保护的影响。

当前的配电网通常是辐射状的，潮流自电源向用户单向流动，继电保护通常是在变电站附近安装反向过流断路器，主馈线和支路上也分别装有自动重合闸装置和熔断器，但是这种保护方式不具有方向性，且无法确定故障发生的具体位置。随着分布式发电装置的接入，配电网电源数量及其分布均发生了根本性变化，电力系统中的单向潮流变为双向潮流，原有继电保护方式无法满足这一变化。因此，要求分布式发电系统接入电力系统后与原有继电保护设备良好配合。

(2)对电能质量的影响。

分布式发电系统与电网并联运行会使电力系统的电压和频率发生一定变化，对现有电力系统的电能质量造成影响。分布式发电系统的接入及退出等情况会导致电压发生波动、闪变等；所采用的拓扑结构、控制策略以及高频器件的开关动作都会对电网造成一定的谐波污染；由于分布式发电的出力具有随机性特点，因此可能导致部分负载点处电压被抬高，使原有电力系统的电压分布发生变化；当分布式电源出力无法满足负载增减要求时，也会加剧电力系统的波动。

(3)对安全性和可靠性的影响。

随着分布式发电系统的接入，原有电力系统的辐射状结构发生了改变，系统

中的单电源变为多电源，这就使得系统中原有的保护装置发生误动作的概率增大，影响原有系统中保护设备的协调运行。当分布式发电系统并网运行时要保证其可靠接地，防止单相接地短路时非故障相过电压。另外，当电网发生故障时要采用有效的应对措施，避免分布式发电系统形成的孤岛对设备和人员安全造成威胁。

(4)对电力系统规划的影响。

分布式发电系统出力的时变性及其接入和退出的随机性，使得电力系统负载预测难度大大增加；同时，电力系统中增加的新节点使原有结构和规划更加复杂。按决策变量的类型可以将存在分布式发电系统的配电网规划分为单一规划和综合协调规划两类。另外，新的规划过程在综合考虑经济性和安全性的同时，还要兼顾投资成本、静态电压稳定裕度和系统网损等优化目标。

因此，为了解决分布式发电系统与电力系统之间的矛盾，保证分布式发电技术为大电网和用户提供利益的最大化，满足电力系统的灵活可控、经济运行以及供电可靠性等要求，微电网概念一经提出，便得到了各国政府及学术界的广泛关注。

1.1.3 微电网的提出与发展现状

为了充分利用灵活、清洁、可再生的分布式电源，同时减小对大电网的频繁干扰，学者们提出了以微电网作为实现分布式发电系统可靠集成的运行方式。虽然世界各国发展微电网的侧重点不尽相同，对微电网的定义也有所不同，但总体来说，微电网是由分布式发电单元、储能装置、本地负载以及相应的能量变换、控制、监测、保护装置等组成，就近形成的一个小型自治供配电系统。微电网中各种不同类型的分布式电源互补和组合，再通过公共连接点单点接入大电网，加之储能装置起到一定的平抑作用，避免了大规模分布式电源单独并网所引起的波动和干扰。微电网对于大电网而言是一个可控的供配电子系统，可以作为大电网运行模式的补充，与大电网相结合共同拓展供电容量，提高供电安全性和可靠性，是智能电网的重要发展方向之一。

微电网这一概念最早于2001年由美国提出，一经提出便得到了世界范围内的巨大反响。除了美国之外，日本和欧盟中部分发达国家的学者均对其积极展开研究，政府部门也随之推出了相关的支持和推动政策。目前，各国学者已经在微电网技术的理论基础、建模仿真、运行控制等方面取得了很多成果，并建立了规模性的示范工程项目，以对微电网技术进行验证及进一步研究。微电网已成为世界范围内很多国家发展智能电网、节约化石能源和推动清洁能源发展战略的重要组成部分。

随着新型电力系统的构建和发展，与之相适应的微电网技术也在不断发展成熟，除了主流的交流母线式交流微电网（AC Microgrid），直流母线式直流微电网也成为当今的研究热点，其各自的运行与控制等关键技术便是本书介绍的主要内容。

1.2 交流微电网的运行与控制

交流母线式交流微电网因其结构简单、控制灵活、管理简便，成为当今微电网的主流模式。本书第2～4章将主要介绍交流微电网孤岛功率控制技术、并网功率控制技术和运行模式切换控制。

1.2.1 交流微电网的构成

交流微电网主要由各种分布式发电单元（以电力电子变换器为主的风力发电、光伏发电等），储能单元（蓄电池或超级电容等），其他能源（燃料发电机等），本地负载（关键负载和一般负载）及监控、保护装置构成。它可以工作在孤岛模式，依靠系统自身能量输出满足本地负载功率需求；同时，它也可以工作在并网模式，将系统富余能量传输至公共电网或从公共电网吸收能量，维持系统能量平衡。两种运行模式可以灵活切换。图1.1所示为交流微电网典型结构图。

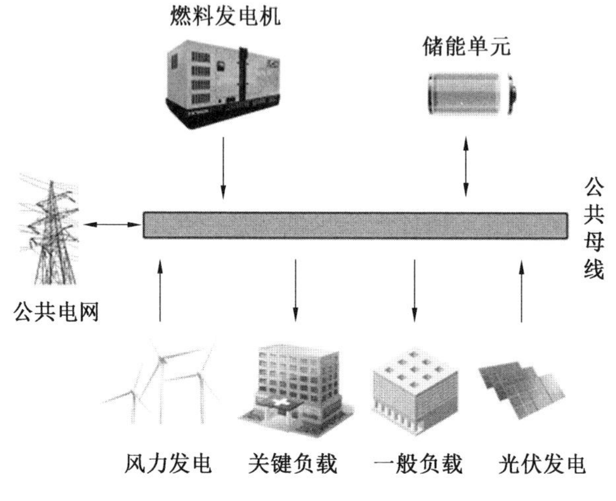

图1.1 交流微电网典型结构图

(1)分布式发电单元。

近几年,我国多家公司、多所高校及科研院所在分布式发电方面研究成果显著,已建成了多个光伏、风力发电示范工程。我国可再生能源储量丰富,并且具有技术、资源、政策等多方面优势,未来可再生能源将逐步从补充能源转变为替代能源。由于风电、光伏发电具有区域性、分布性的特点,因此将可再生能源引入微电网是分布式发电技术大规模应用的有效手段。另外,由于分布式电源受外界自然条件影响较大,输出特性存在时变性、波动性和不连续性等特点,因此在实际应用中需要充分考虑不同类型分布式电源的运行特点,不能仅将其简化为恒定的电压源或电流源。

(2)储能单元。

考虑到微电网中大量使用输出功率波动剧烈的分布式电源、微电网系统中负载的频繁变化以及接口逆变器等电力电子设备相对于传统发电机惯性很小等诸多因素,需引入储能单元保证系统短时和长时的能量供需平衡,实现能量缓冲,改善供电质量。目前,比较常用的储能元件有蓄电池和超级电容。蓄电池能量密度大,能够大量存储电能,可保证长时能量平衡,是较为理想的储能元件。相比蓄电池来说,超级电容功率密度较大,更加适合处理尖峰负载以及系统状态切换过程中产生的短时能量不平衡,所以混合储能是未来的发展趋势。

(3)本地负载。

微电网中的负载可分为普通型负载和敏感型负载两大类。由于相对敏感型负载来说,普通型负载对供电质量和可靠性要求较低,因此系统设计过程中应充分考虑两种负载的供电需求,优先保证敏感型负载的高质量可靠供电。当系统能量无法满足全部负载供电需求时,首先切除普通型负载,保证敏感型负载优先供电,待系统能量充足时再恢复普通型负载供电。

(4) 监控、保护装置。

微电网一般作为一个可控单元离并网运行,需通过中心控制器进行协调控制和能量管理。微电网若采用分层控制,除各单元的底层控制器外,中心控制器可实现系统整体上的监控管理和保护解列,它通过控制总线与底层控制器建立通信联系,调节系统的能量平衡、设置各单元运行工作点、接入和切除普通型负载、检测系统故障及提供相应的保护措施等,保证系统供电质量及运行的稳定性。

交流微电网系统的容量一般在千瓦至兆瓦之间,通常多在中低压配电网系统中使用。一方面,它可看成是具备发、输、配电功能的小型电力系统,可以平衡局部功率需求并优化能量配置,灵活的离并网运行模式是其与传统分布式发电系统的最大区别;另一方面,交流微电网又可以看作是配电网中的电源簇或负载簇,可实现分布式发电系统(Distributed Generation,DG)并网能量集成可控化、多种能源利用有效化、本地关键负载供电持续化及电网运行经济化。

1.2.2 交流微电网的运行与模式切换

交流微电网系统是一个小型的自治系统,其通过静态开关与大电网单点相连,从而能够有效减小大量分布式电源分别接入大电网所带来的负面影响。微电网系统的主要优势之一就是其运行模式灵活,既能工作在并网运行模式,又能工作在离网运行模式。

工作于并网运行模式的微电网,若本地负载需要吸收的功率比分布式电源能够输出的总功率大,则微电网系统从大电网吸收相应的功率差额;若本地负载需要吸收的功率比分布式电源能够输出的总功率小,则微电网系统向大电网输出相应的功率差额。并网运行的微电网系统既能保证本地负载的可靠供电,又能充分利用分布式电源,同时避免了传统分布式发电与大电网之间的多点能量交换。

当微电网系统因大电网发生停电故障或电能质量较差等而被动与大电网断开连接时,或微电网系统由于自身原因主动脱离大电网时,微电网系统转换为孤岛(离网)运行模式。此时的微电网系统失去了大电网的支撑,通过调度系统协调自身的分布式电源及储能单元继续为本地负载供电,独立保证自身系统内的功率平衡,使系统能够继续平稳地运行。孤岛运行的微电网系统与以传统方式发生孤岛效应的分布式电源不同,其能够继续利用分布式电源为本地负载供电,既避免了分布式能源的浪费又保障了本地负载的供电。

此外,两种模式间的转换过渡过程最为关键。大电网故障时微电网系统脱离转换为孤岛运行,大电网恢复时微电网系统再次并网运行。为保证本地负载供电的连续可靠,不受电网故障和模式切换的影响,分布式电源应保持不间断工作,微电网系统需要采取合理的控制策略和能量管理等手段实现无缝切换,使系统内电压、电流、频率等在两种模式间平滑过渡。切换过程是微电网系统运行的重要一环,本书第 4 章将详细介绍其离并网模式无缝切换运行控制技术。

1.2.3 交流微电网系统控制技术

由于交流微电网系统的结构组成多样,运行模式灵活,因此其控制技术也十分复杂,使用合适的控制技术是保证微电网系统正常运行的关键所在。相比于传统的发电机,分布式发电单元具有更高的可控性和可操作性,这也使得基于分布式发电的微电网系统在维持电网稳定性方面扮演重要的角色。随着微电网电力需求的不断增加，需采用多逆变器并联运行的方式来提升系统容量，因此微电网并联逆变器控制成为微电网系统控制的关键。

并联逆变器控制方式如图1.2所示。从逆变器间有无通信互联线方面可以将并联逆变器控制分为有互联线控制和无互联线控制。有互联线控制以集中控制、主—从控制和分散控制为代表；无互联线控制以下垂控制为代表。

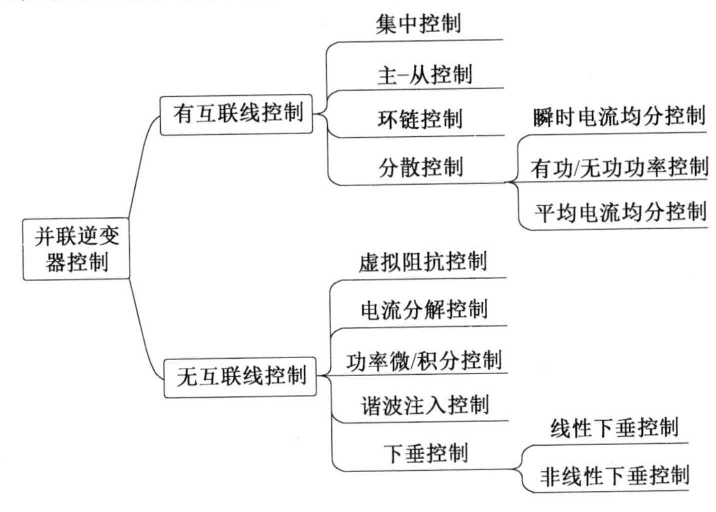

图1.2 并联逆变器控制方式

1. 集中控制

图1.3为并联逆变器集中控制。集中控制需要使用锁相环以保证输出电压的频率和相位与公共同步控制信号的一致性。电流均分控制模块将各逆变器的输出电压和负载电流通过通信线传送至集中控制器，由集中控制器在线计算最优运行模式，调节生成电流参考并发送给各分布式发电(DG)单元，再由DG单元完成电流调节，实现功率的分配。集中控制方式的主要优势是不论暂态还是稳态均可以保证电流的合理分配。然而，这种控制方式必须包含一个集中式控制器，这使得系统难以扩展，降低了系统冗余。此外，为了实现DG单元之间的同步，必须使用高带宽通信链路将电流参考分发给所有变换器。这些技术高度依赖于通信，很可能受单点故障的影响降低系统的可靠性。

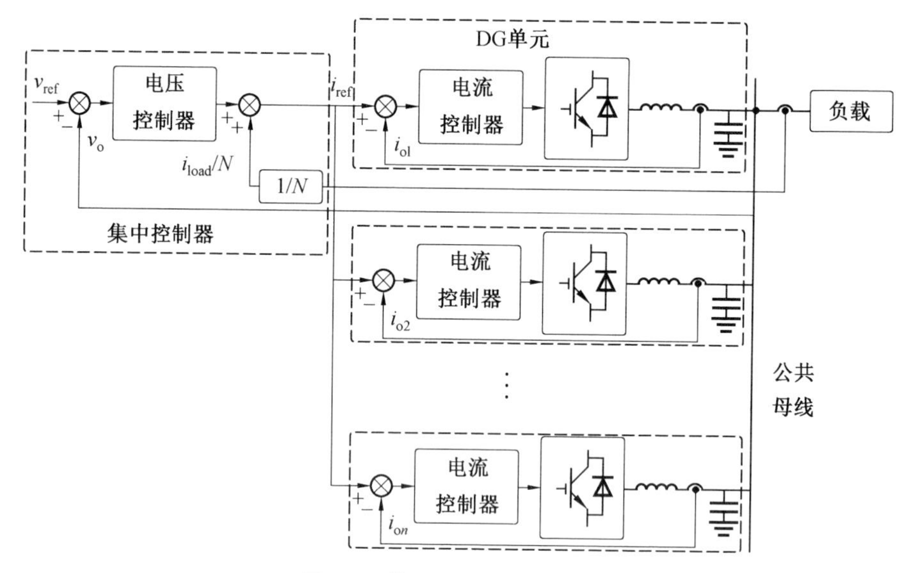

图 1.3　并联逆变器集中控制

2. 主一从控制

为了解决集中控制方式中集中控制器的低可靠性问题，学者们提出了主一从控制方式，并联逆变器主一从控制如图 1.4 所示。其主要控制原则是从并联逆变器中选取某一 DG 单元或所有 DG 单元轮流充当主机，采用电压型控制并为从机提供电压支撑；除主机之外的所有 DG 单元充当从机并采用电流型控制，与主机协同为负载供电。主一从控制具有简单、易装备的优点，可以获得很好的功率分配性能。如果主逆变器失效，某一从逆变器将切换控制策略作为新的主逆变器使用，不会影响并联运行。然而，所有主一从控制方法都存在一个明显的问题：因为主输出电流不受控制，在瞬态过程中可能会出现较高的输出电流超调，所以不能保证良好的瞬态性能。

3. 分散控制

由于集中控制和主一从控制仍然存在低可靠性的问题，为此，提出了分散控制方式，并联逆变器分散控制如图 1.5 所示。其主要思想是并联系统中每一个 DG 单元的地位都是相等的，没有绝对固定的主或从单元，自然也不需要中心控制器。当并联系统中的某一个 DG 单元发生故障时可自动脱网，其他单元的运行不会受到影响。分散控制的明显特征是任何一个 DG 单元所需要的信息不是全局的而是邻近的，其通信带宽比集中控制更低。无中心控制器且模块对称化使得分散控制能够获得很好的电压调节和基波功率均分控制特性。然而，这种

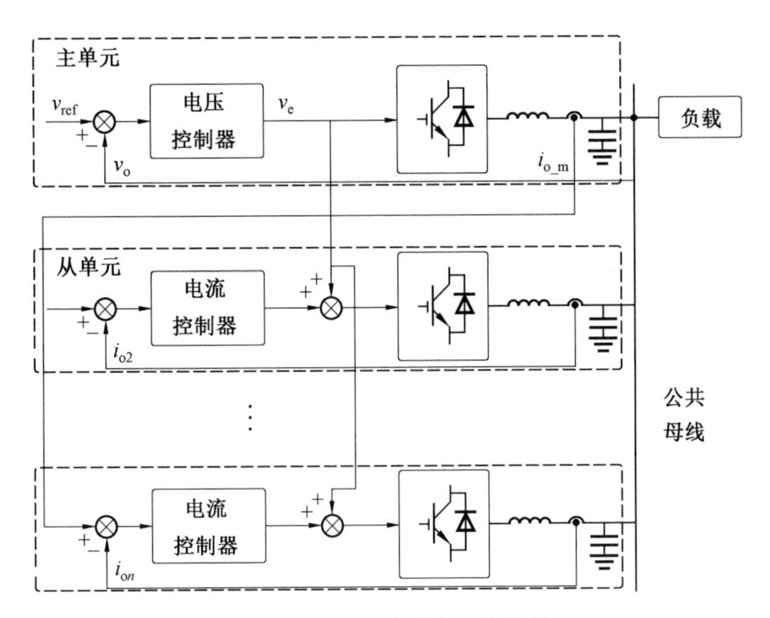

图 1.4 并联逆变器主一从控制

方案仍然需要互联通信线，系统的灵活性和冗余性也随之降低。当并联 DG 单元数量和互联线距离增加时，系统中会出现更多的干扰。

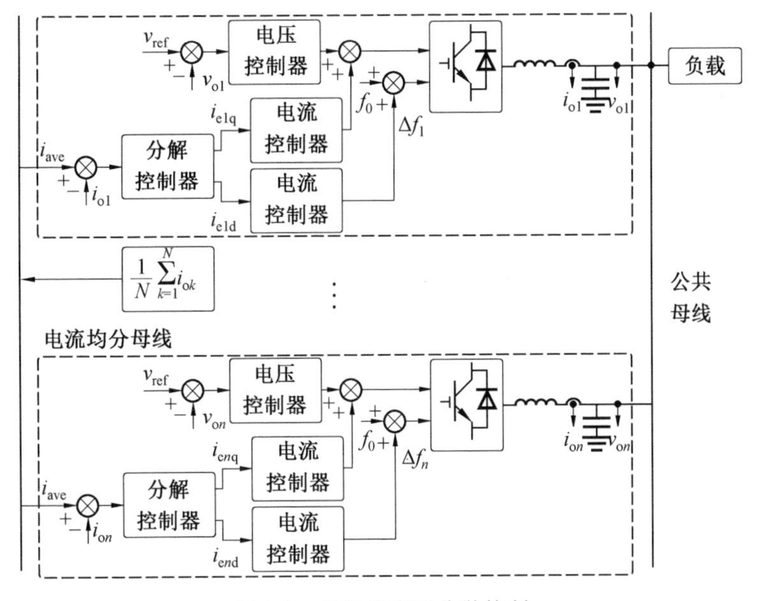

图 1.5 并联逆变器分散控制

4. 下垂控制

虽然以集中控制、主一从控制和分散控制为主的有互联线控制方式存在的不足在近些年已逐步被改进的方法克服，但这些方式均需要使用通信互联线，无法应用于相对位置遥远的逆变器。为了减小系统复杂度、降低系统设计成本、提升系统冗余性、加强系统的可靠性，众多无通信互联线的方法涌现出来，如虚拟阻抗控制、电流分解控制、功率微/积分控制、谐波注入控制和下垂控制。其中，下垂控制的应用最为广泛，并联逆变器下垂控制如图 1.6 所示，它的使用使并联逆变器满足电力电子技术中“等效”和“即插即用”的控制概念。该控制方法不需要使用控制总线和通信总线，可以根据并联逆变器系统的控制目标，利用传统同步发电机的外特性来控制 DG 单元，使各单元动态均分负载功率。当系统内部负载发生变化时，所有 DG 单元会根据自身下垂系数按比例重新分配负载功率。为使并联逆变器系统实现合理的输出功率分配，各 DG 单元通过调节自身输出电压幅值和频率，使整个系统从原有工作点移动到一个新的稳态工作点。

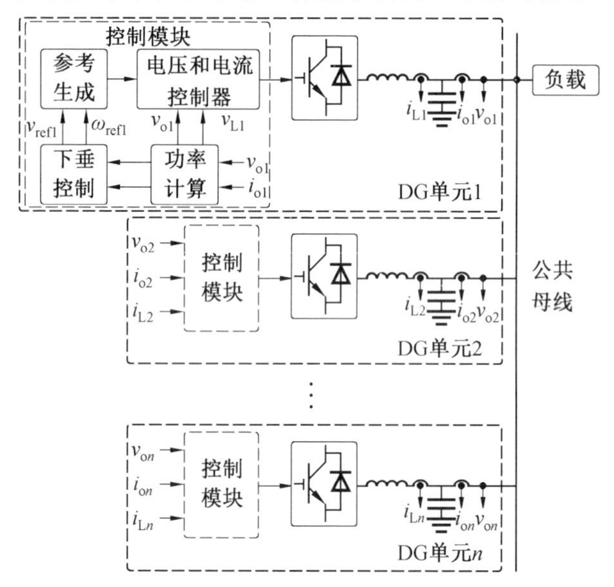

图 1.6　并联逆变器下垂控制

并联逆变器控制技术的不断进步为微电网系统的发展提供了保障。由于微电网中可再生能源具有分布性，下垂控制凭借无须使用通信互联线、容易装配、可靠性高等特点，近年来已经成为并联逆变器控制研究的热点课题，国内外学者对其在并联逆变器系统中孤岛运行模式下的负载功率分配、外部扰动抑制、运行模式无缝切换及并网电流谐波抑制等方面展开了大量的研究工作，并取得了一系列的进展。

1.3 直流微电网的运行与控制

微电网系统所包含的各类分布式单元中，光伏发电、储能等单元的输出电流本身即为直流电，而风力发电机输出虽为交流电，但其输出频率是变化的，交直流转换环节仍不可避免。同时，随着信息技术、电动车技术、发光二极管(Light Emitting Diode，LED)照明技术的大力发展，直流供电设备日益增多。若将上述分布式发电单元、储能单元与直流负载间直接采用直流传输线及直流变换器进行互联，进一步组成直流微电网，不仅可以减少损耗、提高系统的经济性，还可以提高供电可靠性和供电质量。

归纳起来，直流微电网具有以下显著优点：

①直接以直流传输线通过DC－DC变换器(DC－DC Converter)连接各分布式电源、储能装置和终端负载，无须使用大量DC－AC变换器(DC－AC Converter)，可减少系统中能量转换次数，提高系统效率并降低故障率。

②通过控制直流母线电压的稳定即可实现微源与负载间的功率平衡，对其潮流控制主要取决于电流，有利于实现系统各组成单元的协调控制。

③无须考虑如相位、频率同步及交流损耗等在交流微电网中才存在的问题，系统的可控性和可靠性大大提高。

④直流供电不存在趋肤效应和无功功率流动等现象。

综上，作为一种先进的可再生能源利用手段，直流微电网兼具节能、低成本、高可控性等优点，是未来微电网发展比较理想的方案。本书在第5～7章将详细介绍直流微电网分布式协同控制技术、二次调节技术及容量优化配置。

1.3.1 直流微电网的构成

直流微电网可按照其电压等级、母线结构和规模大小进行分类。其中按照规模大小，可将直流微电网分为简单型微电网和复杂型微电网两类。美国弗吉尼亚理工大学电力电子系统中心(Center for Power Electronics Systems，CPES)率先展开了对直流微电网的研究，并于2007年提出了“可持续建筑项目”(Sustainable Building Initiative，SBI)研究计划，致力于智能建筑可持续供电方案的研发。进一步地，该研究中心又于2010年提出了“可持续建筑和纳米电网”

(Sustainable Building and Nanogrids,SBN)研究计划,采用直流微电网为楼宇供电。典型直流微电网组成结构如图 1.7 所示,系统通过电压等级为 380 V 的直流母线连接各单元变换器和主要用电设备,同时使用 48 V 直流电为低压设备供电。系统中还设置了一个能量控制中心(Energy Control Center,ECC),可通过无线通信网络参与系统的能量优化管理。

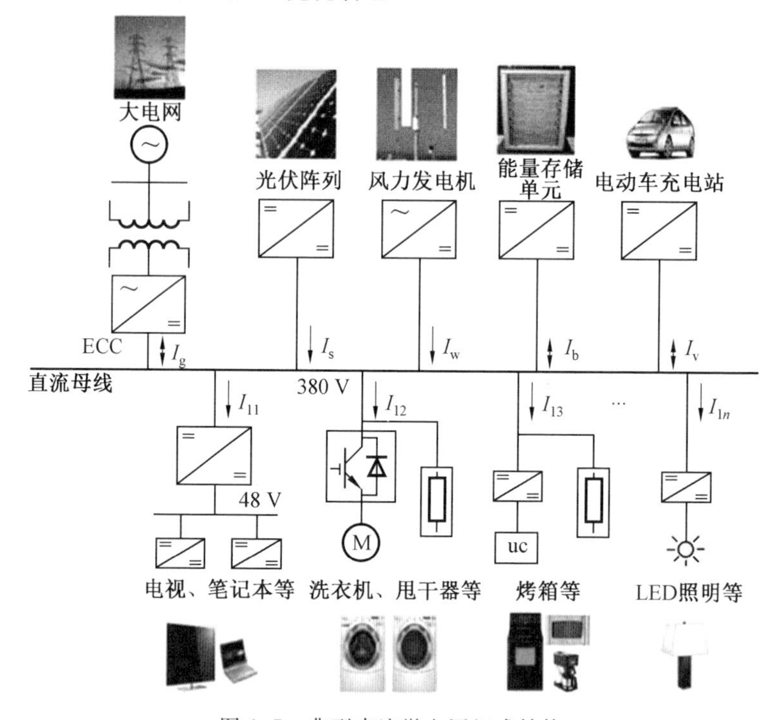

图 1.7　典型直流微电网组成结构

依据直流母线电压等级,也可将直流微电网分为高压配电变电站级、中压馈线级和低压级三个不同等级类型。直流母线电压等级的确定应充分考虑实际负载类型需要和现有交流设备对输入电压范围的要求。在低压直流母线电压标准方面,欧洲电信标准化协会(European Telecommunication Standards Institute,ETSI)提出使用400 V电压为直流设备供电,另一所标准化促进机构 EMerge Alliance 则提倡使用 380 V 作为直流母线电压标准,同时使用 24 V 电压为系统中的低电压直流设备供电。

根据母线的构成方式,直流微电网主要可分为单母线型、多重母线型和多层母线型三类。有学者给出了一种单母线型直流微电网体系结构,系统直流母线电压为 170 V,并通过电力电子变换设备实现为 AC 110 V、DC 100 V 和 DC

48 V三种不同电压类型负载供电，同时通过双向变换器和保护装置与AC 230 V电网实现能量交换。此类结构可与现有的交流接线板等转接设备兼容，但连接低压设备时变换器电压应力相对较大。有学者给出了一种双重母线型直流微电网体系结构，系统中直流母线电压为±170 V，采用中间接地方式。该系统通过逆变器和保护装置与220 V交流电网相连，可同时为三相AC 200 V、单相AC 100 V和DC 100 V三种负载供电。该结构可满足后级变换器不同电压等级需求，且易于实现交直流共地，但由于系统中负载类型不同，因此要保证不同电压等级的供电质量，尤其是系统中直流负载较多时维持正负母线电压平衡较为困难。还有学者给出了一种双层母线型直流微电网体系结构，系统中包括DC 220 V和DC 380 V两类不同等级的直流母线，分别为普通家电和变频类负载供电，与交流电网之间采用整流器连接，能量仅能由电网单向流入微电网。此类直流微电网具有系统兼容性好、供电电能质量高、安全性好、易于实现"削峰填谷"电能调节等优点，但也存在控制结构复杂、负载类型单一等缺点。

1.3.2 直流微电网的协同控制

已有学者对直流微电网的运行模式、控制方法进行了相关理论研究，但微电网中可控单元较多并且分散，为确保其长期可靠稳定运行，还需对不同工况及电网扰动下各端口电力电子变换器的协调控制策略进行深入探讨。依据并网变换器的工作状态，微电网通常运行在并网和离网两种运行模式下，现有的直流微电网协调控制方式可大致分为主一从控制、对等控制和分层控制三大类。

1. 协调控制

采用主一从控制时，一般需要建立主一从控制器间的点对点通信，整个系统对主单元有很强的依赖性。主一从式协调控制的控制性能主要依赖各单元间的高速通信，增加了系统复杂性，不利于系统的稳定运行和扩容，并且当通信出现故障时可能导致整个系统无法正常运行。若采用主一从控制维持直流微电网能量平衡，选取一个大容量的发电单元用来稳定直流母线电压，其余发电单元则以电流源形式与系统交换能量。依此搭建的主一从控制式直流微电网平台，通过设置微电网中心控制器(Microgrid Central Controller，MGCC)实现各单元的输出功率调节，并通过控制器局域网络(Controller Area Network，CAN)总线实现中心控制器与各发电单元之间的高速通信。主一从控制具有简单、易实现等优点，但通信线的存在限制了发电单元间的距离。当主机或通信出现故障时，有可能导致整个系统的崩溃。

采用对等控制时，不需要各单元间的快速通信，系统各单元可实现"即插即用”，但各变换器运行模式切换需要统一的切换判据。有学者通过一个电网侧变换器和蓄电池单元实现直流下垂控制。当分布式发电单元发出的能量多于负载吸收的能量时，多余的能量可用于蓄电池充电或并网发电；当分布式发电单元发出的能量不足时，不足的能量可由蓄电池或电网供给。上述方案通过对下垂系数的分段处理，实现了当负载能量需求发生变化时，电网和蓄电池单元出力的合理分配。但是该系统中交流电网始终参与能量交换，当电网发生故障时系统无法实现独立运行。

基于分层控制的直流微电网协调控制策略将微电网控制分为多个层面，每个层面分别承担不同时间尺度的控制任务，有利于实现系统的稳定运行和能量优化管理。直流母线电压分层控制原理如图 1.8 所示，该控制方式通过检测直流电压变化量来协调各单元变换器的工作方式。首先为参与运行的变换器分配指定的稳定母线电压参考值 u_{dc}^*，并将其与母线电压采样值 u_{dc} 进行比较，由比较结果确定变换器的输出状态 S。每个电压等级下都安排有同一类别的发电单元工作在恒压状态，稳定该层级的电压值，系统中其他单元则运行在电流模式。为避免运行过程中工作状态的频繁切换，在切换点处加入了滞环控制。

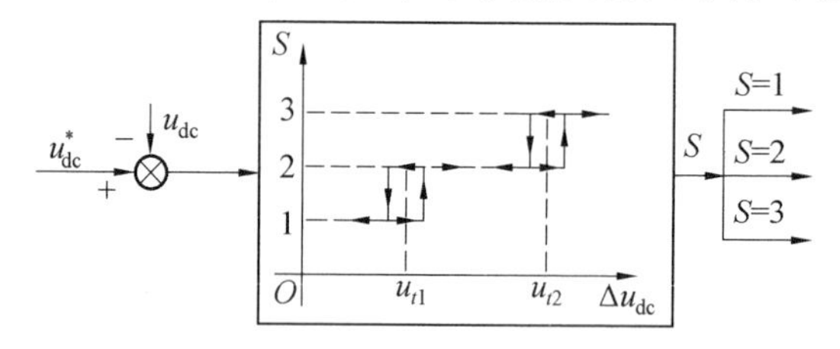

图 1.8　直流母线电压分层控制原理

例如，一种使用风力发电作为分布式发电单元的直流微电网协调控制方案，依照直流母线电压信息方式将系统运行模式分为三种，由相应的发电单元稳定各模式下直流母线电压；又如，一种基于四层电压等级的直流微电网协调控制方法被提出，系统以光伏作为分布式发电单元，由蓄电池作为系统能量补充，通过设置四层对应的运行模式，可使系统依照母线电压信息以并网或离网方式运行；还有学者提出一种三模式划分的直流微电网协调控制方法，三层电压等级分别由电网、储能装置和可再生能源控制，并给出了各单元下垂特性和控制策略。

2. 运行模式与切换

新近有学者将微电网的运行模式分为被动并网、主动并网和离网运行三个状态。在被动并网状态中，直流微电网电压由双向 AC－DC 并网变换器控制，光伏发电单元工作在最大功率跟踪模式，但此时电网与微电网间没有能量交换，系统的功率平衡由蓄电池完成；当系统中发电单元供给不足以维持负载所需时，切换至主动并网状态，此时电网向微电网提供部分能量；当电网出现故障时，双向AC－DC并网变换器停止工作，系统独立运行(即切换至离网运行状态)。

可见，直流微电网的运行模式还可根据直流微电网与电网间功率交换形式，以及直流微电网系统中分布式发电单元、储能单元等不同控制方式来进行划分。几种直流微电网运行模式分类方式见表1.1。

表1.1 几种直流微电网运行模式分类方式

分类方式	模式1	模式2	模式3
方式1	联网自由模式(AC－DC并网变换器稳定直流母线电压，确保系统功率平衡)	联网限流模式(AC－DC并网变换器工作在限流模式，储能单元稳定直流母线电压)	离网运行模式(AC－DC并网变换器断开，储能单元稳定直流母线电压)
方式2	并网运行模式(AC－DC并网变换器工作于整流或逆变状态，稳定直流母线电压)	离网运行模式A(AC－DC并网变换器断开，分布式发电单元稳定直流母线电压)	离网运行模式B(AC－DC并网变换器断开，储能单元稳定直流母线电压)
方式3	主动并网模式(AC－DC并网变换器稳定直流母线电压，与直流电网进行能量交换)	被动并网模式(AC－DC并网变换器稳定直流母线电压，但不参与能量交换)	离网运行模式(AC－DC并网变换器断开，储能单元稳定直流母线电压)

直流微电网运行过程中，系统应依据各单元的运行状态和负载情况在不同运行模式之间合理切换，以保证系统内能量平衡和稳定运行。在上述运行模式中，当某一模式下参与稳压的发电单元发出能量不足时，由于其他单元运行在恒流模式，因此直流母线电压将下降；反之，直流母线电压将上升。同时，由于各单元输出端直接并联在直流母线上，无须通信即可直接获取直流母线电压信息(DC Bus Signaling)。基于上述原理，为了实现直流微电网不同运行模式的自主切换，采用基于母线电压信息的协调对等控制方法，将直流母线电压分为若干等级，并将其作为系统运行模式切换以及各单元工作状态转换的统一判据，其过程无须中心控制器干预。

同时，由于直流微电网各单元存在多种运行状态，在不同运行状态之间进行转换时，可能会出现不期望的电压、电流暂态冲击。为此，有学者提出了运行状态平滑切换方法，即一种光伏单元恒压控制（Constant Voltage Control，CVC）与最大功率跟踪（Maximum Power Point Tracking，MPPT）平滑切换的控制策略，通过合理设置直流母线电压与光伏电压各自比较值的限幅，并选取两者控制量较小者作为光伏变换器脉冲宽度调制（Pulse Width Modulation，PWM）占空比控制量，实现不同控制率的依序输出。另有学者通过光伏阵列输出端电压的闭环控制，设计了最大功率跟踪和稳定输出端母线电压控制策略，实现了对光伏发电单元不同运行状态的统一控制。

综上，主从控制通过中心控制器实现直流微电网系统中各单元的协调控制，具有实现容易、各单元输出一致性好等特点，但这种控制方式依赖高速通信，系统可靠性不高、扩展性差。对等控制可实现直流微电网系统中微源的"即插即用"，当某个单元出现故障时，不影响整个系统运行，鲁棒性好。直流微电网可通过直流母线电压信息对各单元间进行协调对等控制和能量管理，但同时也要保证母线电压在正常范围内变化。此外，直流微电网中包含了多种微源，其运行特性也各有不同，需要合理协调各种微源与负载之间的功率平衡，达到稳定运行的目的。与此同时，也要避免系统各单元运行模式切换带来的暂态冲击，以提高系统输出电能质量和防范运行模式切换的误判。因此，实现直流微电网各组成单元的协调控制与运行状态平滑切换，是直流微电网可靠运行的关键技术之一。

1.3.3 直流微电网的容量优化配置

建立微电网工程的首要问题就是系统内微源的合理选型与定容，即微电网的优化配置。相比于传统燃料电站，微电网的初始投资成本较高，但全寿命周期内运行和维护费用较低，因此对微电网的经济评估要在其全寿命周期内进行而不是只简单地考虑其初始投入成本。光能和风能等可再生能源可为微电网系统产生绿色、低碳的电能，但其发电量受地理位置、季节、天气等影响较大且功率输出呈间歇性波动。作为系统的重要组成部分，储能单元可为微电网提供能量缓冲，在分布式发电单元能量不足时保证重要负载的不间断供电，但是其投资成本与维护费用较高，且运行寿命与自身工作状态息息相关。微电网并网运行与大电网进行能量交换时，根据不同的上网电价政策，还将产生上网发电和用电费用。因此，须综合考虑系统的运行模式划分、负载供电可靠性指标、可再生能源渗透率及设备运行寿命评估等要素，在保证系统可靠运行的基础上，实现微电网的最佳经济效益和环境友好等目标。

1. 容量优化配置目标与方法

在处理微电网优化配置问题时，一般先设定其经济目标，并建立系统内各单元的模型及相关约束条件。例如，建立离网型风光互补发电系统模型，并进行优化配置，在光伏和风机单元的出力模型中考虑了光伏阵列安装角度和风机安装高度等因素，并考察了不同年负载失电率(Loss of Power Supply Probability，LPSP)约束条件下的配置结果。有学者在建立系统稳定判据的基础上，对微电网中的储能单元进行优化配置，在满足系统能量平衡、功率传输限制等约束条件下得出系统的最优投资费用。文献[64]从概率论角度出发，对光储系统中光伏和负载短期预测误差展开分析，并提出一种利用区间估计获得系统储能设备容量配置函数的方法。相关学者考虑到微电网系统中可再生能源发电单元输出功率的随机特性，结合风力发电单元、光伏发电单元的出力概率模型，采用蒙特卡洛法模拟得到出力数据，并在系统优化配置求解过程中引入随机潮流计算方法，可在优化系统投资成本的同时，满足系统可靠性要求。文献[66]建立了基于等效电量原理的蓄电池寿命模型，可对微电网中蓄电池寿命进行在线估计。

优化技术是工程技术、科学研究和经济领域经常遇到的现实问题，是指在合理的时间范围内和给定的约束条件下，为一个优化问题寻找最优可行解的过程。优化技术涵盖变量确定、约束条件确定、目标函数建立以及采用优化算法求解等方面。随着计算机技术的发展，一些复杂优化问题得以解决，其主要手段是通过搜索可行解空间寻找优化问题的优化结果。常见的优化方法主要分为枚举法、解析法、直接法和随机法等。其中，随机法在通用性、全局搜索能力上更具优势，可为较复杂的非线性优化问题提供有效解决方案。

2. 容量配置优化算法

基于生物进化论和遗传学启发的进化算法的随机优化算法又可称为非线性智能优化算法，可用于解决复杂优化问题。由于微电网的容量优化配置求解相对复杂，因此非线性智能优化算法更为适用。现有的非线性智能优化算法包含遗传算法、微分进化算法、粒子群优化(Particle Swarm Optimization，PSO)算法等，它们都是基于群体智能的进化算法。其中粒子群优化算法受群居动物集体觅食启发，其个体行为通过个体之间的信息交换和协作竞争产生群体趋向行为，也可称为群体的智能行为。其原理与遗传算法相似，系统初始化产生的一群粒子，可在所定义的搜索空间内飞行，并依照设定的目标完成迭代寻优。但是其不存在交叉和变异因子，是依靠追随相邻的最优粒子进行寻优的。

在智能优化算法发展的同时，也衍生出一些各自的改进算法。文献[72]采用变参数的改进微分进化算法实现微电网的动态经济优化调度，进一步提高了优化算法的收敛速度。有学者提出了一种基于变罚系数技术的改进粒子群优化算法，通过引入特殊算子，可使其应用在具有非凸、非线性特征的电力系统经济负载分配场合中。

微电网的优化配置可看作是对多变量、多目标、多约束的高维度非线性模型优化求解的过程，国内外学者已对该类问题展开了一定研究。有关文献介绍了微电网系统建模方法，并将微电网的配置转化为多目标优化问题，进而采用上述智能优化算法进行求解。

与交流微电网通过静态开关和电网连接不同，直流微电网需通过并网DC－AC双向变换器和交流电网连接，以实现系统与交流电网之间的能量交换。因此，在针对直流微电网的优化配置研究中，不仅要考虑上网电价，还需考虑并网变换器的容量与成本。同时，针对并网变换器的工作状态及运行象限，在以系统年化投资、维护费用最少为目标的同时，还应兼顾系统不同运行模式、并网变换器投资费用及负载失电率、能量过剩率等要素，以建立直流微电网系统优化配置的多指标综合评价体系。

随着直流用电设备的进一步增多和电力电子变换技术的发展，直流微电网作为更加高效、直接、可靠的供电形式，将配合直流输配电技术、直流电网技术，对传统供电方式的改进和智能电网的建设起到重大推动作用。

本章小结

本章以分布式发电为切入背景，首先介绍了分布式发电技术的发展概况及其对常规电力系统造成的不利影响；其次以解决分布式发电系统面临的问题为导向，引出微电网技术并对其发展现状进行了概述；最后在介绍交流微电网和直流微电网特点及构成单元的基础上，分别重点分析和讨论了其运行与控制等关键技术要求、控制方式分类和优化配置方法。

第2章

交流微电网孤岛功率控制技术

下垂控制应用于交流微电网孤岛运行模式时，可实现逆变器的对等并联。下垂控制属于电压型控制方法，通过微调逆变器输出频率和电压来分别实现对有功功率和无功功率的控制。一般情况下，当微电网逆变器并联运行时，各台逆变器应当出力相同，即输出功率相等。基于传统下垂控制的逆变器并联系统在运行时能够根据自身的容量合理分配功率，但是当某台逆变器前级光伏功率跌落严重时，若仍然按照之前的功率分配方案，会导致整个系统崩溃。另外，并联系统采用下垂控制算法后，等效阻抗的差异会影响基波功率及谐波功率的均分精度，尤其当采用非线性负载供电时，该问题更为严重。为此，本章将在分析传统下垂控制的基础上，提出改进的下垂控制策略，以增强微电网系统功率弹性分配，改善并联系统基波无功功率和谐波功率的均分精度，保证公共连接点(Point of Common Coupling，PCC)的电能质量。

2.1　传统孤岛运行控制原理

传统下垂控制用于逆变器并联系统，是最为常用的无线并联控制算法。下垂控制能够使多个并联逆变器自动均分负载功率，且各逆变单元之间不需要通信线路，任意单元的投入与切除均不会造成系统的崩溃，提高了系统的可靠性和冗余性。正是由于它的这些特点，下垂控制能够用于微网在孤岛运行时的对等控制，很好地符合可靠性高、即插即用、调频调压等要求，是微网的重要控制方法之一。

图 2.1 为光伏逆变器孤岛运行控制框图，图中，PWM 为脉冲宽度调制，SPWM 为正弦波脉冲宽度调制。前级 Boost 电路采用单电压环控制，U_{DC} 和 U_{DCref} 分别为直流母线电压和电压给定，它的作用是升压以满足后级逆变的需要，并保持直流母线电压稳定。后级逆变器的控制主要分为两部分：一是传统逆变器的电压电流双环控制，二是下垂控制。电压电流双环控制部分里，i_L 为电感电流，u_{ac} 和 i_{ac} 分别为逆变器输出电压和电流；电压外环为比例积分（Proportion Integration，PI）调节，控制逆变器输出电压跟踪正弦电压给定；电流内环采用比

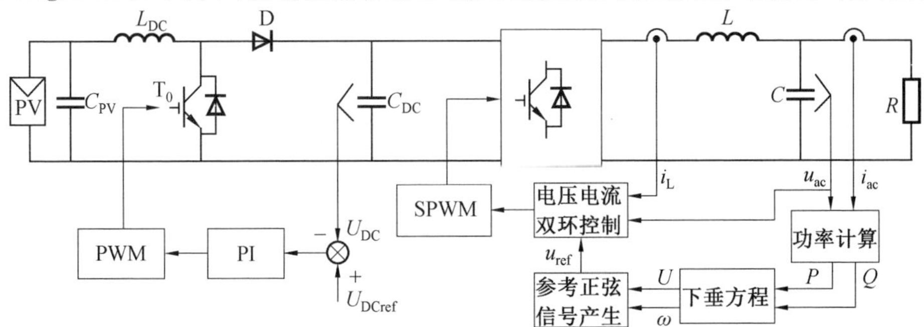

图 2.1　光伏逆变器孤岛运行控制框图

例(Proportion,P)调节,用来提高系统的动态性能,加快响应速度。下垂控制通过逆变器自身输出的电压和电流计算有功功率 P 和无功功率 Q,根据下垂方程不断微调频率 ω 和幅值 U,将重新生成的正弦信号 u_{ref} 作为电压环的给定。

2.1.1 逆变器电压电流环

后级逆变器以滤波电容电压作为外环、以滤波电感电流作为内环进行负反馈,根据全桥逆变器模型可得双环控制器。后级逆变器电压电流双环控制器如图 2.2 所示。图中,G_{v} 为电压环调节器;G_{i} 为电流环调节器;U_{tri} 为 PWM 调制器三角载波峰值;U_{DC} 为直流母线电压;L 和 C 分别为滤波器的电感值和电容值。

由图 2.2 可得

$$u_{\mathrm{ac}}=G_{\mathrm{c}}(s)\cdot u_{\mathrm{ref}}-Z_{\mathrm{o}}(s)\cdot i_{\mathrm{ac}} \tag{2.1}$$

其中,电压闭环传递函数

$$G_{\mathrm{c}}(s)=\left.\frac{u_{\mathrm{ac}}}{u_{\mathrm{ref}}}\right|_{i_{\mathrm{ac}}=0}=\frac{U_{\mathrm{DC}}G_{\mathrm{v}}G_{\mathrm{i}}}{U_{\mathrm{tri}}LCs^{2}+U_{\mathrm{DC}}G_{\mathrm{i}}Cs+U_{\mathrm{DC}}G_{\mathrm{v}}G_{\mathrm{i}}+U_{\mathrm{tri}}} \tag{2.2}$$

逆变器输出阻抗

$$Z_{\mathrm{o}}(s)=-\left.\frac{u_{\mathrm{ac}}}{i_{\mathrm{ac}}}\right|_{u_{\mathrm{ref}}=0}=\frac{U_{\mathrm{tri}}Ls+U_{\mathrm{DC}}G_{\mathrm{i}}}{U_{\mathrm{tri}}LCs^{2}+U_{\mathrm{DC}}G_{\mathrm{i}}Cs+U_{\mathrm{DC}}G_{\mathrm{v}}G_{\mathrm{i}}+U_{\mathrm{tri}}} \tag{2.3}$$

式中,s 为拉普拉斯算子。

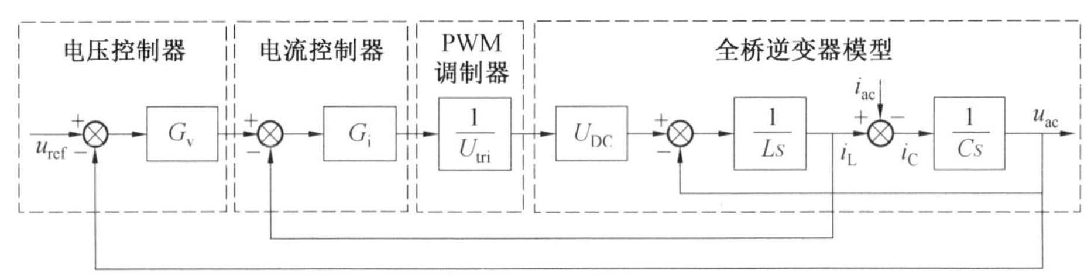

图 2.2 后级逆变器电压电流双环控制器

因此,可得如图 2.3 所示的逆变器等效电路。可见,电压输出型逆变器可以等效为理想电压源串联输出阻抗的形式,其中理想电压源的电压以及输出阻抗的大小都与系统参数有关,可以根据系统需要进行设计。

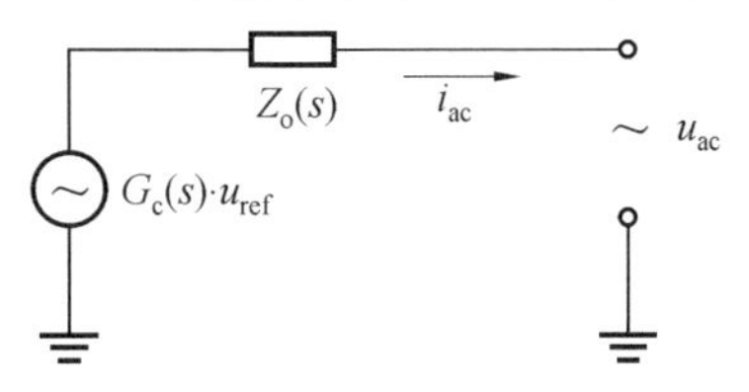

图 2.3 逆变器等效电路

系统的稳定性可以通过绘制开环传递函数的波特图来分析，根据式(2.2)可得系统的开环传递函数为

$$G_o(s)=\frac{U_{DC}G_vG_i}{U_{tri}LCs^2+U_{DC}G_iCs+U_{tri}} \tag{2.4}$$

2.1.2 下垂控制

1. 传统下垂控制

图 2.4 为两台逆变器并联等效电路，图中，Z_o为负载；$U_o\angle 0°$为负载电压并将其作为基准相量；U_1、U_2为逆变器输出电压；δ_1、δ_2为逆变器输出电压与负载电压的相角差；X_1、X_2为线路感抗；R_1、R_2为线路电阻。

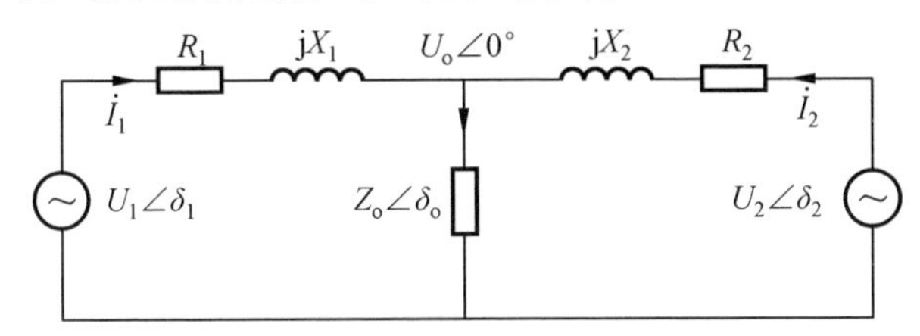

图 2.4　两台逆变器并联等效电路

逆变器 $n(n=1, 2)$的输出电流为

$$\dot{I}_n=\frac{U_n\angle\delta_n-U_o\angle 0°}{R_n+jX_n} \tag{2.5}$$

输出功率为

$$S_n=\dot{I}_n\cdot U_o\angle 0°=P_n+jQ_n \tag{2.6}$$

把式(2.5)代入式(2.6)计算逆变器输出的有功功率和无功功率分别为

$$P_n=\frac{U_o}{R_n^2+X_n^2}[R_n(U_n\cos\delta_n-U_o)+X_nU_n\sin\delta_n] \tag{2.7}$$

$$Q_n=\frac{U_o}{R_n^2+X_n^2}[X_n(U_n\cos\delta_n-U_o)-R_nU_n\sin\delta_n] \tag{2.8}$$

传统下垂控制理论忽略等效线路阻抗中的阻性成分，令 $R_n=0$。并联运行时，δ_n一般很小，可简化为 $\sin\delta_n\approx\delta_n$，$\cos\delta_n\approx 1$，式(2.7)、式(2.8)可分别改写为

$$P_n=\frac{U_nU_o}{X_n}\delta_n \tag{2.9}$$

$$Q_n=\frac{U_o(U_n-U_o)}{X_n} \tag{2.10}$$

对式(2.9)进行微分运算，得

$$\Delta P_n = \frac{U_o}{X_n}(U_n \Delta\delta_n + \Delta U_n \delta_n + \Delta U_n \Delta\delta_n) \tag{2.11}$$

由于 δ_n 和 ΔU_n 都是很小的量，因此 $\Delta U_n \delta_n$ 和 $\Delta U_n \Delta\delta_n$ 可以忽略，式(2.11)可化简为

$$\Delta P_n = \frac{U_n U_o}{X_n}\Delta\delta_n \tag{2.12}$$

同理对式(2.10)微分可得

$$\Delta Q_n = \frac{U_o}{X_n}\Delta U_n \tag{2.13}$$

由式(2.12)和式(2.13)可知，调节逆变器输出电压的相位和幅值，就能够分别调节有功功率和无功功率的大小。为了使两逆变器的功率相等，对等承担负载的功率，输出有功功率较大的逆变器需要减小它的相位，从而逐渐减小自身输出的有功功率；输出有功功率较小的逆变器需要增大它的相位，从而逐渐增大自身输出的有功功率，直到二者功率相等。无功功率的均分过程同理。

电压的幅值能够直接调节，相位则需要通过改变频率来间接调节，即

$$\omega_n = \frac{\mathrm{d}\delta_n}{\mathrm{d}t} \tag{2.14}$$

根据并联逆变器功率分配的调节过程，为逆变器的输出特性引入如下下垂控制方程：

$$\omega_n = \omega_{0n} - k_{pn}(P_n - P_{0n}) \tag{2.15}$$

$$U_n = U_{0n} - k_{qn}(Q_n - Q_{0n}) \tag{2.16}$$

式中，ω_n 为逆变器 n 输出角频率的参考值；U_n 为逆变器 n 输出电压幅值的参考值；ω_{0n} 为逆变器 n 额定输出角频率；U_{0n} 为逆变器 n 额定输出电压幅值；k_{pn} 为逆变器 n 输出有功功率的下垂系数；k_{qn} 为逆变器 n 输出无功功率的下垂系数；P_n 为逆变器 n 输出的有功功率；Q_n 为逆变器 n 输出的无功功率；P_{0n} 为逆变器 n 输出的额定有功功率；Q_{0n} 为逆变器 n 输出的额定无功功率。

图 2.5 为传统下垂曲线，逆变器不断根据下垂特性调整输出电压频率和幅值，直到使并联系统运行于稳定工作点。由于达到稳定状态时 $\omega_1 = \omega_2$，且为保证空载时无环流，即 $\omega_{01} + k_{p1}P_{01} = \omega_{02} + k_{p2}P_{02}$，因此根据式(2.15)可得

$$k_{p1}P_1 = k_{p2}P_2 \tag{2.17}$$

同理可得

$$k_{q1}Q_1 = k_{q2}Q_2 \tag{2.18}$$

若令并联逆变器的下垂系数相等，则它们最终输出功率也相等，即实现了逆变器的对等并联，均分负载功率。也可根据逆变器容量按比例分配负载功率，令

逆变器下垂系数不同，如图 2.5 所示，系数小的逆变器最终输出功率大，系数大的逆变器最终输出功率小。

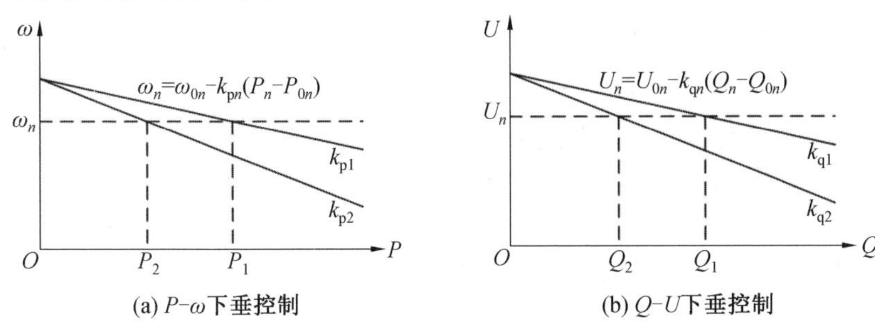

(a) P-ω 下垂控制　　(b) Q-U 下垂控制

图 2.5　传统下垂曲线

2. 下垂系数选取

下垂系数跟系统的调节速度和准确性有很大的关系，应根据系统的实际需要合理选取。对功率调节速度要求较高的系统应相应选取较大的下垂系数以达到更好的功率分配速度。然而，若下垂系数选取过大，当逆变器输出功率与额定值偏移较小时将引起很大的参考电压幅值及频率的变化，可能发生过压或过流等危险现象，导致逆变器并联系统不稳定。对功率调节速度要求较低的系统应选取较小的功率系数以达到更好的控制精度。然而，过小的下垂系数对于功率分配的效果不明显。根据上述分析，为了满足系统稳态精度，在运行过程中不超过频率下限 $\omega_{n\_\min}$、频率上限 $\omega_{n\_\max}$、电压下限 $U_{n\_\min}$ 和电压上限 $U_{n\_\max}$，下垂系数的选取应满足

$$\begin{cases} 0<k_{pn}\leqslant\dfrac{\omega_{0n}-\omega_{n\_\min}}{P_{n\_\max}-P_{0n}} \\ 0<k_{pn}\leqslant\dfrac{\omega_{n\_\max}-\omega_{0n}}{P_{0n}} \\ 0<k_{qn}\leqslant\dfrac{U_{0n}-U_{n\_\min}}{Q_{n\_\max}-Q_{0n}} \\ 0<k_{qn}\leqslant\dfrac{U_{n\_\max}-U_{0n}}{U_{0n}} \end{cases} \tag{2.19}$$

式中，$P_{n\_\max}$ 为有功功率上限；$Q_{n\_\max}$ 为无功功率上限；右侧算式计算后取最小值为下垂系数上限。根据式(2.19)可知，下垂系数的数量级很小，只能在很小的范围内进行选取。

同时，为了实现逆变器的功率均分，每台逆变器的有功下垂系数和无功下垂系数应分别相等。若想实现按逆变器容量比例分配功率，则应满足

$$\begin{cases} k_{p1}S_1 = k_{p2}S_2 = \cdots = k_{pn}S_n \\ k_{q1}S_1 = k_{q2}S_2 = \cdots = k_{qn}S_n \end{cases} \tag{2.20}$$

式中,$S_1, S_2, \cdots, S_n$为并联系统的各逆变器容量。

3. 阻抗对下垂控制的影响

传统下垂控制忽略了线路阻抗中的阻性成分,认为传输线路以感性为主,得到了式(2.9)和式(2.10)所示的功率解耦控制方程,进而推出了式(2.15)、式(2.16)所示的下垂控制方程。然而实际电力传输线的阻抗情况较为复杂,各种电压等级电力网络的典型线路阻抗见表2.1。

表2.1 各种电压等级电力网络的典型线路阻抗

电压等级	$R/(\Omega\cdot \mathrm{km}^{-1})$	$X/(\Omega\cdot \mathrm{km}^{-1})$	R/X
低压	0.642	0.083	7.7
中压	0.161	0.190	0.85
高压	0.060	0.191	0.31

低压电力传输线以阻性为主,忽略式(2.7)和式(2.8)中的感性成分,令$X_n=0$,则

$$P_n = \frac{U_o(U_n - U_o)}{R_n} \tag{2.21}$$

$$Q_n = -\frac{U_n U_o}{R_n}\delta_n \tag{2.22}$$

因此得到了与传统下垂控制相反的功率解耦控制方法,有功功率主要通过电压幅值来调节,无功功率主要通过相位来调节,进而得到如下下垂控制方程:

$$U_n = U_{0n} - k_{pn}(P_n - P_{0n}) \tag{2.23}$$

$$\omega_n = \omega_{0n} + k_{qn}(Q_n - Q_{0n}) \tag{2.24}$$

用户侧的小型微网通常并在低压配电网上,线路以阻性为主,因此采用基于阻性线路阻抗的如式(2.23)、式(2.24)所示的下垂控制方程,对应的阻线下垂曲线如图2.6所示。

由于中压电力线的典型阻抗中阻性和感性成分相差不大,因此其中任何一种成分的影响都不能被忽略,此时的功率方程为

$$P_n = \frac{X_n}{R_n^2 + X_n^2}U_o U_n \delta_n + \frac{R_n}{R_n^2 + X_n^2}U_o(U_n - U_o) \tag{2.25}$$

$$Q_n = -\frac{R_n}{R_n^2 + X_n^2}U_o U_n \delta_n + \frac{X_n}{R_n^2 + X_n^2}U_o(U_n - U_o) \tag{2.26}$$

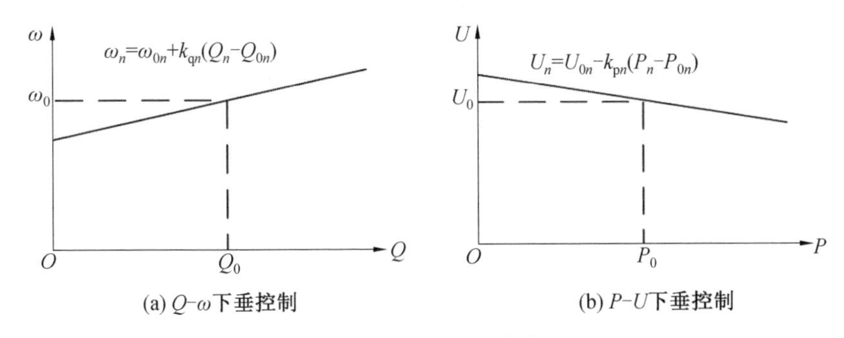

图 2.6　阻性下垂曲线

可见逆变器有功功率和无功功率处于强耦合状态，无法完成解耦控制，改变逆变器的相位或电压幅值会对逆变器的有功功率和无功功率同时产生影响，引起功率调节过程的强烈振荡，甚至造成系统不稳定。

2.2　弹性有功功率分配的双下垂控制

2.2.1　光伏下垂系统功率分析

为了解释传统下垂控制的功率系统所面临的问题，对于使用式(2.15)调节的功率系统，感性下垂特性曲线与光伏功率曲线关系如图 2.7 所示。为了简化分析，假设两台变换器具有相同的功率等级且使用相同的下垂控制特性(即 $k_{p1}=k_{p2}$，$k_{q1}=k_{q2}$)，但分布在不同的位置。它们可能遇到不同的自然情况，如一片云突然经过导致一台光伏(Photovoltaic，PV)变换器光照强度跌落，这会使 PV 变换器依据自身所属环境具有不同的光伏特性曲线。

根据图 2.7 所示的光伏功率曲线 1A 和 2A，变换器初始的工作点定义为“a”，此时的输出功率和输出频率分别为 $P_1=P_2=P_a$，$\omega_1=\omega_2=\omega_a$。假设变换器 1 的光伏曲线由 1A 突然跌落到 1B，此时它的最大功率点为 b_1 且可输出的最大功率为 P_b($P_b<P_a$)。如果不对现有下垂曲线进行更改，变换器 1 无法提供负载所需功率。为了满足负载的功率需求，变换器 1 会根据下垂曲线增加输出频率以降低有功功率输出，与此同时，变换器 2 在最大输出功率足够的情况下会降低输出频率以提升输出功率。然而，这样的变化必然会使两变换器的输出频率产生偏差，最终导致系统瘫痪。一个直接的解决方法是为每台变换器配备容量足够的储能装置，但这会严重增加系统的开发成本。

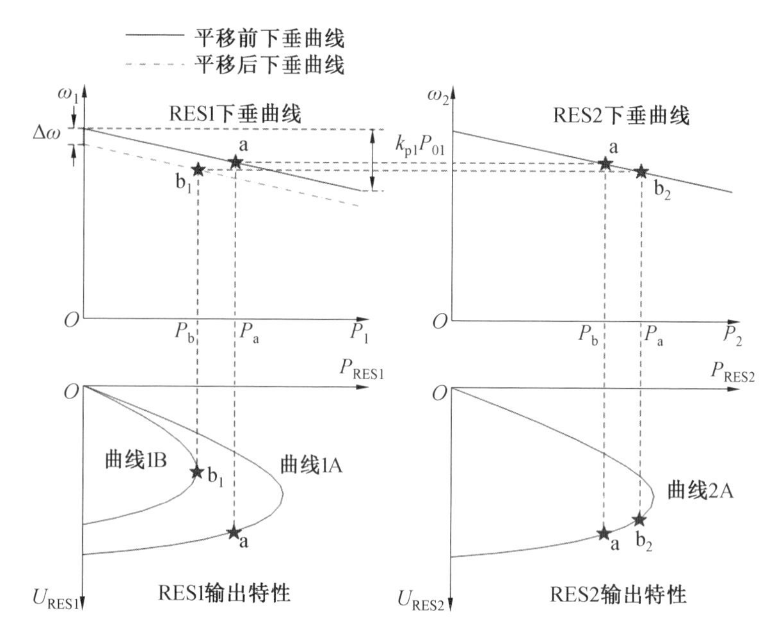

图 2.7　感性下垂特性曲线与光伏功率曲线关系

2.2.2 感性线路阻抗功率分配策略

当线路阻抗为感性时，两台并联逆变器的功率分配如图 2.7 所示（两台逆变器都工作在 a 点）。若某一时刻，光伏 RES1 输出最大功率减小，$P_{PVmax} < P_a$（见点 b_1），换句话说，RES1 通过 Boost 升压电路传递到直流母线上的功率小于负载从逆变器 1 上获得的功率，则直流母线的电压会下降，直到逆变器 1 输出的功率下降至 $P = P_{b1} = P_{PVmax}$。这一过程是通过平移逆变器 1 的下垂曲线来实现的，在此过程中，两台逆变器所提供的功率和不变，即负载功率不变。

实现弹性有功功率分配的关键在于确定平移量$\Delta\omega$的大小，最简单的方法是将前后级功率的偏差量通过 PI 控制器自动产生$\Delta\omega$。然而，由于在多于一个逆变器的并联系统中，功率偏差的积分可以对应多个解，其输出是不确定的，因此不能使用 PI 控制器获得$\Delta\omega$，而是再次应用下垂原则产生唯一的$\Delta\omega$。在稳定状态下，功率的不匹配会引起直流母线上电容的充放电，从而导致直流母线上电压的升高或降低。因此可以将直流母线电压的偏差量作为控制器的输入产生下垂曲线的平移量$\Delta\omega$。而传统的 PI 控制器由于能维持直流母线电压的稳定，因此其不在此情况下适用，此时用 P 控制器代替 PI 控制器。

直流母线电压 U_{DC} 允许在较小的范围（$U_{DCmin} \leqslant U_{DC} \leqslant U_{DCref}$）内波动，$U_{DCmin}$

应大于逆变器输出交流电压的峰值，以避免逆变器的过调制。$\Delta\omega$ 可以根据下式计算：

$$\Delta\omega=\begin{cases}k_{\mathrm{f}}(U_{\mathrm{DC}}-U_{\mathrm{DCref}}), & U_{\mathrm{DC}}<U_{\mathrm{DCref}}\\0, & U_{\mathrm{DC}}\geqslant U_{\mathrm{DCref}}\end{cases} \tag{2.27}$$

$$-k_{\mathrm{p}}P_0\leqslant\Delta\omega\leqslant 0$$

式中，k_{f}是计算$\Delta\omega$ 的平移系数，当直流母线电压变化范围较小时，k_{f}应选取较大值。

从式(2.27)可以总结出以下几条：

① 平移量$\Delta\omega$ 的变化范围是$-k_{\mathrm{p}}P_0\leqslant \Delta\omega \leqslant 0$。下限$-k_{\mathrm{p}}P_0$由式(2.15)的最大值减去最小值得到，即 $\omega_0-(\omega_0+ k_{\mathrm{p}}P_0)$。

② 对于实际的直流母线电压 U_{DC}，当其小于 U_{DCref}时，表示光伏功率无法维持直流母线电压的稳定，逆变器必须引入一个负的下垂曲线平移量$\Delta\omega$ 来降低输出功率。

③ 对于实际的直流母线电压 U_{DC}，当其大于 U_{DCref}时，表示光伏功率过剩，因此不需要降低下垂曲线得到有功功率参考。

④ 由于 U_{DC}要求在一定范围内变化，Boost 电路的控制器不能是 PI 控制器而应该是 P 控制器，比例系数为$(U_{\mathrm{DCref}}-U_{\mathrm{DCmin}})/P_0$。

改进弹性有功功率双下垂控制的 $P-\omega$ 下垂曲线方程为

$$\omega=\underbrace{\omega_0-k_{\mathrm{p}}(P_n-P_0)}_{1}+\underbrace{k_{\mathrm{f}}(U_{\mathrm{DC}}-U_{\mathrm{DCref}})}_{2} \tag{2.28}$$

式中，右侧的第一项用于有功功率的分配；第二项为因光伏功率的下跌而产生的下垂曲线的平移量。而 $Q-U$ 下垂方程不会发生变化，依然为式(2.16)，这是因为有功功率的变化不会影响无功功率的传递。

基于式(2.27)、式(2.28)的改进弹性有功功率双下垂控制策略框图如图 2.8 所示。

光伏逆变器运行控制框图如图 2.9 所示。前级 Boost 电路采用单电压环控制，与 U_{DC}的差值经控制器产生驱动信号。为使直流母线电压 U_{DC}在一定范围内波动，以满足改进下垂控制策略需要，电压环采用 P 控制器。通过交流母线滤波电容 C 两端电压 u_{ac}和并网电流 i_{ac}计算光伏逆变器输出的有功功率和无功功率，通过改进下垂方程计算出逆变器输出电压的参考信号 U_{ref}，与逆变器输出的电压进行比较，通过 PI 调节生成正弦脉宽调制波(SPWM)为全桥逆变器电路提供驱动信号。

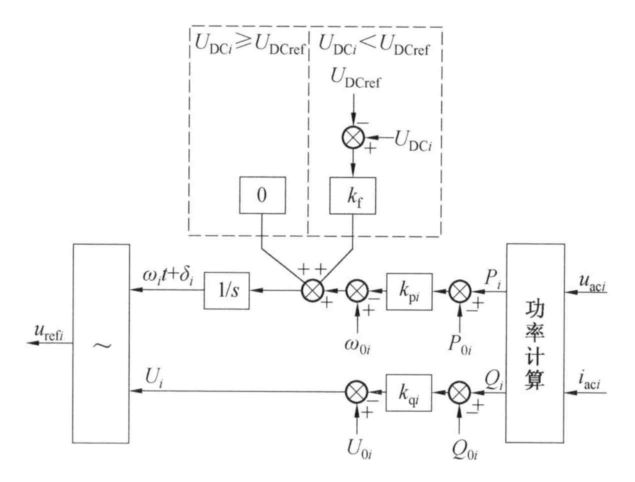

图 2.8　改进弹性有功功率双下垂控制策略框图

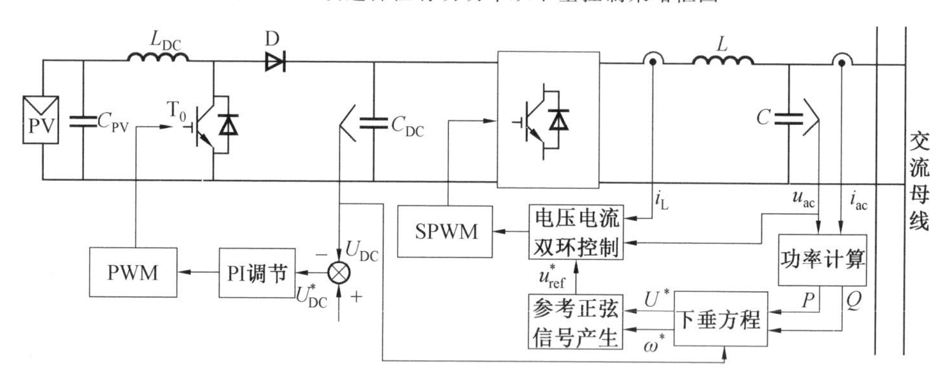

图 2.9　光伏逆变器运行控制框图

2.2.3　实验与分析

1. 传统下垂感性线路阻抗实验结果

图 2.10 为逆变器 1 功率跌落时传统下垂逆变器并联实验波形，负载功率为 1 100 W，图中 RES 表示可再生能源发电单元。由于两台逆变器并联运行时最大光伏输入功率均为 800 W，因此能够平均分配负载功率，即各为 550 W。开始阶段逆变器 1 的光伏输入功率跌落到 400 W，导致其逆变器直流母线电容放电，直流母线电压降低；逆变器 2 的光伏输入功率充足，直流母线电压不变。因为 RES1 不能输出足够的功率为负载供电，所以根据下垂方程式(2.15)可知，其输出电压频率会相应升高。为了保障负载功率的供给，RES2 相应加大输出功率，其输出电压频率会沿下垂曲线降低。因此，在同一传输线上，逆变器 1 和逆变器

2 输出电压频率的变化方向相反，这会导致并联系统崩溃，从而触发逆变器保护，停止工作。

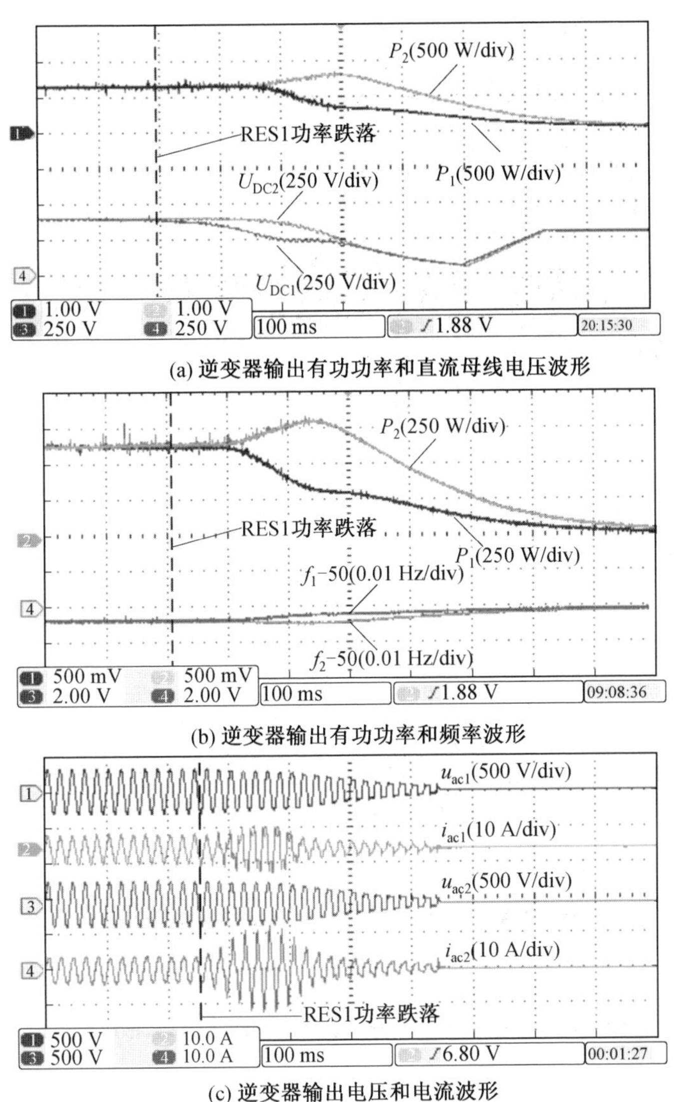

(a) 逆变器输出有功功率和直流母线电压波形

(b) 逆变器输出有功功率和频率波形

(c) 逆变器输出电压和电流波形

图 2.10　传统下垂逆变器并联实验波形（逆变器 1 功率跌落）

2. 弹性有功功率双下垂控制感性线路阻抗实验结果

为解决传统下垂方法在光伏变换器出力不足时易导致系统崩溃的问题，采用并验证了弹性有功功率双下垂控制策略，相应的稳态实验结果如图 2.11 所示。逆变器 1 和逆变器 2 的最大光伏输入功率均为 800 W，负载功率为 1 100 W。由实验波形可以看出，逆变器 1 和逆变器 2 均分负载功率，各为 550 W，如图 2.11(a)所示。逆变器输出电压的频率和直流母线电压保持稳定。

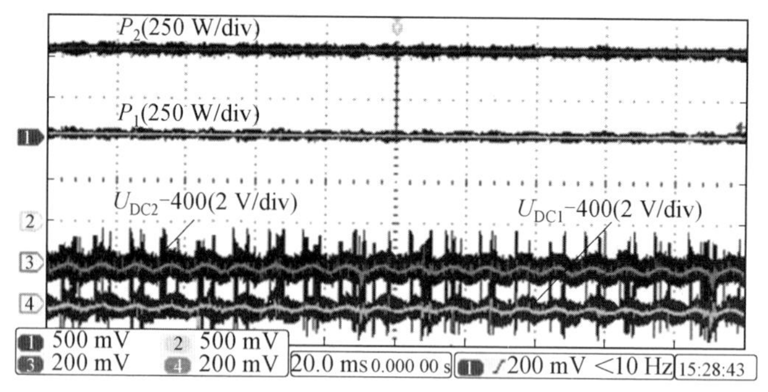

(a) 逆变器输出有功功率和直流母线电压波形

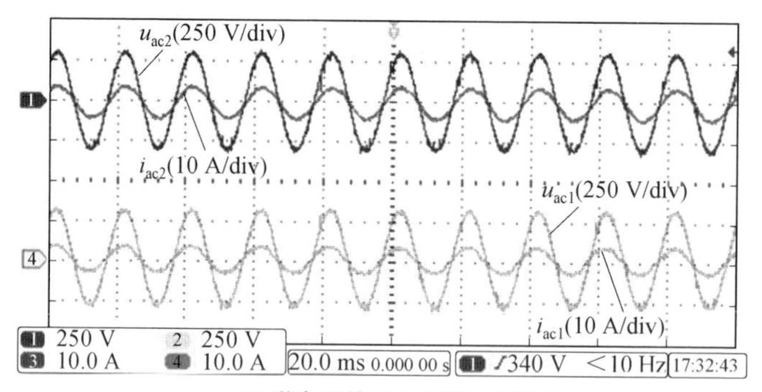

(b) 逆变器输出电压和电流波形

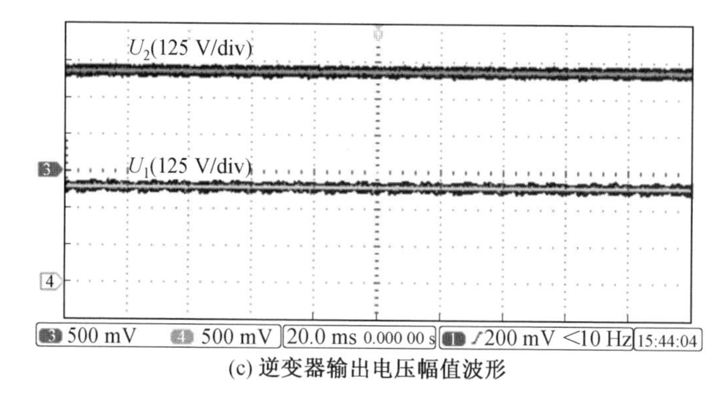

(c) 逆变器输出电压幅值波形

图 2.11　弹性有功功率双下垂控制逆变器并联实验波形

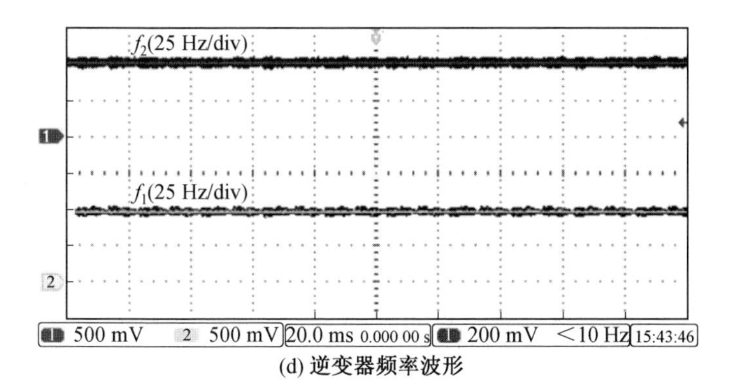

(d) 逆变器频率波形

续图 2.11

图 2.12 为逆变器 1 功率跌落时弹性有功功率双下垂控制逆变器并联实验波形，其中平移系数 $k_{\mathrm{f}}=0.01$。逆变器 1 的最大光伏输入功率由 800 W 下降到 400 W，逆变器 2 的最大光伏输入功率为 800 W，负载功率为 1 100 W。当逆变器 1 光伏输入功率跌落时，其直流母线电压降低，如图 2.12(b)所示。此时，向下平移逆变器 1 的下垂曲线，使其输出功率降低的同时输出电压的频率也降低；同时，逆变器 2 承担剩余负载功率，其输出功率增加，根据下垂控制其输出电压的频率降低，如图 2.12(a)所示。因此，传输线上的电压频率变换方向一致，系统达到稳态。此时，逆变器 1 按其最大功率输出，逆变器输出电压电流平滑过渡，如图 2.12(c)所示。

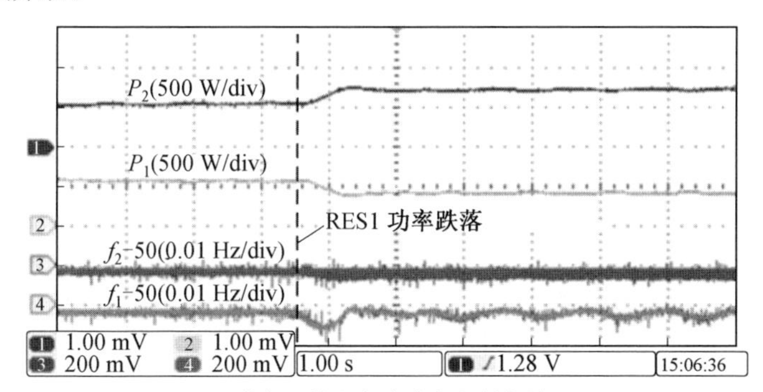

(a) 逆变器输出有功功率和频率波形

图 2.12　弹性有功功率双下垂控制逆变器并联实验波形(逆变器 1 功率跌落，$k_{\mathrm{f}}=0.01$)

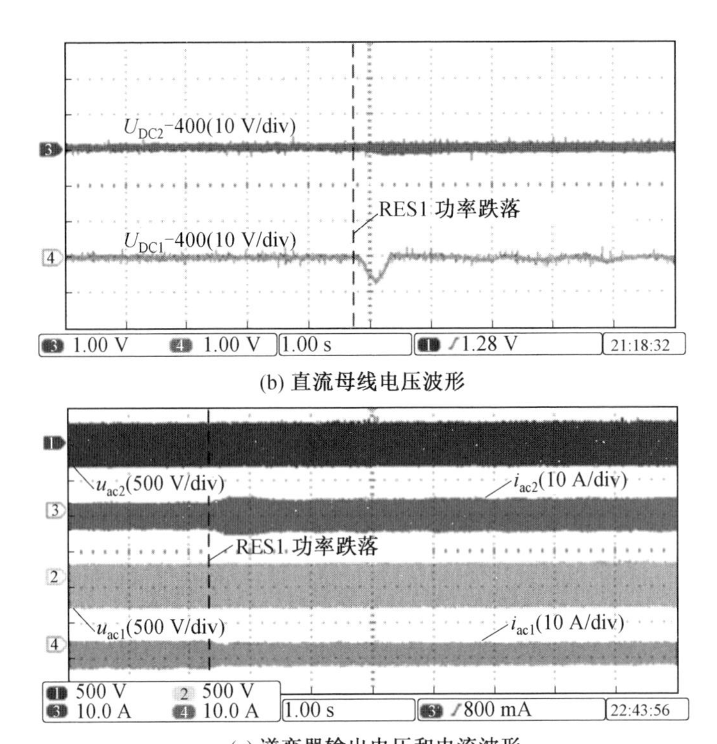

(b) 直流母线电压波形

(c) 逆变器输出电压和电流波形

续图 2.12

图 2.13 为逆变器 1 功率跌落时弹性有功功率双下垂控制逆变器并联实验波形，其中平移系数 $k_f = 0.001$。对比图 2.12 可知，采用较大平移系数的逆变器，相应逆变器的母线电压跌落相对较低。

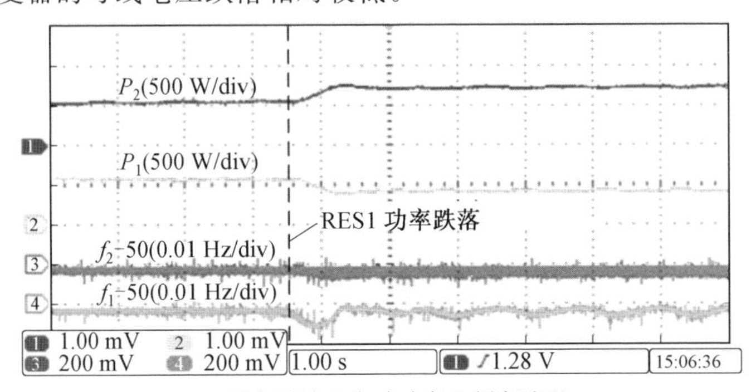

(a) 逆变器输出有功功率和频率波形

图 2.13 弹性有功功率双下垂控制逆变器并联实验波形（逆变器 1 功率跌落，$k_f = 0.001$）

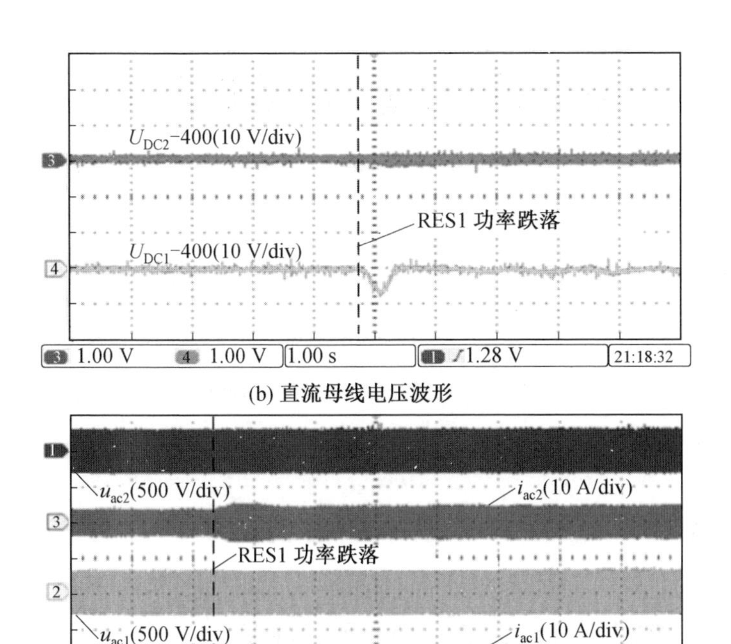

(b) 直流母线电压波形

(c) 逆变器输出电压和电流波形

续图 2.13

图 2.14 为负载功率波动时弹性有功功率双下垂控制逆变器并联实验波形，其中平移系数 $k_f=0.001$，负载功率由 800 W 波动至 1 100 W。逆变器 1 和逆变器 2 平均分配功率，由各为 400 W 上升至各为 550 W，且输出电流平滑升高。

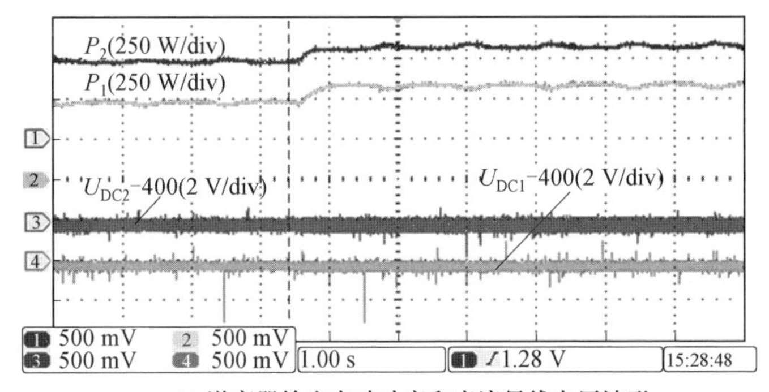

(a) 逆变器输出有功功率和直流母线电压波形

图 2.14　弹性有功功率双下垂控制逆变器并联实验波形(负载功率波动，$k_f=0.001$)

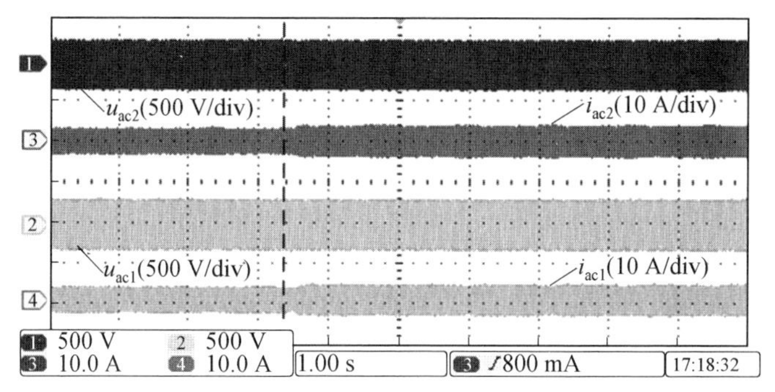

(b) 逆变器输出电压和电流波形

续图 2.14

2.3 逆变器并联系统谐波功率均分方法

2.3.1 并联系统谐波功率均分研究现状

通过下垂控制,各逆变器间输出电压频率、相位和幅度能很好地保持一致。当线路阻抗为感性时,频率下垂可以保证有功功率的合理分配,电压下垂可以保证无功功率的合理分配。但是,在实际系统中,由于线路阻抗的差异,各逆变器输出电流不完全一致,电压下垂的均分能力也会减弱,无功功率均分精度很难保证。尤其在为非线性负载供电时,线路阻抗的差异对无功功率以及谐波功率的分配精度影响很大。只有使各逆变器的等效阻抗趋于一致,才能合理地分配各逆变器间的基波及谐波功率。针对上述问题,许多文献都提出了解决方式,但其本质上都是改变输出阻抗以调节逆变器的等效阻抗。调节逆变器等效阻抗的方式主要分为以下两种:

(1) 更改控制器的传递函数来调节逆变器输出阻抗。

有学者提出了一种多环下垂的方法,在传统下垂控制基础上增加了 $G-H$ 下垂控制,基于 $G-H$ 控制的谐波功率均分方法如图 2.15 所示。将各次谐波电压乘相应电导得到各次谐波电流参考值,电流不输出与各次谐波电流参考值相减后,输入到 PWM 生成模块。通过改变电流内环参考值自适应调节逆变器各频率处的等效阻抗,抵消线路阻抗的差异。相应的电导值基于谐波电导和各次谐波功率间的线性关系动态选取,其公式如下:

$$G_h = G_{h0} - b(H_{h0} - H_h) \tag{2.29}$$

式中,H_{h0} 为第 h 次谐波容量参考值;H_h 为第 h 次谐波功率容量;G_{h0} 为额定电导;

b 为谐波下垂环系数。

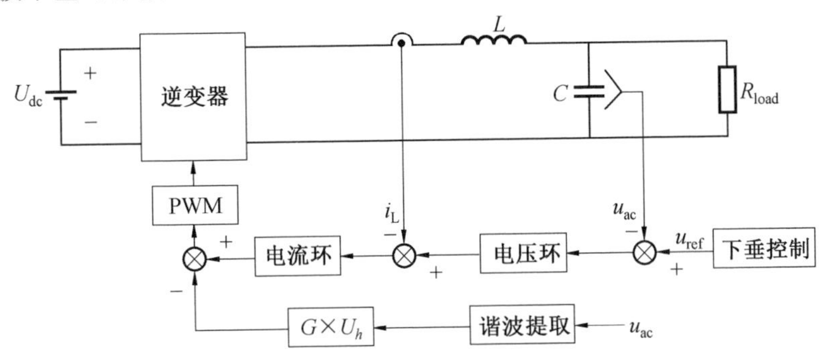

图 2.15　基于 $G-H$ 控制的谐波功率均分方法

但是，该方法会将逆变器输出阻抗强制调节为阻性，只适用于低压配电网。在高压配电网中，线路主要为感性，逆变器输出阻抗特性与线路阻抗特性不兼容，造成功率耦合，反而降低了输出功率的均分精度。

(2)在线路上串联虚拟阻抗以调节逆变器等效阻抗。

这种方式相当于调节了线路阻抗的等效值。有学者通过在基波上加入虚拟电感来实现有功功率和无功功率的解耦，在各次谐波频率处加入虚拟电阻保证谐波功率的均分精度。

图 2.16 为基于虚拟阻抗的谐波功率均分方法。下垂控制为各逆变单元提供了稳定的基波电压及频率支撑。在基波频率和谐波频率处引入虚拟阻抗后相当于改变了逆变器输出电压的参考值，通过改变后的输出电压指令值来控制 SPWM 波的生成。虚拟电阻的均流效果好，系统稳定性高，但是虚拟电阻的引入相当于增加了等效的线路阻抗，线路上压降增大，导致 PCC 电压质量差，甚至低

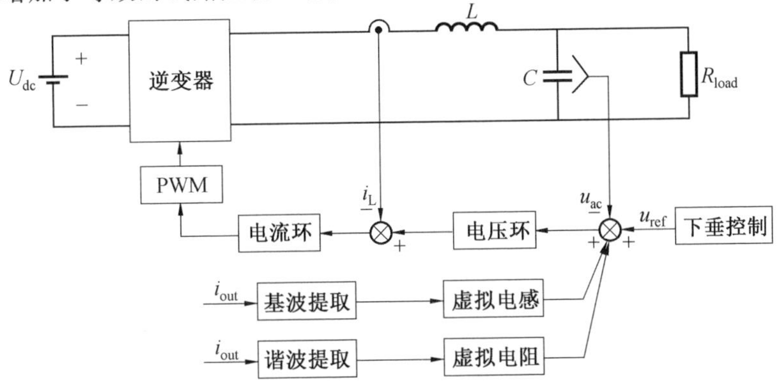

图 2.16　基于虚拟阻抗的谐波功率均分方法

于供电的标准。并且该方法中也未给出虚拟电阻和电感值的明确选取方法。

一些文献提出了一种采用负虚拟阻抗的方法以抵消线路阻抗的差异、减小线路阻抗上的压降，从而实现谐波功率的合理分配并保证 PCC 的电能质量。然而，该方法需要知道线路阻抗值。通常情况下，电力系统中线路阻抗随传输线长度而变化，估测其大小比较困难。为了合理选取负虚拟阻抗的值，也有一些文献提出了一种 $Z-H$ 控制，负虚拟阻抗 Z 的值根据相应次谐波功率与负虚拟阻抗的线性关系来选取。这种分次下垂的控制方法均分效果较好，采取负阻抗值也不影响电能质量，但是分次下垂控制需要计算各次谐波总功，计算量大，控制系统复杂，在数字控制芯片的选择上比较局限。

此外，为了合理分配并联系统的谐波功率，同时补偿畸变的电压，有学者提出了一种二次电压控制，其示意图如图 2.17 所示。一次控制是利用电压下垂控制实现基波功率的均分；二次电压控制是利用低带宽通信线将 PCC 的电压信息传输到中心控制器，中心控制器再通过分析计算出需要补偿的谐波电压 u_h，加到逆变器输出电压参考上，以调节逆变器的等效谐波阻抗，从而实现谐波功率的合理分配并保证电能质量，但是这种方法由于使用了通信线，因此在远距离供电时可靠性差、费用高、不灵活。

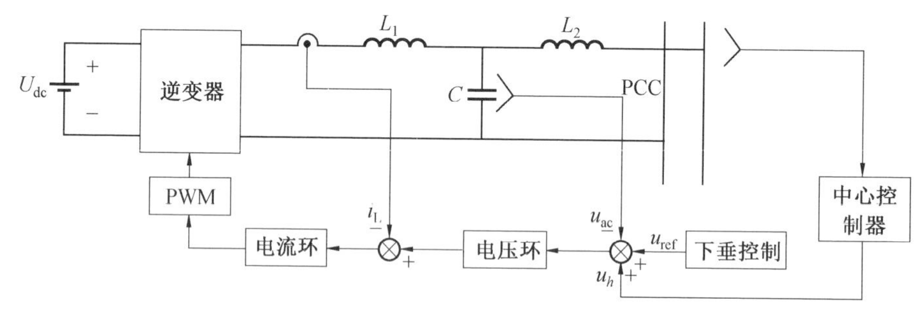

图 2.17　二次电压控制示意图

2.3.2　非线性负载的谐波提取与功率计算方法

1. 谐波提取方法

为了保证谐波功率均分的精度以及系统的快速响应，必须要快速准确地提取各次谐波。比较简单的谐波提取方法是使用一阶或者二阶带通滤波器，但是这样提取的谐波有延时，幅度也有衰减，不够精确。有学者提出了一种基于 Park 和反 Park 变换提取各次谐波的方法，谐波提取示意图如图 2.18 所示。首先将单相电压或电流信号延时 90°，构造出虚拟的 α、β 轴分量，再经 Park 变换获得 d、

q 轴上的分量，并用一阶低通滤波器(Low Pass Filter，LPF)消除其中的交流信号，得到其直流成分，最后经逆 Park 变换得到相应次谐波分量。该方法比较常用，而且提取谐波相位、幅值准确，缺点是由于延时和变换等因素，其提取速度较慢。

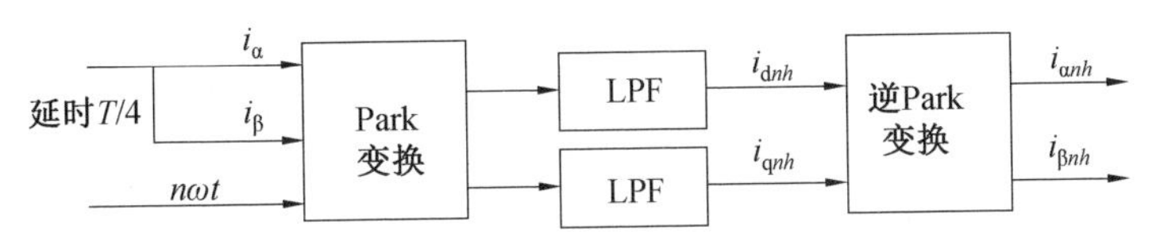

图 2.18 谐波提取示意图

有学者介绍了一种利用四阶带通滤波器提取谐波的方法，四阶带通滤波器由两个相同的二阶带通滤波器串联而成，它具有与上述方法一样的优点，同时提取速度比上述方法快很多。二阶带通滤波器的传递函数为

$$G_{2-\text{filter}}=\frac{\beta s}{s^2+2\beta s+\tilde{\omega}^2} \tag{2.30}$$

式中，β 为中心带宽；$\tilde{\omega}$ 为基波频率。

串联后的四阶带通滤波器的传递函数为

$$G_{4-\text{filter}}=\frac{(\beta s)^2}{(s^2+2\beta s+\tilde{\omega}^2)^2} \tag{2.31}$$

提取各次谐波时，其传递函数为

$$G_{4-\text{filter}}=\frac{(\beta s)^2}{[s^2+2\beta s+(h\tilde{\omega})^2]^2} \tag{2.32}$$

式中，h 为谐波次数。

β 取值不同时，四阶带通滤波器表现的特性也不同。图 2.19 为 β 分别取 62.8 rad/s、94.2 rad/s、125.6 rad/s、157.0 rad/s 时，待提取的非正弦信号与经四阶带通滤波器提取的基波信号的仿真结果，图中，u_1、u_2 分别是待提取的非正弦信号和经四阶带通滤波器提取的基波信号。根据仿真结果可以看出，无论四阶带通滤波器的中心带宽 β 为何值，经过短暂的调整后，提取的信号幅值达到稳定，得到的基波信号都无幅度及相位的差异。但是，β 的大小决定了提取信号幅值及相位达到稳定的时间。$\beta=62.8$ rad/s 时，稳定时间需要 0.18 s；$\beta=94.2$ rad/s时，稳定时间只需 0.1 s；$\beta=125.6$ rad/s 时，稳定时间只需 0.06 s；$\beta=157.0$ rad/s 时，稳定时间也为 0.06 s。可见，β 越大，所需稳定时间越短，但当 β 增大到一定程度后，达到稳定的时间基本不变。基于上述分析，考虑对提取速率的要求及滤波带宽对提取效果的影响，选取 $\beta=125.6$ rad/s，以实现快速且无畸变地提取基波信号和谐波信号。

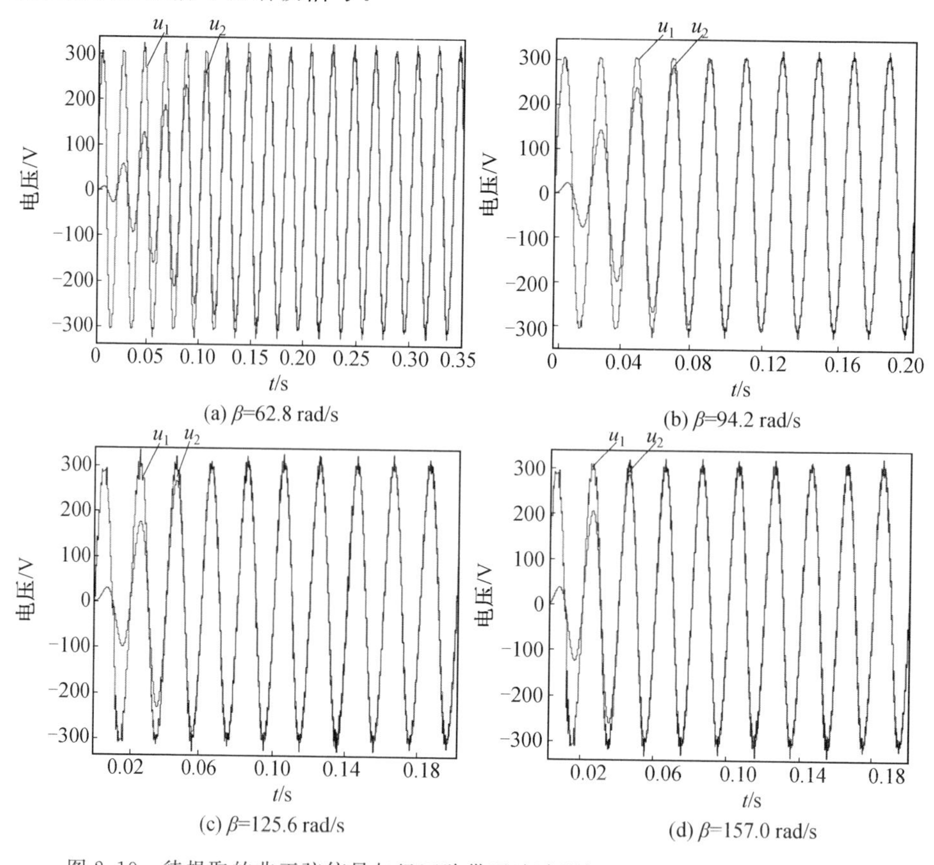

图 2.19　待提取的非正弦信号与经四阶带通滤波器提取的基波信号的仿真结果

2. 基波及谐波功率计算

基波功率的定义比较准确，而谐波功率的定义比较多元化。有学者提出一种利用总功减去基波功率得到谐波功率的方法，但在实际计算中，需要先算出输出电压、电流的均方根值才能计算总功，程序复杂，对控制器造成很大负担。有学者提出用各次谐波电压和相应次的谐波电流计算功率，这种方法计算得到的谐波功率最准确，但是提取谐波次数过多，增加了控制器的计算负担。还有学者提出用基波电压和各次谐波电流去计算功率。这种方法计算的结果并不是真正意义上的谐波功率，但是可以定量地反映谐波功率变化趋势，而且由于只需提取各次谐波电流，减轻了控制器的计算负担。为简化提取谐波的次数，采用基于基波电压和谐波电流的谐波功率计算方法。

本节采用单相瞬时无功功率理论，并利用二阶广义积分器（Second-Order General Integrator，SOGI）构造移相电路得到正交算子，图2.20为SOGI的结构示意图。虚框中SOGI的传递函数为

$$GI=\frac{\hat{\omega}s}{s^2+\hat{\omega}^2} \tag{2.33}$$

相应系统闭环传递函数分别是

$$D(s)=\frac{d(s)}{f(s)}=\frac{k\hat{\omega}s}{s^2+k\hat{\omega}s+\hat{\omega}^2} \tag{2.34}$$

$$Q(s)=\frac{q(s)}{f(s)}=\frac{k\hat{\omega}^2}{s^2+k\hat{\omega}s+\hat{\omega}^2} \tag{2.35}$$

式中，$\hat{\omega}$为SOGI的系统参考频率；k为系统阻尼比。

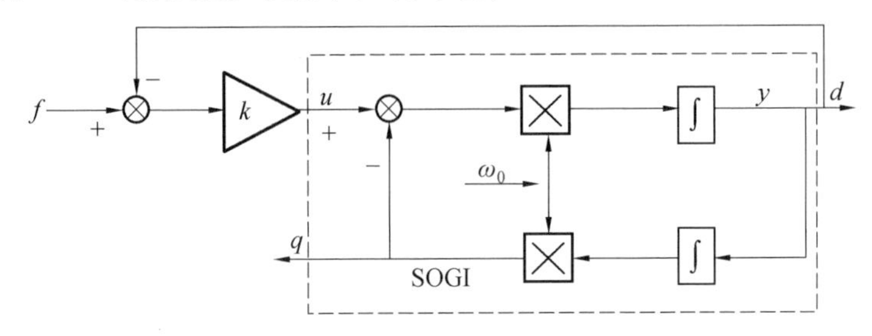

图2.20　二阶广义积分器的结构示意图

图2.21为系统阻尼比取1.414时，$D(s)$和$Q(s)$的频率响应。参考频率为正弦基波频率时，其开环增益$D(\mathrm{j}\omega)=Q(\mathrm{j}\omega)=0$，表明输出信号$d$和$q$在随输入信号$f$变化时，幅值保持不变；相位$\angle D(\mathrm{j}\omega)=0°$，$\angle Q(\mathrm{j}\omega)=90°$，表明输出信号$d$与输入信号$f$同相位，而输出信号$q$相位滞后90°。因此，利用SOGI的这种特性实现90°相移因子的运算。

利用SOGI获得输入的正交信号，结合单相瞬时无功功率理论得基波功率的计算公式为

$$\begin{aligned}p&=0.5(u_\alpha i_\beta+u_\beta i_\alpha)\\q&=0.5(u_\beta i_\alpha-u_\alpha i_\beta)\end{aligned} \tag{2.36}$$

将$u_\alpha=U_\mathrm{m}\sin(\omega t+\psi_\mathrm{a})$、$u_\beta=U_\mathrm{m}\cos(\omega t+\psi_\mathrm{a})$、$i_\alpha=I_\mathrm{m}\sin(\omega t+\psi_\mathrm{b})$、$i_\beta=I_\mathrm{m}\cos(\omega t+\psi_\mathrm{b})$代入式(2.36)，可得

$$\begin{aligned}p&=0.5(u_\alpha i_\beta+u_\beta i_\alpha)\\&=0.5[U_\mathrm{m}\sin(\omega t+\psi_\mathrm{a})\times I_\mathrm{m}\sin(\omega t+\psi_\mathrm{b})+U_\mathrm{m}\cos(\omega t+\psi_\mathrm{a})\times I_\mathrm{m}\cos(\omega t+\psi_\mathrm{b})]\\&=0.5U_\mathrm{m}I_\mathrm{m}\cos(\psi_\mathrm{a}-\psi_\mathrm{b})\end{aligned} \tag{2.37}$$

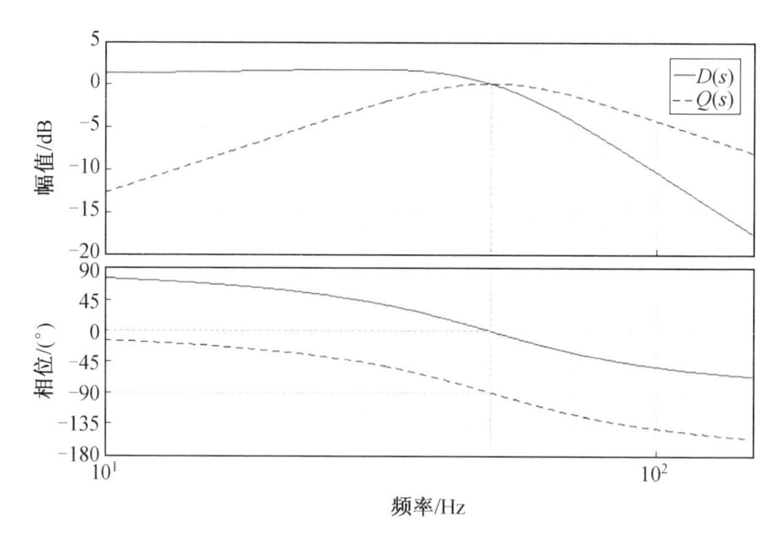

图 2.21　$k=1.414$ 时，$D(s)$ 和 $Q(s)$ 的频率响应

$$
\begin{aligned}
q &= 0.5(u_\beta i_\alpha - u_\alpha i_\beta) \\
&= 0.5[U_m\cos(\omega t+\psi_a)\times I_m\sin(\omega t+\psi_b) - U_m\sin(\omega t+\psi_a)\times I_m\cos(\omega t+\psi_b)] \\
&= 0.5U_m I_m\sin(\psi_a-\psi_b)
\end{aligned} \tag{2.38}
$$

式中，U_m 为基波电压峰值；I_m 为基波电流峰值；ψ_a 为基波电压相位；ψ_b 为基波电流相位。

为简化提取谐波的次数，采用基波电压与各次谐波电流来计算各次谐波功率，其公式如下：

$$
\begin{aligned}
p_h &= 0.5(u_\alpha i_{h\beta} + u_\beta i_{h\alpha}) \\
q_h &= 0.5(u_\beta i_{h\alpha} - u_\alpha i_{h\beta})
\end{aligned} \tag{2.39}
$$

令 $u_\alpha=U_m\sin(\omega t+\psi_a)$、$u_\beta=U_m\cos(\omega t+\psi_a)$、$i_\alpha=I_{mh}\sin(\omega t+\psi_{bh})$、$i_\beta=I_{mh}\cos(\omega t+\psi_{bh})$，得

$$
\begin{aligned}
p_h &= 0.5(u_\alpha i_{h\beta} + u_\beta i_{h\alpha}) \\
&= 0.5[U_m\sin(\omega t+\psi_a)I_{mh}\sin(h\omega t+\psi_{bh}) + U_m\cos(\omega t+\psi_a)I_{mh}\cos(h\omega t+\psi_{bh})] \\
&= 0.5U_m I_{mh}\cos[(h-1)\omega t+\psi_{bh}-\psi_a]
\end{aligned} \tag{2.40}
$$

$$
\begin{aligned}
q_h &= 0.5(u_\beta i_{h\alpha} - u_\alpha i_{h\beta}) \\
&= 0.5[U_m\cos(\omega t+\psi_a)I_{mh}\sin(h\omega t+\psi_{bh}) - U_m\sin(\omega t+\psi_a)I_{mh}\cos(h\omega t+\psi_{bh})] \\
&= 0.5U_m I_{mh}\sin[(h-1)\omega t+\psi_{bh}-\psi_a]
\end{aligned} \tag{2.41}
$$

式中，I_{mh} 为各次谐波电流峰值；ψ_a、ψ_{bh} 分别为基波电压、各次谐波电流相位；h 为谐波次数。

根据式(2.40)和式(2.41)可以看出，计算系统中各奇次谐波的功率时，其谐

波有功功率和谐波无功功率均为偶次频率的正弦信号。

2.3.3 基于虚拟阻抗的谐波功率均分控制方法

1. 虚拟阻抗算法的应用

当线路阻抗为感性时，为了保证线路阻抗和输出阻抗的兼容性，引入的虚拟阻抗也为感性。图2.22和图2.23分别为并联系统的基波等效电路模型和谐波等效电路模型。X_{line1}和X_{line2}分别为逆变器1、2的线路阻抗，X_{out1}和X_{out2}分别为逆变器1、2的输出阻抗，$\dot{U}_{ref1}$和$\dot{U}_{ref2}$分别为逆变器1、2的等效基波电压，$\dot{U}_{pcc}\angle 0$为PCC电压，X_{Vir1}和X_{Vir2}分别为逆变器1、2加入的虚拟阻抗。非线性负载可被看作含有多次谐波的电流源$\dot{I}_h$。输出参考电压为基频正弦信号，无谐波成分，即等效电路中无等效的谐波电压源。因此，逆变器的基波功率由输出电压特性及其等效基波阻抗决定；而逆变器的谐波功率仅由逆变器的等效谐波阻抗决定。

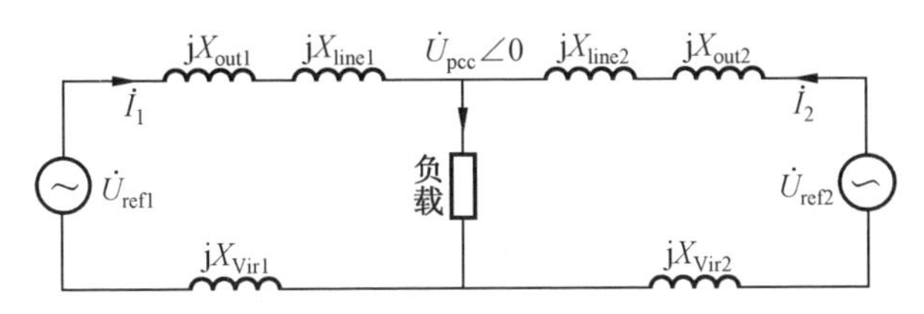

图2.22 并联系统基波等效电路模型

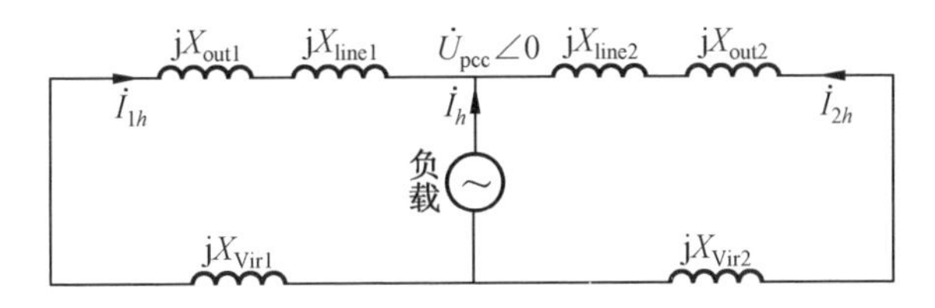

图2.23 并联系统谐波等效电路模型

引入虚拟阻抗后，等效阻抗变为

$$Z_{equ}=jX_{out}+jX_{line}+jX_{Vir} \tag{2.42}$$

除了保证两逆变器的基波电压幅值、相位和频率相同外，还要保证逆变器各次等效阻抗的一致性，才能实现基波和各次谐波功率的高精度均分。即Z_{equ1}与Z_{equ2}越接近，基波无功和谐波功率均分精度越高。

系统中加入基波和谐波虚拟阻抗的本质是改变了逆变器的输出参考电压，即

$$v_o = G(s)\left(U_{ref}Z_{vf}i_f - \sum_{h=3,5,7,\cdots} Z_{vh}i_h\right) - Z_v(s)i_f - \sum_{h=3,5,7,\cdots} Z_h i_h \tag{2.43}$$

式中，i_f为基波电流；i_h为各次谐波电流；Z_{vf}为虚拟基波阻抗；Z_{vh}为虚拟谐波阻抗；Z_v为等效基波阻抗；Z_h为等效谐波阻抗。

当各阻抗均为纯感性时，基波阻抗和谐波阻抗的大小可表示为

$$Z_{vf} = \mathrm{j}\omega L_{vf} \tag{2.44}$$

$$Z_{vh} = \mathrm{j}\omega L_{vh} \tag{2.45}$$

则基波电压参考的变化量为

$$V_{vf} = \mathrm{j}i_f\omega L_v \tag{2.46}$$

谐波电压参考的变化量为

$$\sum_{h=3,5,7,\cdots} V_{vh} = \sum_{h=3,5,7,\cdots} \mathrm{j}i_h\omega L_{vh} \tag{2.47}$$

为计算V_{vf}与V_{vh}，首先需分析$\mathrm{j}i$与i的相位关系。$\mathrm{j}i$与i正交，且$\mathrm{j}i$的相位比i超前90°。同理，$\mathrm{j}i_{vf}\omega L_{vf}$比$i_{vf}\omega L_{vf}$超前90°，相位正交。利用SOGI获得正交且幅度不变的电流移相算子。图2.24为电压参考相位示意图，显示了通过正交输出电流所计算获得的电压参考变化量与实际的电压参考变化量之间的相位关系。

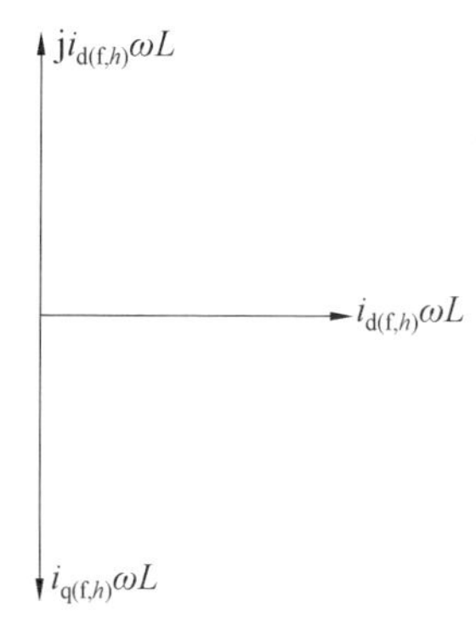

图2.24　电压参考相位示意图

i_d与原输入电流同相，i_q与原输入电流正交，但i_q相位滞后i_d 90°，与$\mathrm{j}i_d$相比，相位正好相差180°，于是有

$$V_{vf} = \mathrm{j}i_f\omega L_v = \mathrm{j}i_{df}\omega L_v = -i_{qf}\omega L_v \tag{2.48}$$

$$V_{vh} = \mathrm{j}i_h\omega L_{vh} = \mathrm{j}i_{dh}\omega L_{vh} = -i_{qh}\omega L_{vh} \tag{2.49}$$

最终，输出电压参考可表示为

$$v_o = G(s)\left(U_{ref} + i_{qf}\omega L_v + \sum_{h=3,5,7,\cdots} i_{qh}\omega_h L_{vh}\right) - Z_v(s)i_f - \sum_{h=3,5,7,\cdots} Z_h i_h \tag{2.50}$$

综合上述分析，感性线路阻抗下，在各逆变单元加入虚拟阻抗后，逆变器输出电压参考生成示意图如图 2.25 所示。利用四阶带通滤波器提取基波和各次谐波电流，经 SOGI 移相获得相应的正交量，再乘各次虚拟阻抗值，最终加到输出参考电压上。

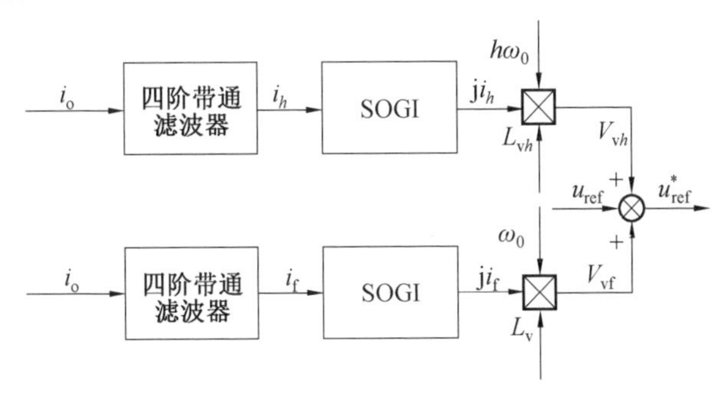

图 2.25　逆变器输出电压参考生成示意图

虚拟阻抗的设计比较灵活，阻抗可以是感性的、阻性的，也可以为阻感性的。针对为非线性负载供电的并联系统，为了提高基波与谐波功率的均分精度，接下来通过两种方式加入虚拟阻抗，优化系统的整体控制结构：一是加入正虚拟阻抗，并设计新型的电压补偿策略提升 PCC 的电位；二是加入负虚拟阻抗，既减小等效阻抗的差异又减小线路上的等效压降，自适应均分基波无功功率及谐波功率。

2. 基于正虚拟阻抗的下垂控制方法

为了提高基波无功功率和谐波无功功率的均分精度，保证为非线性负载供电的并联系统安全稳定运行，以下垂控制为基础，在其基波和谐波频率上分别加入正的虚拟感抗，基于正虚拟阻抗的下垂控制框图如图 2.26 所示。每台逆变器都加入较大的正虚拟电感 L_{Vir}，取 10 mH。虚拟阻抗值越大，等效阻抗间的相对差异越小，基波无功功率及谐波功率均分精度也就越高，且不需要特殊选取不同频率下的虚拟阻抗。但是，引入较大的正虚拟阻抗会使等效线路阻抗上的压降变大，导致 PCC 电位变低，严重时甚至会低于电网标准。为了避免这种现象发生，需要补偿下降的电压。

由于本系统采用的是无互联线并联系统，因此无法直接测量 PCC 电压，但是可以根据逆变器输出功率与虚拟阻抗的值，基于 PCC 电压与逆变器输出电压之间幅度和相角的差异，计算 PCC 电压。图 2.27 所示为 PCC 电压计算相量图，以 $\dot{U}_{droop}$ 为参考轴，将 $\dot{U}_{pcc}$ 与 $\dot{U}_{droop}$ 之差分解为与 $\dot{U}_{droop}$ 同向和垂直方向的两个分量，

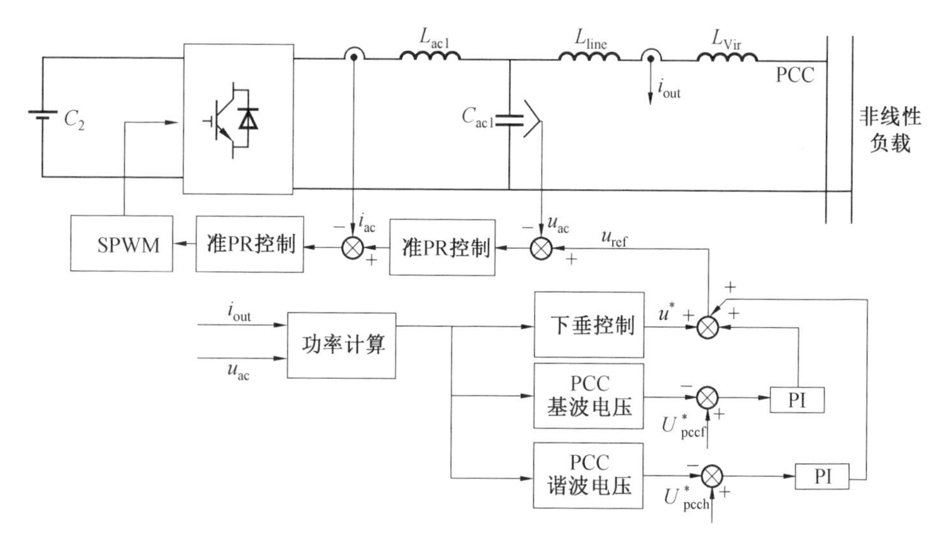

图 2.26　基于正虚拟阻抗的下垂控制框图

结合功率和线路阻抗的关系，可得

$$\mathrm{d}\dot{u}=\frac{P_{ave}\times R+Q_{ave}\times X}{U_{droop}}+\mathrm{j}\frac{P_{ave}\times X-Q\times R}{U_{droop}}=\Delta\dot{U}+\mathrm{j}\delta\dot{U} \tag{2.51}$$

式中，P_{ave}、Q_{ave}分别为逆变器的平均有功功率和平均无功功率；R、X分别为线路电阻、电抗值。由于虚拟阻抗值远大于等效阻抗值，计算时仅取虚拟阻抗值即可。

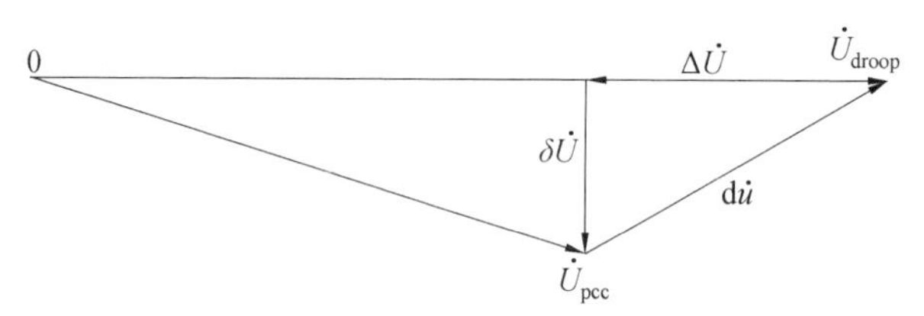

图 2.27　PCC 电压计算相量图

根据相量图，可得出 PCC 电压计算公式如下：

$$U_{pcc}=\sqrt{(U_{droop}-\Delta U)^2+\delta U^2} \tag{2.52}$$

利用上述公式，可以在不增加硬件的前提下得到 PCC 的基波电压值和各次谐波电压值。

为了补偿等效阻抗上的压降，保证 PCC 电压幅值满足电网标准，可以抬升输出电压的各次频率下的幅值，补偿的压降为

$$U_{com}=G(s)(U^*_{pcch}-U_{pcch})=k_p(U^*_{pcch}-U_{pcch})+$$

$$k_i\int(U_{pcch}^{*}-U_{pcch}),\quad h=1,3,5,\cdots \tag{2.53}$$

将计算得到的各次电压分别与相应的基准电压值做差，误差信号经过 PI 调节得到的值动态地补偿到参考电压上，并选取合适的 k_p、k_i 参数使系统稳定。因此，即使等效阻抗上压降很大，PCC 电压也能符合供电标准，达到补偿 PCC 电压的效果。

3. 基于负虚拟阻抗的下垂控制方法

为了实现基波无功功率和谐波功率的高精度均分，并保证 PCC 的电能质量，还可以在各次谐波频率处引入负的虚拟阻抗，抵消线路阻抗间的差异并减小电压的畸变。图 2.28 为基于负虚拟阻抗的下垂控制框图。

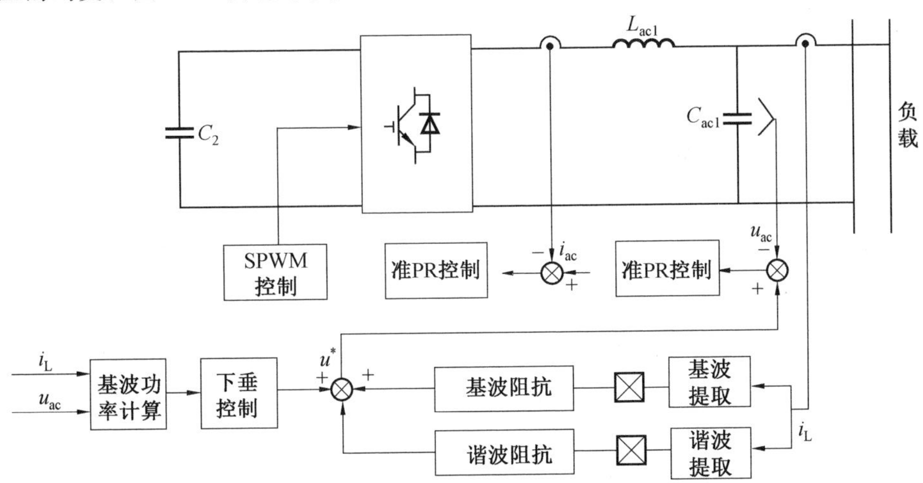

图 2.28　基于负虚拟阻抗的下垂控制框图

提取输出电压及电流中的基频信号，计算各单元的基波有功功率和无功功率，并根据下垂方程生成其输出电压的参考信号，在两台逆变器中不同频率处分别加入大小不同的负虚拟阻抗。引入负虚拟阻抗后，逆变器的等效阻抗可表示为

$$Z_{equ}=\mathrm{j}X_{out}+\mathrm{j}X_{line}-\mathrm{j}X_{Vir},\quad X_{Vir}=\omega_h L_{Vir},\quad h=1,2,3,\cdots,n \tag{2.54}$$

根据基波虚拟电感、谐波虚拟电感与逆变器输出的无功功率的下垂关系式，选择的各次虚拟阻抗值可由如下两式得到：

$$L_h=L_{h0}-b(Q_h-Q_{h0}) \tag{2.55}$$

$$L_v=L_0-k(Q-Q_0) \tag{2.56}$$

式中，L_0、L_{h0} 分别为逆变器基波虚拟阻抗与各次负谐波虚拟阻抗的参考值；Q_0、

Q_{h0}分别为逆变器基波无功功率与各次谐波无功功率容量；h 为谐波次数；b、k 为相应的下垂系数；Q 为逆变器实际输出的基波无功功率；Q_h 为逆变器实际输出的各次谐波无功功率。

引入负的虚拟阻抗后，其输出电压变为

$$v_o = G(s)\left(U^* - i_{qf}\omega L_v - \sum_{h=3,5,7,\cdots} i_{qh}\omega_h L_h\right) - Z_v(s)i_f - \sum_{h=3,5,7,\cdots} Z_h i_h \tag{2.57}$$

根据下垂公式(式(2.55)和式(2.56))可得到如图 2.29 所示的虚拟阻抗下垂曲线。由以上分析可知，基波无功功率的均分精度取决于等效基波阻抗，谐波功率的均分精度取决于等效谐波阻抗。在基波频率处，当逆变器 1 的等效阻抗略大于逆变器 2 的等效阻抗时，逆变器 1 的基波无功功率小于逆变器 2 的基波无功功率。基波无功功率与无功功率容量 Q_0 做差并乘系数 k 之后，仍有 $-k(Q_1-Q_0)>-k(Q_2-Q_0)$。根据式(2.55)可以得出 $L_{v1}>L_{v2}$，即在逆变器 1 中引入的负虚拟阻抗值大于在逆变器 2 中引入的虚拟阻抗值，恰好缩小了逆变器 1 与逆变器 2 等效阻抗间的差异。该方法采用的虚拟阻抗值是根据无功功率波动自适应选取的，系统响应能力较强。

与在基波频率处不同，在谐波频率处，等效阻抗的差异不仅会降低谐波无功功率的分配精度，还会降低谐波有功功率的分配精度。但是为了简化计算过程，使用各次谐波无功功率替代谐波总功，具体调节过程如图 2.29(b)所示。当逆变器 1 的谐波等效阻抗略大于逆变器 2 的谐波等效阻抗时，逆变器 1 各次谐波无功功率小于逆变器 2 各次谐波无功功率，与谐波无功功率容量 Q_{h0} 做差并乘系数 b 之后，有 $-b(Q_{h1}-Q_{h0})>-b(Q_{h2}-Q_{h0})$。根据式(2.55)，可得出 $L_{h1}>L_{h2}$，即在逆变器 1 中引入的负虚拟阻抗值大于在逆变器 2 中引入的虚拟阻抗值，恰好缩小了逆变器 1 与逆变器 2 等效谐波阻抗间的差异。

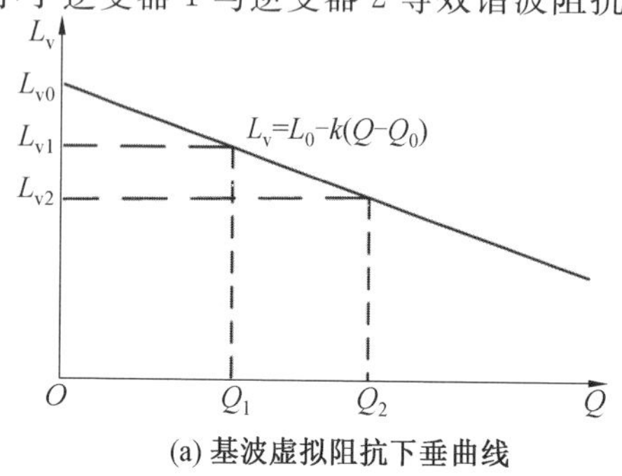

(a) 基波虚拟阻抗下垂曲线

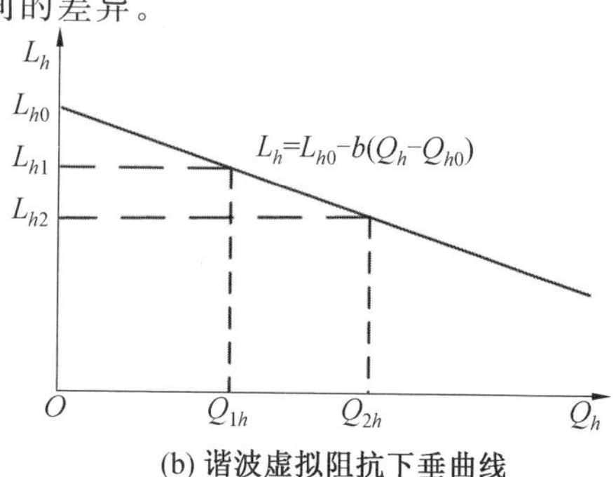

(b) 谐波虚拟阻抗下垂曲线

图 2.29　虚拟阻抗下垂曲线

L_h-Q_h 下垂可以使 L_h 随着谐波功率自适应地变化，将各次谐波电流乘相应的负虚拟电抗值，并将其补偿到电压环中的参考电压上，动态地实现谐波功率的均分；L_v 的值随着基波无功的变化自适应调整，直至两逆变器的无功功率趋于一致。由于增加的是负的虚拟阻抗，线路上的电压畸变也被抵消，从而保证了 PCC 的电能质量。

2.3.4 实验分析

1. 正虚拟阻抗并联实验结果

图 2.30 为两逆变器采用基于正虚拟阻抗的改进下垂控制策略并联运行的实验结果。两逆变器共同分担负载的基波及谐波功率，u_1 的有效值为 217.8 V，THD 为 14.2%；u_2 的有效值为 218.4 V，THD 为 14.9%；i_1 的有效值为 2.82 A，THD 为 34.8%；i_2 的有效值为 2.61 A，THD 为 35.8%。i_1-i_2 的值很小，THD 大小接近，输出基波和谐波功率的均分精度很高。PCC 电压有效值为 215.4 V，

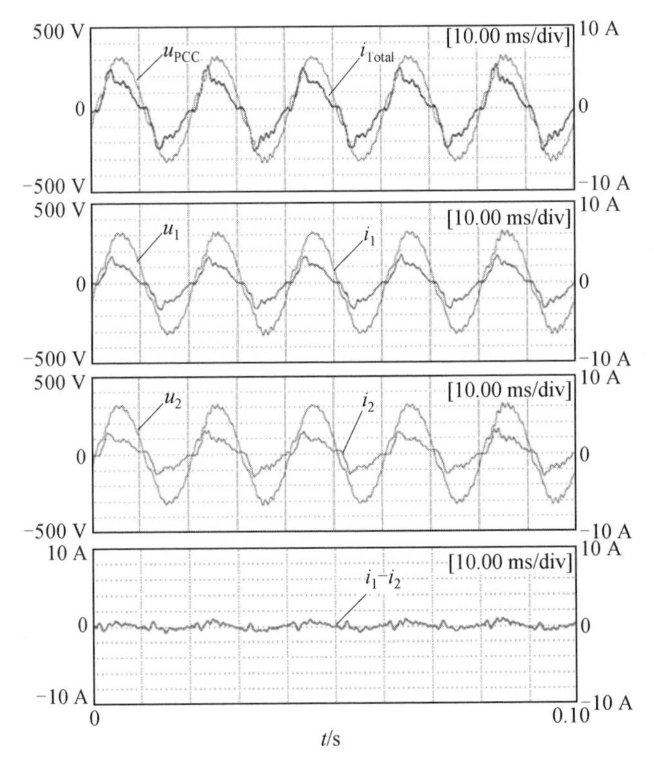

图 2.30　两逆变器采用基于正虚拟阻抗的改进下垂控制策略并联运行的实验结果

THD 为 19.3%，正的虚拟阻抗导致 PCC 电压幅值降低。

由于正虚拟阻抗上存在较大的压降，因此 PCC 电压波形质量很差。为此，各逆变器应用新型 PCC 电压补偿策略，以改善 PCC 电压的电能质量，补偿后并联系统实验结果如图 2.31 所示。补偿后，PCC 电压有效值为 217.6 V，THD 为 15.3%，波形质量明显变好。实验结果表明，正虚拟阻抗可以改善谐波功率的均分精度，且所设计的电压补偿策略效果良好。

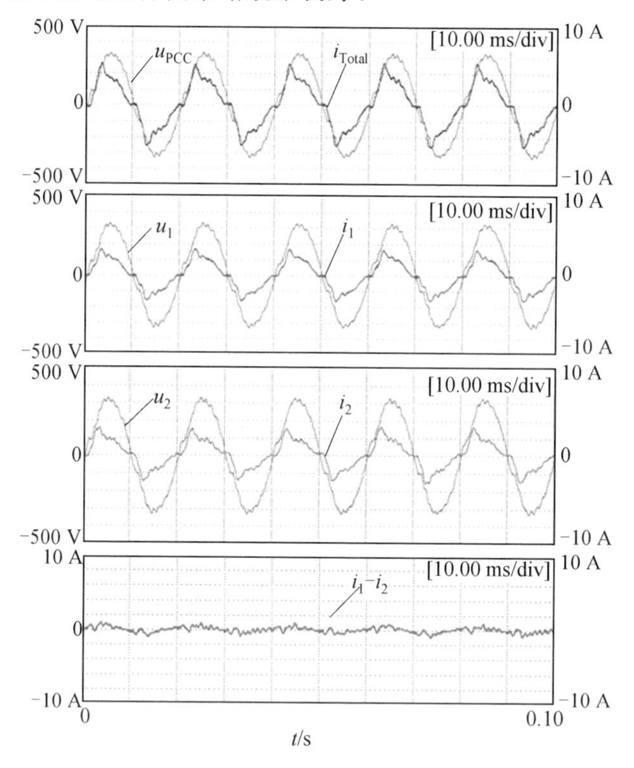

图 2.31　补偿后并联系统实验结果

图 2.32 为负载突变时并联系统实验结果。当 $t=0.04$ s 时，负载中的电容由 20 μF 增加至 40 μF。负载切换过程中，电压、电流无较大冲击，系统迅速适应了新的负载，动态响应性能良好；切换后系统仍较好地分配输出基波和谐波功率。实验结果表明，基于正虚拟阻抗的改进下垂控制可以实现负载的平滑切换，避免了负载变化过程中的冲击，使系统能够持续稳定运行。

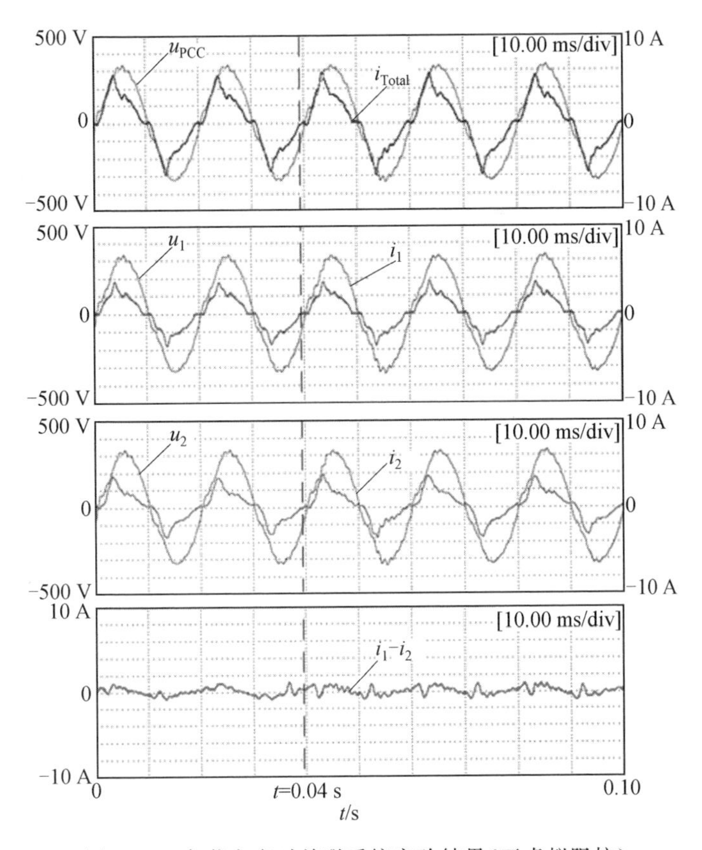

图 2.32　负载突变时并联系统实验结果(正虚拟阻抗)

2. 负虚拟阻抗并联实验结果

图 2.33 为两逆变器采用基于负虚拟阻抗的改进下垂控制策略并联运行的实验结果。u_1 的有效值为 219.8 V,THD 为 14.6%;u_2 的有效值为 219.6 V,THD 为 15.3%;i_1 的有效值为 3.29 A,THD 为 40.8%;i_2 的有效值为 3.14 A,THD 为 42.7%;PCC 电压的有效值为 219.4 V,THD 为 14.6%。i_1、i_2 的幅值和波形畸变程度基本一致,i_1-i_2 的值也很小,两逆变器的基波和谐波功率被高精度均分。u_1、u_2 波形相比并联前,波形质量变好,有效值也基本不变,负的虚拟阻抗在减小等效阻抗差异的同时也抵消了线路上的压降,起到改善 PCC 电能质量的作用。

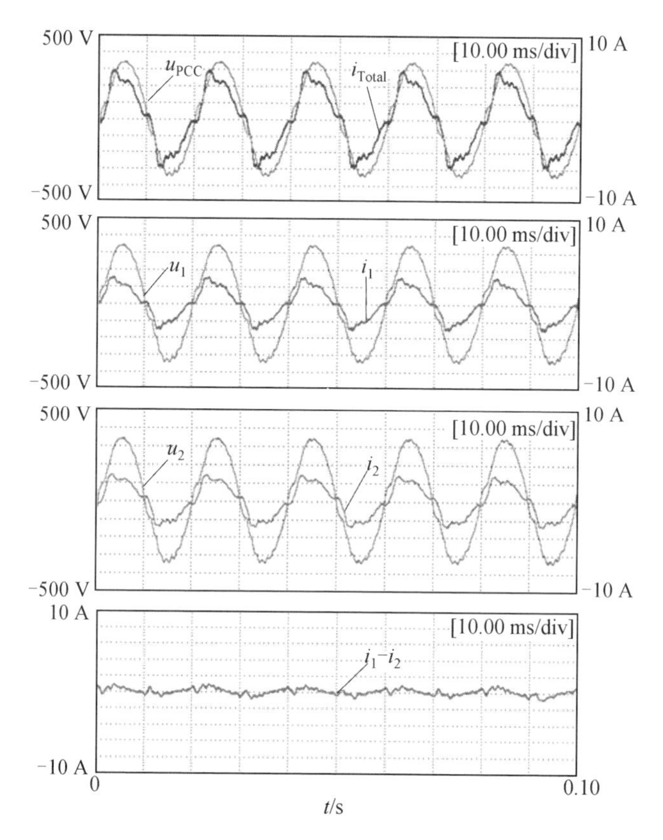

图 2.33　两逆变器采用基于负虚拟阻抗的改进下垂控制策略并联运行的实验结果

图 2.34 为负载突变时并联系统实验结果。$t=0.04$ s 时，负载中的电容由 30 μF 增加至 50 μF。负载切换过程中，电压、电流平滑过渡，系统迅速适应了新的负载，动态响应性能良好；切换后系统仍能较好地分配输出基波和谐波功率。实验结果表明，基于负虚拟阻抗的改进下垂控制策略可以实现负载基波及谐波功率的高精度均分，并保证 PCC 的电能质量，同时并联系统动态性能良好，稳定性高。

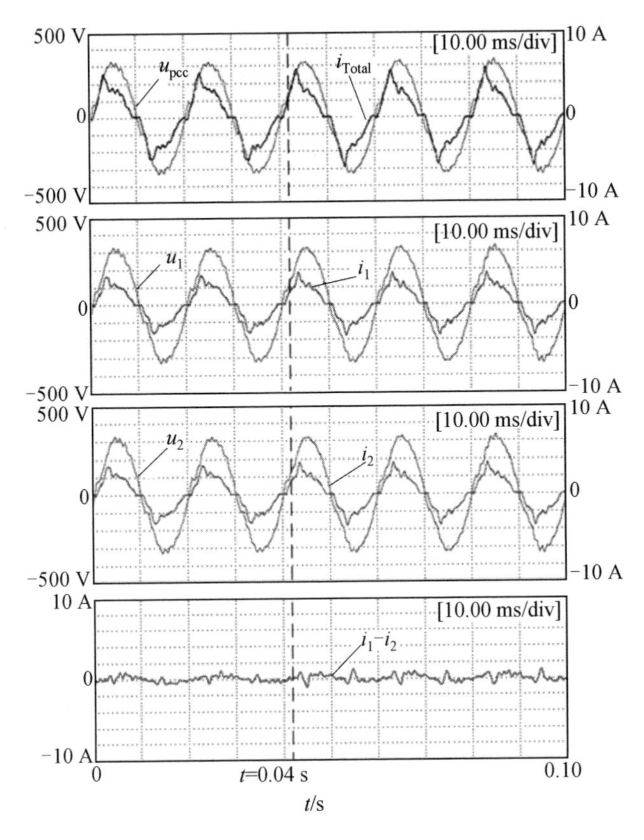

图 2.34　负载突变时并联系统实验结果(负虚拟阻抗)

本章小结

本章在分析传统下垂控制策略的基础上,提出了弹性有功功率分配的双下垂控制。该控制方法基于两级式拓扑结构的光伏逆变器,当某台逆变器光伏输入功率无法满足下垂控制所分配的功率时,利用直流母线的偏移量,向下平移下垂曲线,从而在逆变器输出功率减少的同时,降低逆变器的输出电压幅值或者频率,而其余逆变器相应地增加输出有功功率,以满足整个系统的稳定运行。此外,本章设计了光伏逆变器并联系统谐波功率均分的整体控制策略,分析了感性虚拟阻抗算法下电压参考的生成过程。当虚拟阻抗为正时,设计了 PCC 电压补偿策略以改善 PCC 电能质量；当虚拟阻抗为负时，设计了负阻抗值的选取方法，自适应地均分基波无功功率及各次谐波功率，并给出了下垂系数的选取方法。

第3章

交流微电网并网功率控制技术

为了实现微电网运行模式的无缝切换，通常不改变逆变器离并网运行时的控制方法。为此，微电网逆变器并网运行依然采用下垂控制策略，并根据不同工作模式的特点进行分析和适当改进。但是，电网谐波会造成并网电流畸变，需要通过电网电压谐波补偿来减小并网电流的畸变率。由于不同的电压等级对应不同的线路参数，且对于阻感性线路阻抗情况，逆变器输出的有功功率和无功功率处于耦合状态，因此需要改进下垂方程抑制输出功率的振荡，增强微电网系统的稳定性。并网电流谐波含量是并网逆变器的一个重要性能指标，控制器的选择对提升并网电流谐波控制至关重要。本章在分析并网电流谐波产生机理的基础上，提出新型下垂控制并网电流谐波抑制策略，实现并网电流的谐波抑制。

3.1 交流微电网的下垂并网功率控制策略

3.1.1 并网功率分析

光伏并网发电时，为充分利用太阳能，前级应采取最大功率点跟踪(Maximum Power Point Tracking，MPPT)控制，使光伏阵列始终发出最大功率，并将其全部作为有功功率注入电网。目前光伏并网发电系统的后级逆变器普遍采用电流型控制，可直接调节电流的相位和幅值：通过锁相环(Phase Lock Loop，PLL)跟踪电网电压以保证逆变器输出电流始终与电网相位一致，通过调节电流幅值大小以保证逆变器向电网馈送最大功率。

光伏逆变器采用下垂控制策略并网运行时的等效电路如图3.1所示。图中，$U_1\angle 0$为逆变器输出电压；$U_2\angle -\delta$为电网电压；$Z\angle\theta$为并网线路阻抗；$\dot{I}$为并网电流。则光伏逆变器输出复功率为

$$\tilde{S}=P+\mathrm{j}Q=\dot{U}_1\dot{I}^*=\dot{U}_1\left(\frac{\dot{U}_1-\dot{U}_2}{\dot{Z}}\right)^*=U_1\angle 0\left(\frac{U_1-U_2\mathrm{e}^{\mathrm{j}\delta}}{Z\mathrm{e}^{-\mathrm{j}\theta}}\right)=\frac{U_1^2}{Z}\mathrm{e}^{\mathrm{j}\theta}-\frac{U_1U_2}{Z}\mathrm{e}^{\mathrm{j}(\theta+\delta)} \tag{3.1}$$

将$Z\mathrm{e}^{\mathrm{j}\theta}=R+\mathrm{j}X$代入式(3.1)，可以得到逆变器输出有功功率和无功功率分别为

$$P=\frac{U_1}{R^2+X^2}[R(U_1-U_2\cos\delta)+XU_2\sin\delta] \tag{3.2}$$

$$Q=\frac{U_1}{R^2+X^2}[X(U_1-U_2\cos\delta)-RU_2\sin\delta] \tag{3.3}$$

下面所研究的光伏逆变器工作在低压配电网上，线路阻抗以阻性为主，令$X_n=0$，则式(3.2)和式(3.3)可以化简为

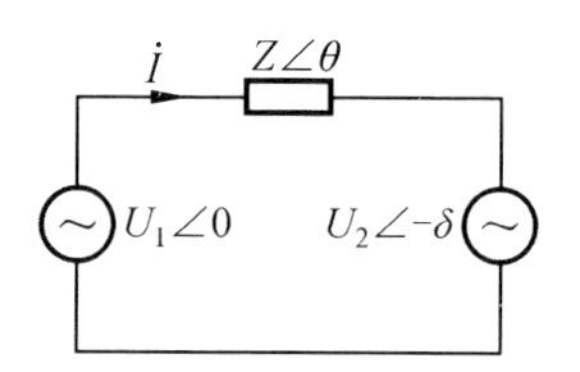

图 3.1　光伏逆变器采用下垂控制策略并网运行时的等效电路

$$P=\frac{U_1(U_1-U_2)}{R} \tag{3.4}$$

$$Q=-\frac{U_1U_2}{R}\delta \tag{3.5}$$

因此得到了与传统下垂控制关系相反的倒下垂方程，即

$$\begin{aligned} f&=f_0+k_q(Q-Q_0) \\ U&=U_0-k_p(P-P_0) \end{aligned} \tag{3.6}$$

由式(3.1)可得

$$P=\frac{U_1^2}{Z}\cos\theta-\frac{U_1U_2}{Z}\cos(\theta+\delta) \tag{3.7}$$

近似化简可得

$$P=\frac{U_1(U_1-U_2)}{Z} \tag{3.8}$$

由此可得光伏逆变器输出电压为

$$U_1=\frac{U_2+\sqrt{U_2^2+4PZ}}{2} \tag{3.9}$$

光伏逆变器并网运行时，逆变器输出电压的频率会被强制与电网电压一致，而逆变器输出电压会因线路阻抗等因素的影响，与电网电压有一定的压差，其输出电压特性曲线可以根据式(3.9)得到，然后通过式(3.6)就可以得到逆变器输出有功功率 P 和无功功率 Q，进而对逆变器输出功率进行控制。例如 $f=f_0=50$ Hz，$U=U_0=220$ V 时，P 等于期望的有功功率 P_0，Q 等于期望的无功功率 Q_0。然而在实际情况中，由于天气原因，光伏阵列输出功率会在一定范围内产生波动；由于负载的变动，电网电压的幅值和频率也会在一定范围内发生波动。

1. 光伏功率波动

光伏逆变器并网运行能量流动如图 3.2 所示。前级采用 MPPT 控制，实现光伏能量的最大利用，直流母线电容 C_2 起前后级能量缓冲的作用，若前后级功率不匹配，则会使母线过压或者欠压。

下垂方程中的有功给定值 P_0 应等于光伏系统发出的最大功率 P_{PV}，令 Q_0 保

持为0。光伏功率波动时的下垂曲线如图3.3所示，初始时刻后级输出功率等于光伏功率等于P_1，光伏逆变器前后级功率一致，在a点稳定工作。由于天气等原因光伏功率减小到P_2，而后级功率仍然为P_1，前后级功率不匹配，此时可通过平移$P-U$下垂曲线的方法，使后级输出功率也变为P_2，系统工作在b点，使得前后级输出功率匹配。

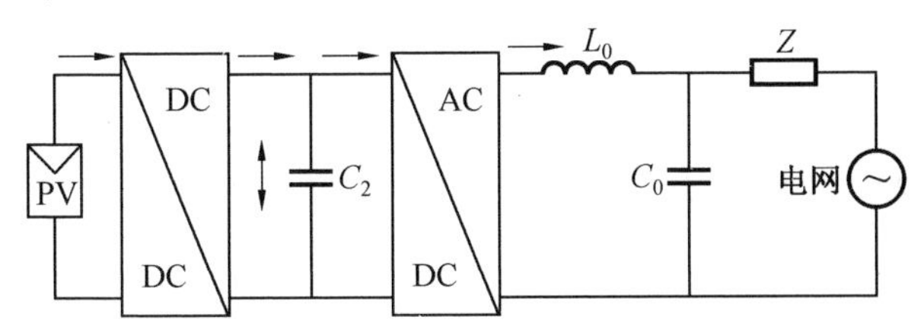

图3.2 光伏逆变器并网运行能量流动

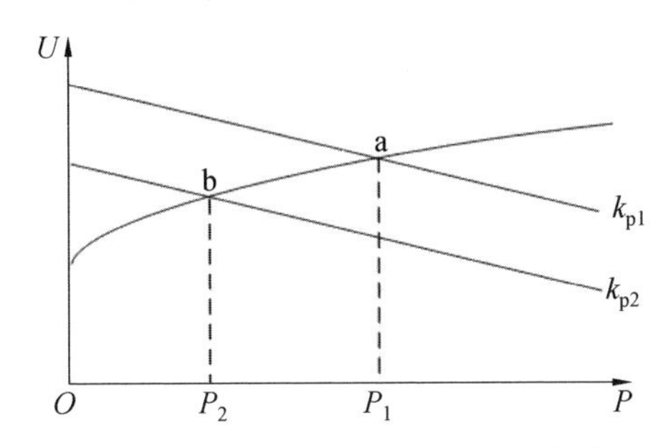

图3.3 光伏功率波动时的下垂曲线

2. 电网电压波动

在实际生活中，由于多种因素的干扰，电网电压可能存在微小的波动。电网电压的波动会造成并网逆变器的输出有功功率也跟随着波动。为了解决上述问题，有文献采用动态调节下垂系数的方法，但是当下垂系数选取过大时，虽然系统调节速度快，但过大的下垂系数会使系统在稳定运行时电压幅值和频率变化过大，影响系统的稳定性，而下垂系数选取过小则会造成调节速度过慢，因此采用动态调节下垂系数的方法对系统的稳定性和调节的快速性都会造成影响。

基于上述理论，采用动态平移下垂曲线的方法，全程保持下垂系数不变，防止系统波动较大，确保系统稳定运行。电网电压波动时的下垂曲线如图3.4所示，初始电网电压为U_0，逆变器输出有功功率P_0等于光伏功率，此时逆变器运行于a点；由于负载变动等原因电网电压波动为U_1，根据下垂曲线可知，逆变器输出有功功率变为P_1，此时逆变器运行于b点；为控制逆变器输出有功功率为光伏功率P_0，可通过平移$P-U$下垂曲线的方法，使逆变器运行于c点。

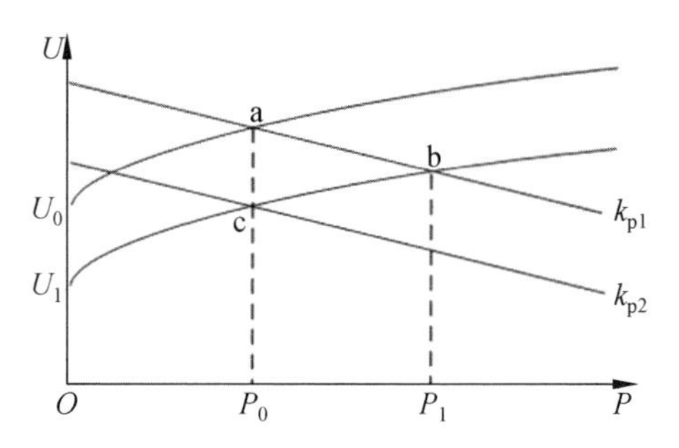

图 3.4　电网电压波动时的下垂曲线

3. 电网频率波动

光伏逆变器并网运行时，逆变器输出的频率强行与电网频率保持一致。实际生活中，由于负载切变等原因，电网频率会在小范围内发生波动。电网频率的波动会使逆变器输出的无功功率发生偏移。为了克服电网频率波动对光伏逆变器输出无功功率的影响，采用动态平移下垂曲线的方法。电网频率波动时的下垂曲线如图 3.5 所示，初始时刻光伏逆变器在 a 点稳定工作，此时电网频率等于 f_0，根据下垂曲线可得逆变器输出无功功率为 0；由于负载变动等原因电网频率变为 f_1，逆变器的工作状态变为 b 点，此时输出无功功率增大到 Q_1；为了达到无功功率等于 0 的目标，采用平移 $Q-f$ 下垂曲线的方法，使逆变器稳定运行于 c 点。

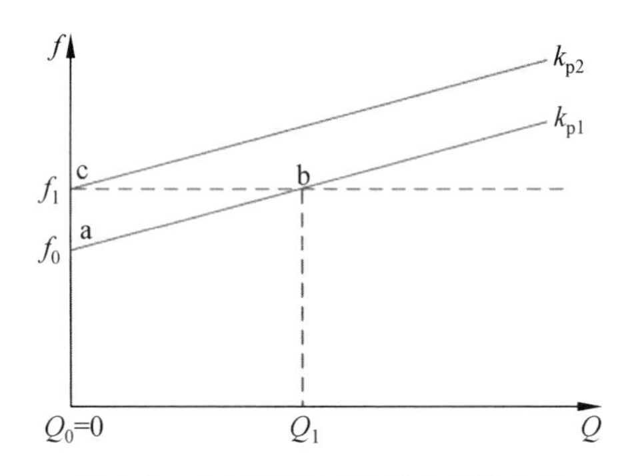

图 3.5　电网频率波动时的下垂曲线

3.1.2　实验分析

1. 光伏功率波动实验结果

采用改进下垂控制策略时光伏功率波动的实验结果如图 3.6 所示。图中，u_{grid}为电网电压；u_{inv}为逆变器输出电压；i_{grid}为并网电流；i_{inv}为逆变器输出电流；

i_{load}为负载电流；P_{inv}为逆变器输出有功功率。0～9 s时，光伏阵列输出功率稳定在700 W，后级光伏逆变器输出功率也稳定在700 W，负载消耗功率为280 W，多余的420 W馈入电网；9～19 s时，光伏阵列输出功率波动到500 W，后级光伏逆变器的输出功率也跟随波动到500 W，负载消耗功率仍保持为280 W，此时馈入电网的能量减小为220 W；19～25 s时，光伏功率再次恢复到700 W，后级光伏逆变器输出功率也恢复到700 W，负载消耗功率依旧保持280 W稳定不变，此时馈入电网的能量也再次恢复到420 W。实验结果证明了改进下垂控制可以控制光伏逆变器输出功率始终跟踪前级光伏功率给定值，实现前后级光伏功率匹配。

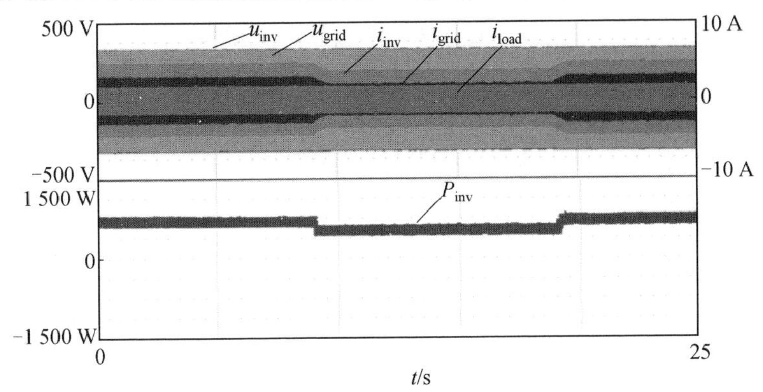

图 3.6　采用改进下垂控制策略时光伏功率波动的实验结果

2. 电网电压波动实验结果

采用传统下垂控制策略时电网电压波动的实验结果如图 3.7 所示。图 3.7(a)为电网电压波动完整波形，0～14.5 s时，电网电压稳定在220 V，逆变器输出功率为700 W；14.5～24.5 s时，电网电压升高到 225 V，逆变器输出功率降为560 W；24.5～30 s时，电网电压又恢复到220 V，逆变器输出功率也恢复到700 W。图 3.7(b)为电网电压升高时电压电流实验波形，14.5 s时刻电网电压由220 V突变为225 V，突变瞬间逆变器输出电流减小，并网电流也减小，以致并网有功功率也减小。图 3.7(c)为电网电压降低时电压电流实验波形，24.5 s时刻电网电压由225 V突变为220 V，突变瞬间逆变器输出电流增大，并网电流也增大，以致并网有功功率也增大。

图 3.7 证明了电网电压波动会影响逆变器输出有功功率，电网电压的升高会造成有功功率的减小，电网电压的降低会造成有功功率的增大。逆变器输出功率的波动会导致其与前级光伏功率不匹配，影响系统的稳定性，同时也不利于最大限度地利用太阳能。

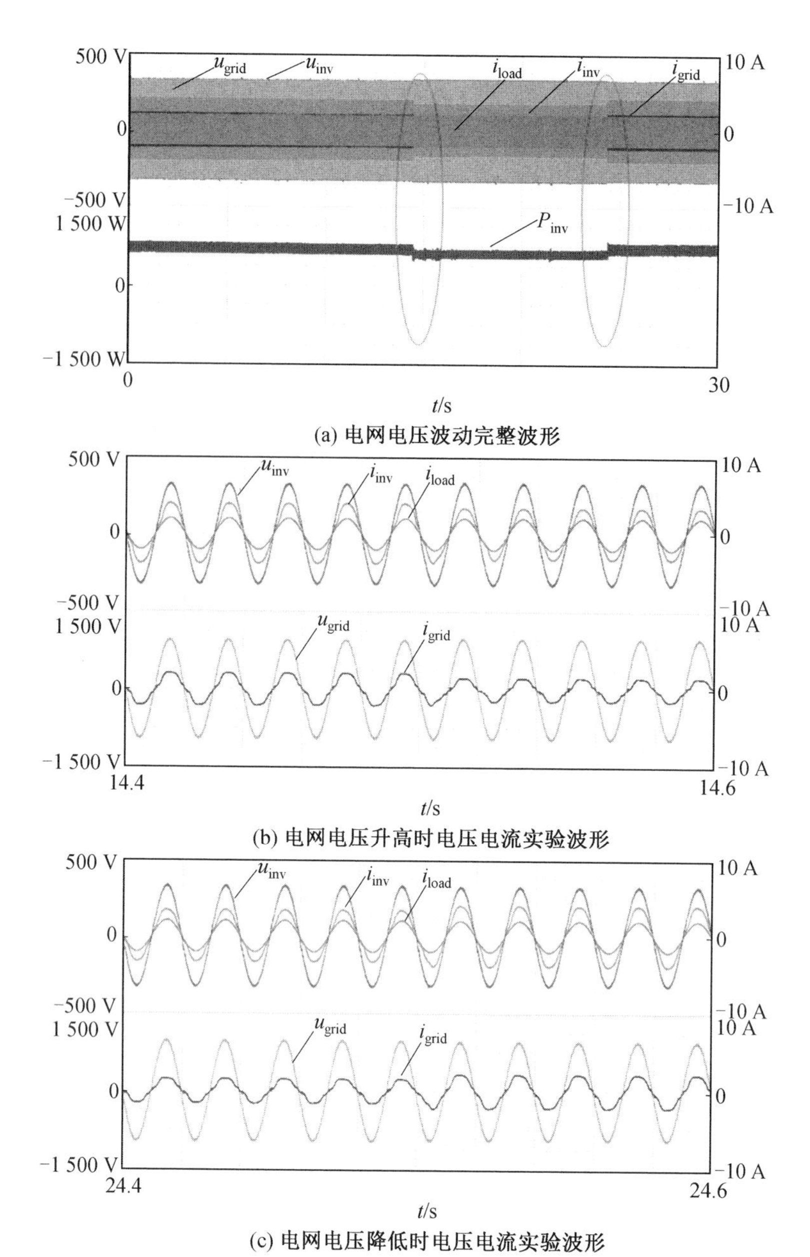

(a) 电网电压波动完整波形

(b) 电网电压升高时电压电流实验波形

(c) 电网电压降低时电压电流实验波形

图 3.7　采用传统下垂控制策略时电网电压波动的实验结果

采用改进下垂控制策略时电网电压波动的实验结果如图 3.8 所示。

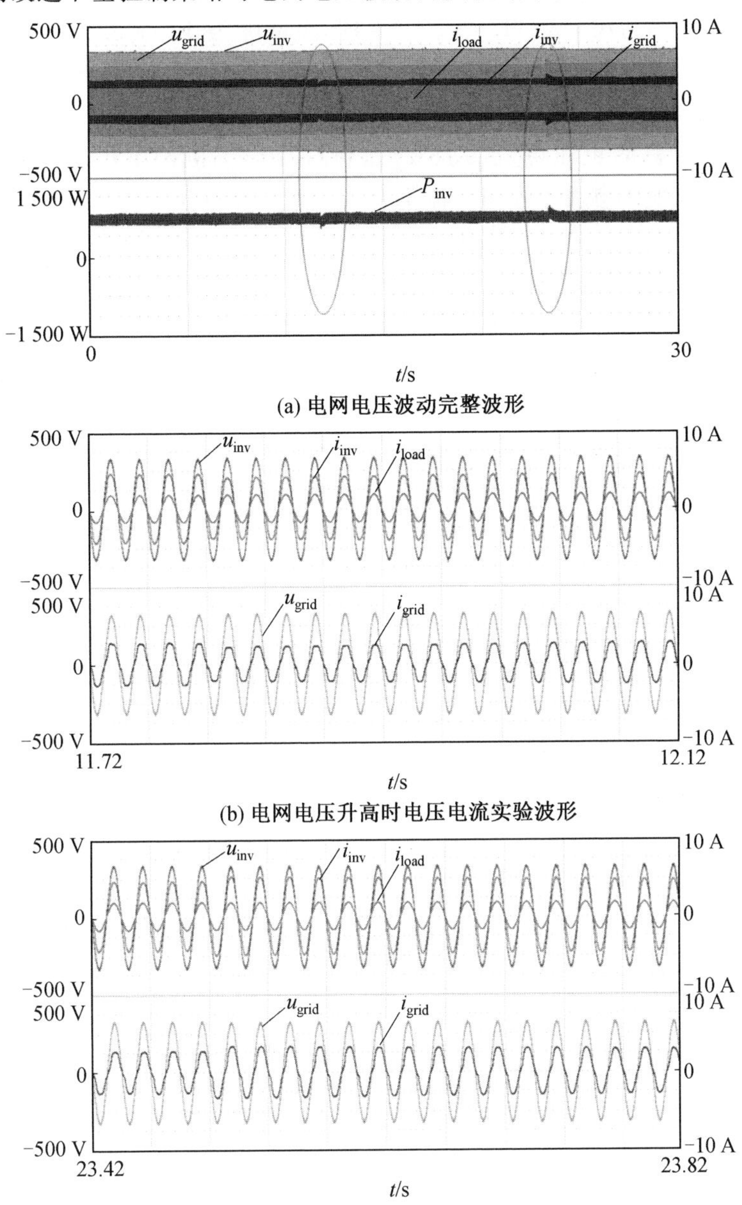

(a) 电网电压波动完整波形

(b) 电网电压升高时电压电流实验波形

(c) 电网电压降低时电压电流实验波形

图 3.8　采用改进下垂控制策略时电网电压波动的实验结果

图 3.8(a)为电网电压波动完整波形，0～11.8 s 时，电网电压稳定在220 V，逆变器输出功率为700 W；11.8～23.5 s 时，电网电压升高到225 V，逆变器输出功率反而降到560 W，但是很快又调整到700 W；23.5～30 s 时，电网电压又恢复到220 V，逆变器输出功率增大到 840 W，但是很快又调整到700 W。图 3.8(b)为电网电压升高时电压电流实验波形，11.8 s 时刻电网电压由220 V突变为225 V，逆变器输出电流和并网电流都有一个瞬间下降又逐渐调整回来的过程。图 3.8(c)为电网电压降低时电压电流实验波形，23.5 s时刻电网电压由225 V突变为220 V，逆变器输出电流和并网电流都有一个瞬间增大又逐渐调整回来的过程。图 3.8 证明了改进下垂控制策略能够有效抑制逆变器输出有功功率受电网电压波动的影响，使逆变器保持恒功率输出，与前级光伏系统实现功率匹配。

3. 电网频率波动实验结果

采用传统下垂控制策略时电网频率波动的实验结果如图 3.9 所示。图 3.9(a)为电网频率增大时电压电流实验波形，10.22～10.32 s 时，电网频率为 50 Hz；10.32～10.42 s 时，电网频率增大到 50.1 Hz，电流相位从最初与电压保持同步变为滞后于电压，这表明此时的无功功率逐渐从零开始增大。图 3.9(b)为电网频率减小时电压电流实验波形，20.46～20.56 s 时，电网频率为 50.1 Hz；20.56～20.66 s时，电网频率减小到 50 Hz，电流相位从最初滞后于电压调整为与电压保持同步，这表明此时的无功功率逐渐从负值调整到零。图 3.9 证明了电网频率波动会影响逆变器并网无功功率，电网频率增大会造成逆变器输出无功功率增大，电网频率减小会造成逆变器输出无功功率减小。

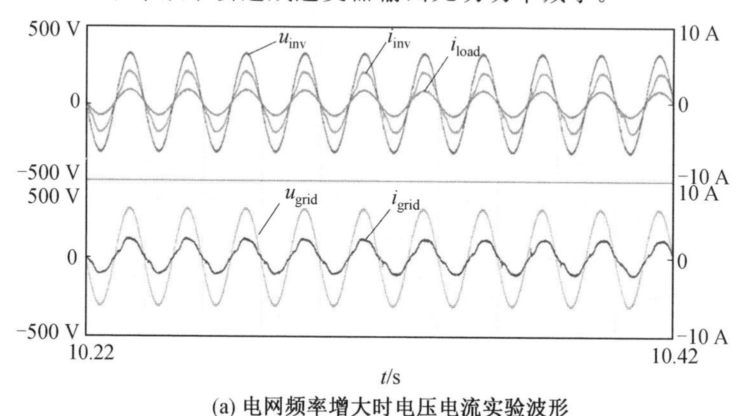

(a) 电网频率增大时电压电流实验波形

图 3.9 采用传统下垂控制策略时电网频率波动的实验结果

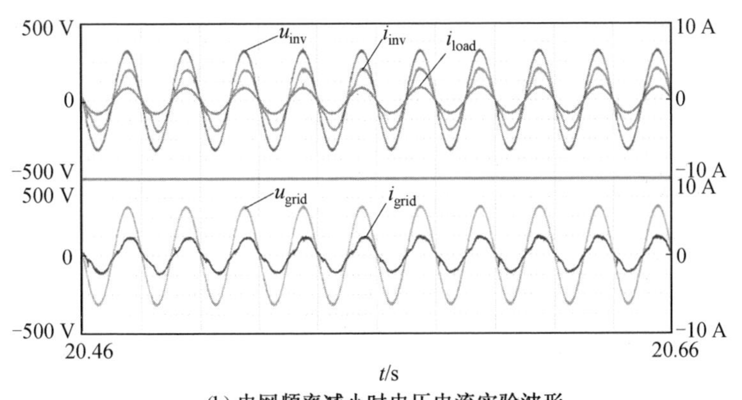

(b) 电网频率减小时电压电流实验波形

续图 3.9

采用改进下垂控制策略时电网频率波动的实验结果如图 3.10 所示。图 3.10(a)为电网频率增大时电压电流实验波形，8.62 s 时刻电网频率从 50 Hz 增大到 50.1 Hz，电流相位从最初与电压保持同步变为滞后于电压，但是由于改进下垂控制的调节作用，电流相位很快恢复到与电压保持同步的状态；图 3.10(b)为电网频率减小时电压电流实验波形，18.84 s 时刻电网频率从 50.1 Hz 减小到 50 Hz，电流相位从最初与电压保持同步变为超前于电压，但是由于改进下垂控制的调节作用，电流相位很快恢复到与电压保持同步的状态。图 3.10 证明了改进下垂控制策略能够有效抑制逆变器并网无功功率受电网频率波动的影响，使逆变器输出无功功率保持为零，实现光伏逆变器并网发电时功率因数等于 1 的目标。

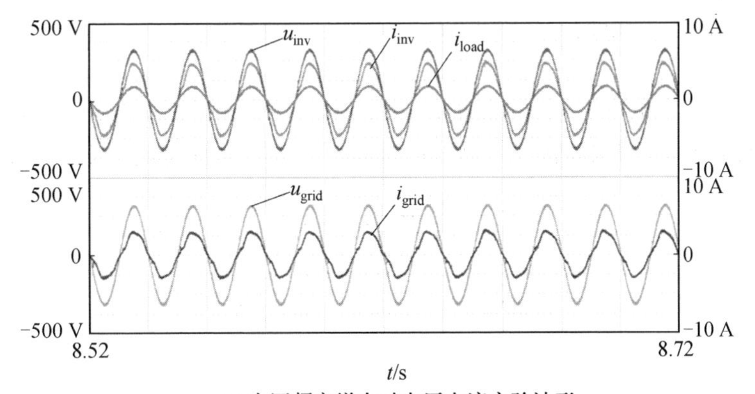

(a) 电网频率增大时电压电流实验波形

图 3.10　采用改进下垂控制策略时电网频率波动的实验结果

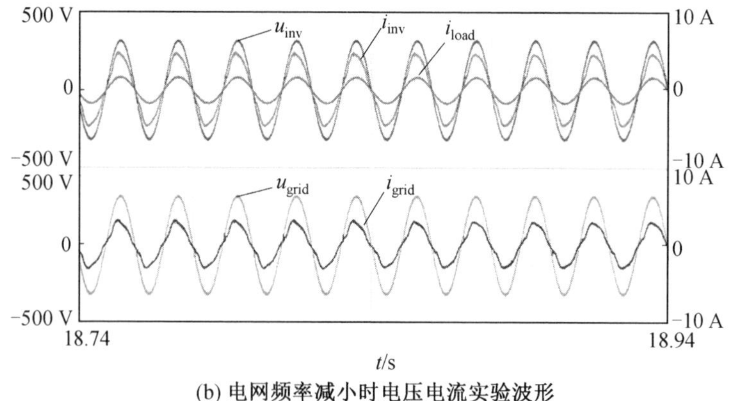

(b) 电网频率减小时电压电流实验波形

续图 3.10

3.2 抑制电网谐波影响的下垂并网功率控制策略

3.2.1 电网谐波对并网电流的影响

光伏逆变器采用电压型并网控制策略时的等效图如图 3.11 所示。电压控制型光伏逆变器输出为电压源特性，用 U_{inv} 表示。由于通过下垂控制生成电压给定值，因此 U_{inv} 往往是标准的正弦电压波形。然而实际的电网电压波形存在各次谐波，因此将电网电压表示成 U_{grid_f} 和 U_{grid_h} 相加的形式，其中，U_{grid_f} 为电网电压基波成分，U_{grid_h} 为电网电压谐波成分，得到并网线路阻抗 Z 上的电压为

$$U_Z = U_{inv} - U_{grid\_f} - U_{grid\_h} \tag{3.10}$$

由式(3.10)可知，电网上的电压谐波将会转移到线路阻抗上，在线路阻抗上产生谐波压降，而线路阻抗往往比较小，因此会导致并网电流发生严重的畸变。

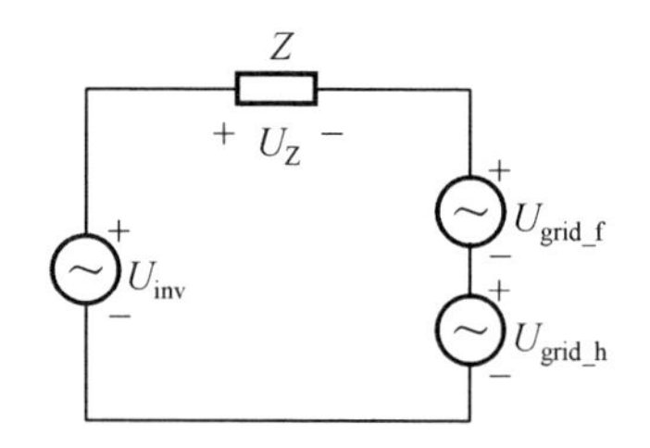

图 3.11　光伏逆变器采用电压型并网控制策略时的等效图

图 3.12 为电网无畸变时的光伏逆变器并网波形，当电网中无谐波电压时，并网电流为正弦波，波形质量较为理想。图 3.13 为电网畸变时的光伏逆变器并网波形，当电网电压的畸变率等于 4.82%时，由于线路阻抗上存在谐波压降，会在并网电流中引入谐波，畸变的并网电流会严重影响并网效果，因此此时状态下的逆变器无法达到国家规定的并网标准，不适合并网发电。

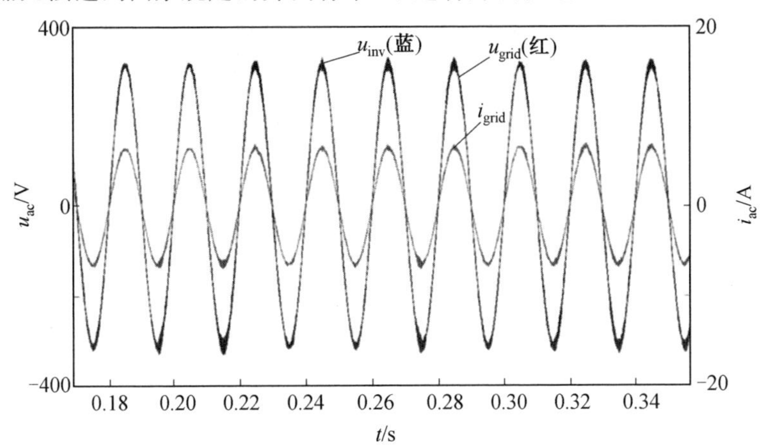

图 3.12　电网无畸变时的光伏逆变器并网波形(彩图见附录)

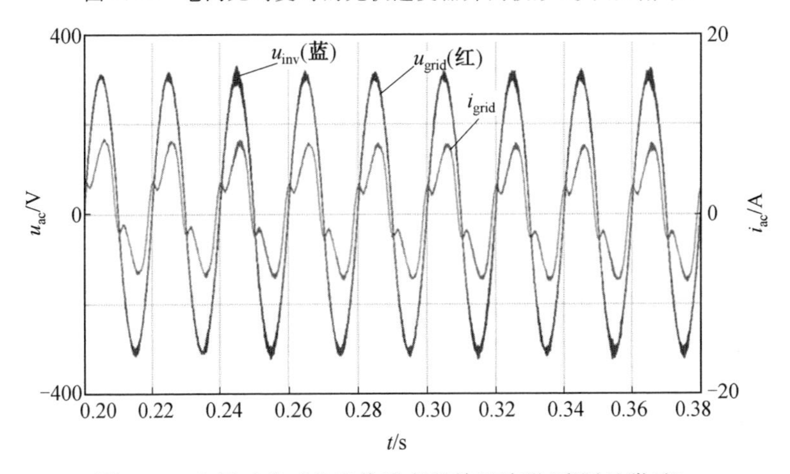

图 3.13　电网畸变时的光伏逆变器并网波形(彩图见附录)

3.2.2　电网电压谐波检测

谐波检测环节是基于下垂控制的电压型并网控制策略的一个重要环节。由于基于瞬时无功功率理论的谐波检测法结构简单，实时性好，不易受电源变化的

影响，因此本节将其运用于电网谐波电压检测上，电网电压可表示为

$$\begin{aligned} u(t) &= u_{\mathrm{f}}(t) + u_{\mathrm{h}}(t) = U_{\mathrm{f}}\sin(\omega t + \varphi) + u_{\mathrm{h}}(t) \\ &= U_{\mathrm{f}}\cos\omega t\sin\varphi + U_{\mathrm{f}}\sin\omega t\cos\varphi + u_{\mathrm{h}}(t) \\ &= U_{\mathrm{pm}}\cos\omega t + U_{\mathrm{qm}}\sin\omega t + \sum_{n=3}^{\infty}U_{n\mathrm{m}}\sin(n\omega t + \varphi_n) \end{aligned} \tag{3.11}$$

式中，$u_{\mathrm{f}}(t)$为电网电压中的基波分量；$u_{\mathrm{h}}(t)$为电网电压中的谐波分量；U_{f}和φ分别为基波电压的幅值和相角；U_{pm}和U_{qm}分别为基波电压有功分量和无功分量的幅值；$U_{n\mathrm{m}}$和φ_n分别为n次谐波电压的幅值和相角。

将$u(t)$与$\sin\omega t$相乘得

$$\begin{aligned} u(t)\sin\omega t &= u_{\mathrm{f}}(t)\sin\omega t + u_{\mathrm{h}}(t)\sin\omega t \\ &= U_{\mathrm{pm}}\sin\omega t\cos\omega t + U_{\mathrm{qm}}\sin^2\omega t + \sum_{n=3}^{\infty}U_{n\mathrm{m}}\sin(n\omega t + \varphi_n)\sin\omega t \\ &= \frac{1}{2}U_{\mathrm{qm}} - \frac{1}{2}U_{\mathrm{qm}}\cos 2\omega t + \frac{1}{2}U_{\mathrm{pm}}\sin 2\omega t + \\ &\quad \frac{1}{2}\sum_{n=3}^{\infty}U_{n\mathrm{m}}\{\cos[(n-1)\omega t + \varphi_n] - \cos[(n+1)\omega t + \varphi_n]\} \end{aligned} \tag{3.12}$$

将$u(t)$与$\cos\omega t$相乘得

$$\begin{aligned} u(t)\cos\omega t &= u_{\mathrm{f}}(t)\cos\omega t + u_{\mathrm{h}}(t)\cos\omega t \\ &= U_{\mathrm{pm}}\cos^2\omega t + U_{\mathrm{qm}}\sin\omega t\cos\omega t + \sum_{n=3}^{\infty}U_{n\mathrm{m}}\sin(n\omega t + \varphi_n)\cos\omega t \\ &= \frac{1}{2}U_{\mathrm{pm}} - \frac{1}{2}U_{\mathrm{pm}}\cos 2\omega t + \frac{1}{2}U_{\mathrm{qm}}\sin 2\omega t + \\ &\quad \frac{1}{2}\sum_{n=3}^{\infty}U_{n\mathrm{m}}\{\sin[(n+1)\omega t + \varphi_n] + \sin[(n-1)\omega t + \varphi_n]\} \end{aligned} \tag{3.13}$$

基于瞬时无功功率理论的谐波检测算法框图如图 3.14 所示，锁相环产生电网电压的相位信息 $\sin\omega t$ 与 $\cos\omega t$。电网电压与 $\sin\omega t$ 相乘，通过低通滤波器(LPF)滤除高频分量后得到基波无功分量幅值U_{qm}，然后与$\sin\omega t$相乘就得到基波无功电压；同理，电网电压与 $\cos\omega t$ 相乘，通过低通滤波器滤波得到基波有功分量幅值U_{pm}，然后与 $\cos\omega t$ 相乘就得到基波有功电压。将基波有功电压与无功电压相加就得到电网的基波电压，最后，用电网电压减去基波电压就能得到电网的谐波电压。

然而，低通滤波器具有固有延时特性，会导致谐波检测精度降低，为了补偿

低通滤波器的延时特性，提高检测算法响应速度，引入谐波电压比例微分(Proportional Derivative,PD)反馈环节，利用PD环节的超前特性补偿低通滤波器的延时特性，如图3.14所示。例如，某一时刻电网电压中的基波分量增大，受低通滤波器的固有延时特性影响，基波电压的检测值要比实际值小，输出的谐波电压中混有部分基波电压，通过PD环节反馈到输入端，使下一周期基波电压的检测值增大，迅速补偿了由低通滤波器固有延时特性造成的检测误差。同理，当电网电压基波分量减小时，受低通滤波器的固有延时特性影响，基波电压的检测值要比实际值大，输出的谐波电压中混有反相的基波电压，通过PD环节反馈到输入端，使下一周期基波电压检测值减小。谐波检测算法稳定输出后，反馈量中只剩下谐波电压，基波分量会被低通滤波器滤除，因此不影响谐波检测精度。

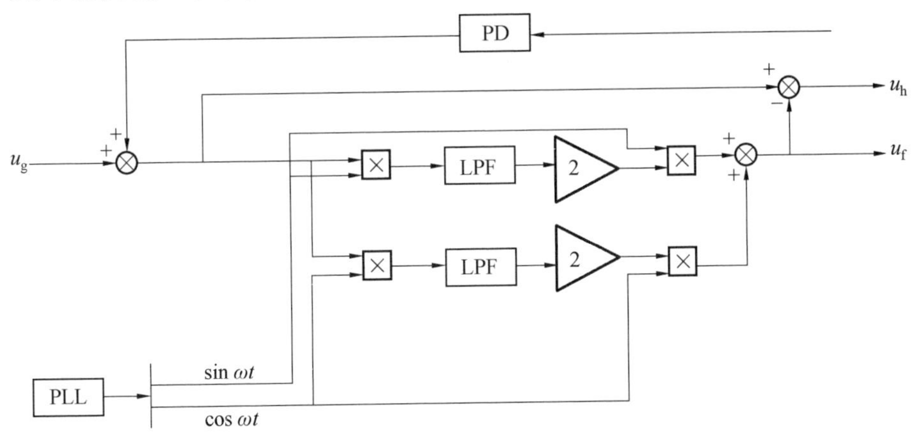

图3.14　基于瞬时无功功率理论的谐波检测算法框图

假设电网电压为

$$u(t)=10\sin \omega t+3\sin\left(3\omega t+\frac{\pi}{3}\right)+2\sin\left(5\omega t+\frac{\pi}{5}\right)+1\sin\left(7\omega t+\frac{\pi}{7}\right) \quad (3.14)$$

低通滤波器截止频率选择15 Hz，补偿前和补偿后的谐波检测算法仿真结果分别如图3.15与图3.16所示。补偿前，谐波电压的检测值要经过5个周期才能跟踪上谐波电压的实际值，而补偿后，谐波电压的检测值只需经过1.5个周期就能跟踪上谐波电压的实际值，大大减小了低通滤波器的延时特性对系统精度的影响。

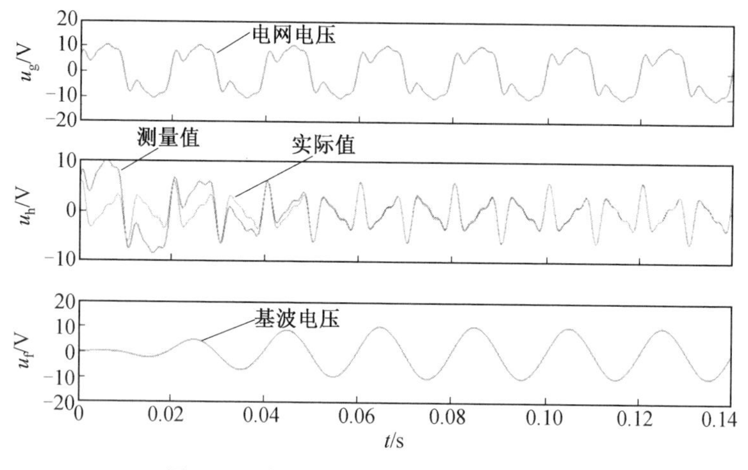

图 3.15 补偿前的谐波检测算法仿真结果

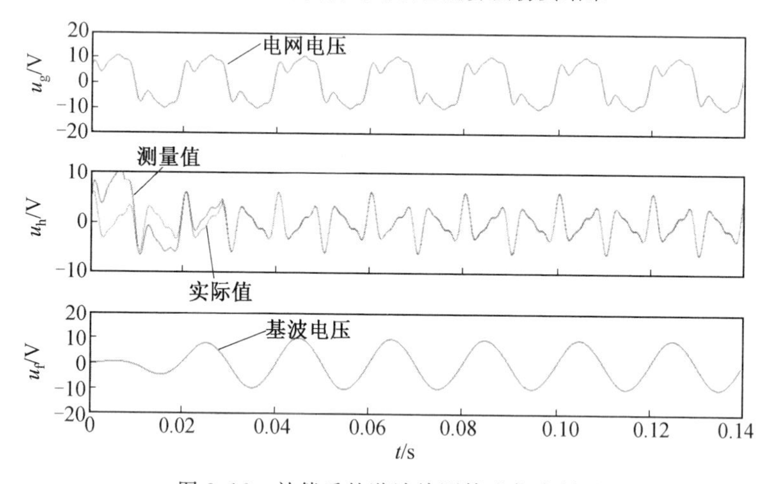

图 3.16 补偿后的谐波检测算法仿真结果

3.2.3 改进并网模式功率控制

将光伏逆变器输出功率波动的信息通过下垂控制闭环反馈，通过增加下垂功率环，实现下垂控制曲线的平移，f_0的平移量为

$$\Delta f_0=\left(k_{pq}+\frac{k_{iq}}{s}\right)(Q-Q_0) \tag{3.15}$$

式中，k_{pq}和k_{iq}分别为PI调节的比例、积分参数。

同理，U_0的平移量为

$$\Delta U_0=\left(k_{pp}+\frac{k_{ip}}{s}\right)(P_{PV}-P) \tag{3.16}$$

式中，k_{pp}和k_{ip}分别为PI调节的比例、积分参数。

由于两级式光伏逆变器前后级功率不匹配会反映在直流母线电压上，若后级输出功率大于光伏功率，则后级会从直流母线电容中获取能量，引起直流母线电压下降；反之，若后级输出功率小于光伏功率，则前级会往直流母线电容中存储能量，引起直流母线电压升高，因此，将稳定直流母线电压的因素考虑到改进下垂控制中，式(3.16)可改为

$$\Delta U_0=\left(k_{pp}+\frac{k_{ip}}{s}\right)(U_{DC}-U_{DCref}) \tag{3.17}$$

式中，k_{pp}和k_{ip}分别为PI调节的比例、积分参数；U_{DC}为直流母线电压；U_{DCref}为直流母线电压参考值。

式(3.17)通过直流母线电压环的引入，将输出功率波动信息反映在直流母线电压波动信息上，既能够调节逆变器输出功率，同时又能稳定直流母线电压。

光伏逆变器并网运行时采用的改进下垂方程为

$$\begin{cases}U=U_0+\left(k_{pp}+\dfrac{k_{ip}}{s}\right)(U_{DC}-U_{DCref})\\ f=f_0+\left(k_{pq}+\dfrac{k_{iq}}{s}\right)(Q-Q_0)\end{cases} \tag{3.18}$$

综上所述，光伏逆变器基于下垂控制的电压型并网控制策略框图如图3.17所示。前级采用Boost变换器，通过MPPT控制，实现最大功率追踪，MPPT采用扰动观察法；后级通过改进的下垂控制，控制逆变器将最大有功功率馈入电网，同时维持母线电压稳定。为减小并网电流的畸变率，达到THD小于5%的并网标准，利用谐波检测环节提取出电网中的谐波，通过谐波补偿消除谐波电流。后级逆变器采用电压外环、电流内环的双环结构进行控制，电压外环采用PI控制，控制实际输出电压良好地跟踪给定电压；电流内环采用P控制，提高双环控制系统的动态性能。

将图3.17进行化简等效，可以得到如图3.18所示的谐波补偿等效电路模型。图中，U_{inv}为逆变器输出电压；U_{har}为进行谐波补偿的谐波电压；U_{grid_f}为电网基波电压；U_{grid_h}为电网谐波电压；U_Z为线路阻抗上的压降。此时，线路阻抗上的压降变为

$$U_Z=U_{inv}+U_{har}-U_{grid\_f}-U_{grid\_h} \tag{3.19}$$

若谐波补偿电压等于电网谐波电压，则电路阻抗上的谐波压降变为零，因此并网电流为良好的正弦波形。通过上述理论分析可以得出：采用谐波检测算法得到电网电压的谐波，将其调制到逆变器输出电压的给定值中，使逆变器输出电压良好地跟踪电压给定值，则逆变器输出电压中的谐波会与电网电压中的谐波

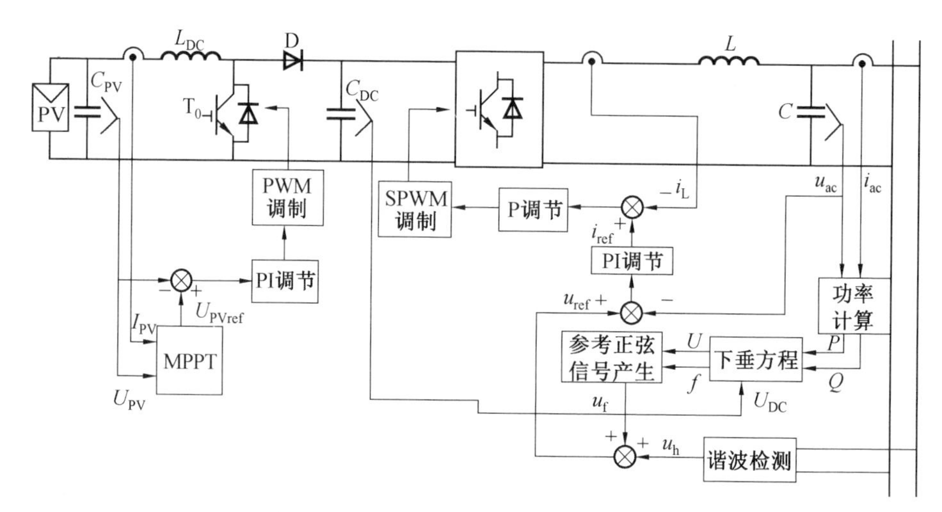

图 3.17　光伏逆变器基于下垂控制的电压型并网控制策略框图

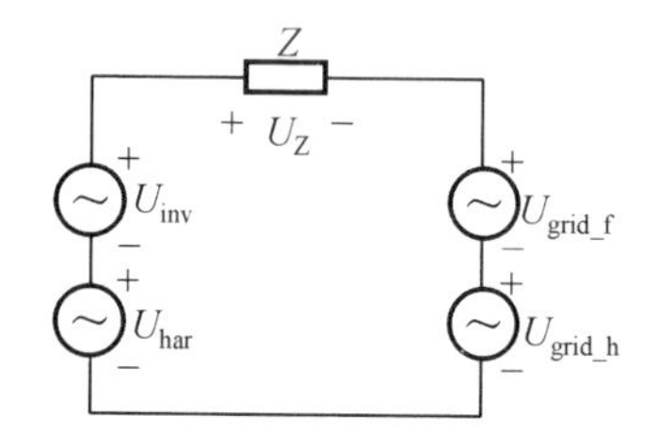

图 3.18　谐波补偿等效电路模型

对消，使线路阻抗上的谐波压降得以消除，以此达到抑制并网电流畸变的目的。

3.2.4　实验与分析

光伏逆变器采用基于下垂控制的电压型并网控制策略，并理想电网的实验波形如图 3.19 所示。图 3.19(a)为谐波补偿前的实验波形，图 3.19(b)为谐波补偿后的实验波形，由于电网电压为理想正弦波，因此谐波检测环节测得的谐波基本为零。图中显示逆变器输出电压和电流、电网电压和并网电流均为良好的正弦波形，对比分析可以得出结论：当电网电压无畸变时，采用谐波补偿技术不影响光伏逆变器的输出波形质量，光伏逆变器仍能可靠并网。

光伏逆变器采用基于下垂控制的电压型并网控制策略，并实际电网的实验波形如图 3.20 所示。图 3.20(a)为谐波补偿前的实验波形，由于电网电压存在谐波，逆变器输出电流以及并网电流均发生畸变，影响并网效果；图 3.20(b)为谐波补偿后的实验波形，虽然电网电压存在谐波，但是由于谐波检测环节提取电网电压谐波进行补偿，逆变器输出电流和并网电流均为良好的正弦波形。对比分

析可以得出结论：当电网电压存在畸变时，提出的基于下垂控制的电压型并网控制策略能够改善光伏逆变器输出电流以及并网电流波形的质量，实现可靠并网。

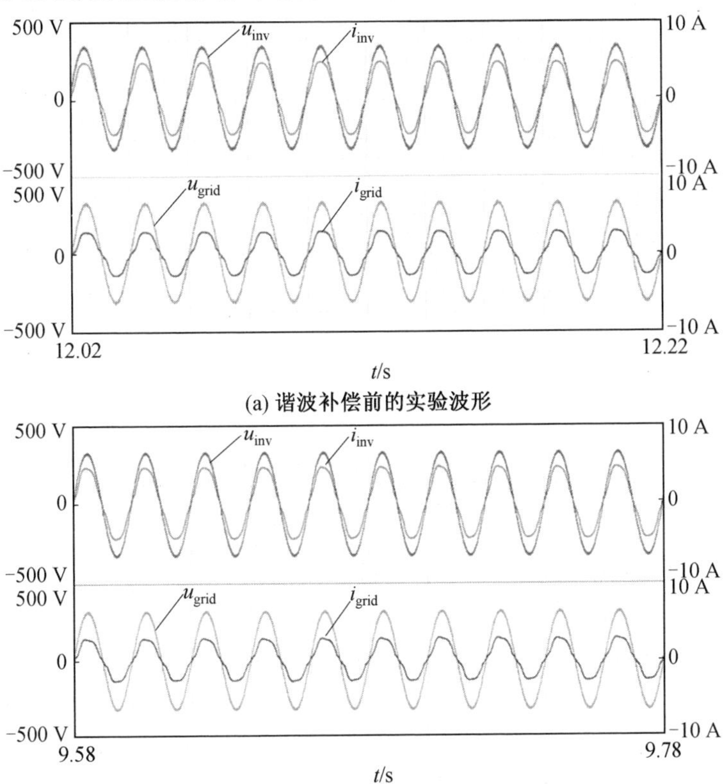

(a) 谐波补偿前的实验波形

(b) 谐波补偿后的实验波形

图 3.19　并理想电网的实验波形

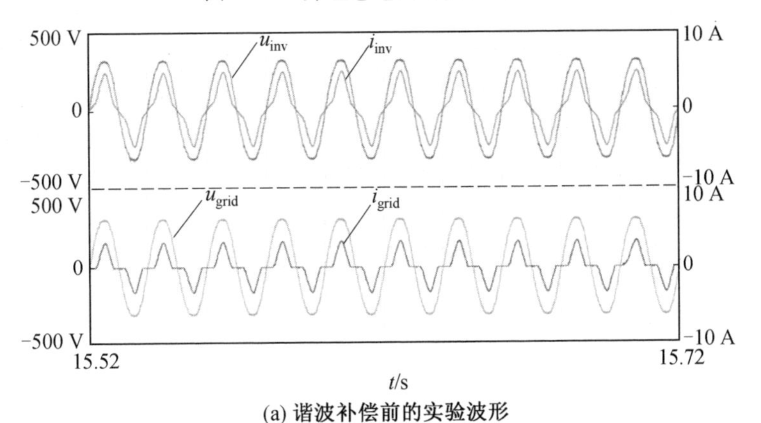

(a) 谐波补偿前的实验波形

图 3.20　并实际电网的实验波形

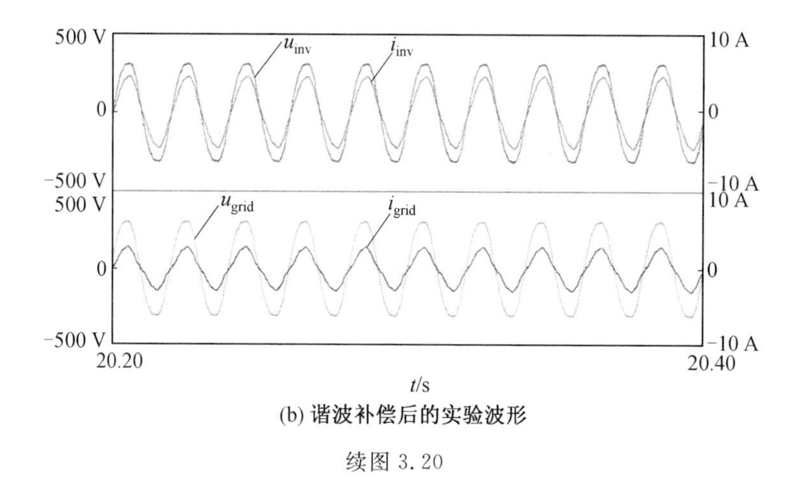

(b) 谐波补偿后的实验波形

续图 3.20

3.3 功率解耦下垂控制策略

中压电力网络的线路参数中阻性成分和感性成分比较相近，不能再简单地忽略某种成分的影响，而是 R_n 和 X_n 需要一起考虑，因此可以得到式(2.25)和式(2.26)。由于相位因素既存在于有功功率方程又存在于无功功率方程，电压因素也同时存在于两个方程中，因此单独只改变光伏逆变器输出电压的相位或者单独只改变光伏逆变器输出电压的幅值会同时对有功功率和无功功率的输出产生影响，此时逆变器输出的有功功率和无功功率处于耦合状态，在使用下垂方程进行控制时，会造成输出功率的振荡，对光伏系统的稳定性造成影响。

阻感性线路阻抗仿真波形如图 3.21 所示，图 3.21(a)为采用下垂方程进行控制的仿真波形，即阻感性阻抗下垂波形；图 3.21(b)为采用倒下垂方程进行控制的仿真波形，即阻感性阻抗倒下垂波形。由此可以得出结论：在线路阻抗为阻感性条件下，不管是感性的下垂方程还是阻性的倒下垂方程都会造成并网波形的振荡，仿真结果证明了在阻感性线路阻抗条件下有功功率和无功功率之间耦合较强，传统的下垂方程无法对系统进行有效控制。

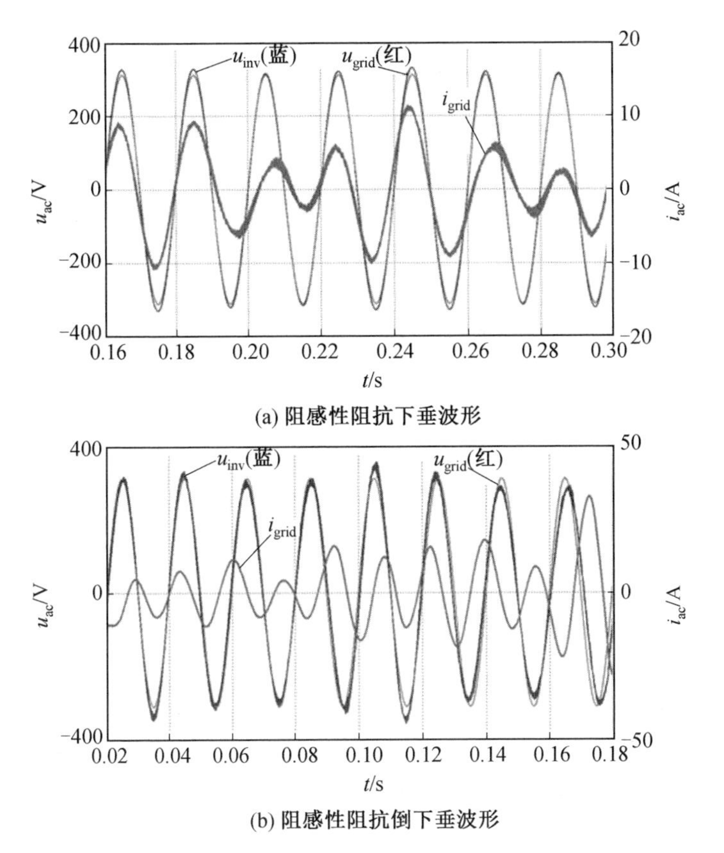

(a) 阻感性阻抗下垂波形

(b) 阻感性阻抗倒下垂波形

图 3.21　阻感性线路阻抗仿真波形(彩图见附录)

3.3.1　基于参数控制的解耦方法

光伏逆变器并联运行或者并网运行时,可以等效成电压源串电阻的形式,因此逆变器自身的输出阻抗和线路阻抗都在考虑范围内。光伏逆变器输出滤波器采用 LC 滤波结构,逆变桥采用双环结构进行控制,电压外环的反馈量为滤波电容电压,电流内环的反馈量为滤波电感电流,则可得图 2.2 所示的电压电流双环控制器。因此,可以计算得到逆变器的输出阻抗和开环传递函数分别如式(2.3)、式(2.4)所示。

逆变器采用闭环控制,其输出阻抗既受自身参数影响,又受控制参数影响。本节采用的 LC 滤波器电感为 10 mH,电容为 2 μF,因此只需要对电压外环比例参数 k_{vp}、积分参数 k_{vi} 以及电流内环比例参数 k_{ip} 适当进行调控,就可以控制逆变器的输出阻抗为阻性或者感性。闭环 k_{ip} 越大,电流内环的动态响应越好,但是

k_{ip}太大会造成系统稳定性的下降，因此综合考虑，选择$k_{ip}=5$。

图3.22为电压外环积分参数k_{vi}取100时输出阻抗随k_{vp}变化的频域响应。在314 rad/s频率处，当k_{vp}小于0.3时，逆变器输出阻抗偏感性，并且k_{vp}越小，感性越强，当k_{vp}为0.01时，输出阻抗几乎为纯感性；当k_{vp}大于0.3时，逆变器输出阻抗偏阻性，并且k_{vp}越大，阻性越强，当k_{vp}为10时，输出阻抗几乎为纯阻性；当k_{vp}等于0.3时，输出阻抗拥有相同的阻性和感性成分。图3.23为k_{vp}变化时的开环频域特性，k_{vp}取以上几组参数时，增益裕度(Gain Margin)和相角裕度(Phase Margin)都大于零，表明此时系统稳定。

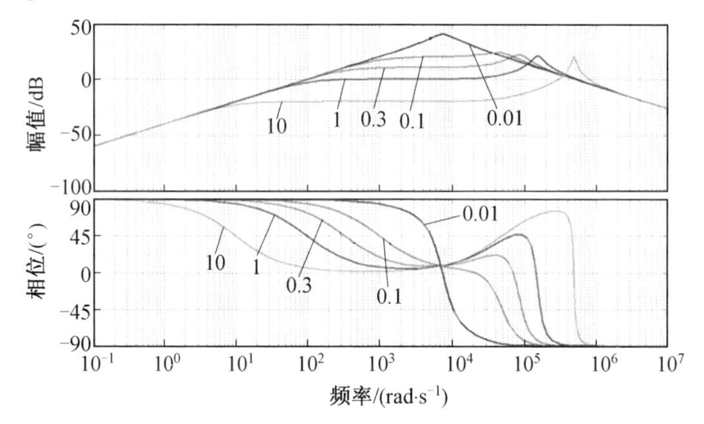

图3.22　输出阻抗随k_{vp}变化的频域响应

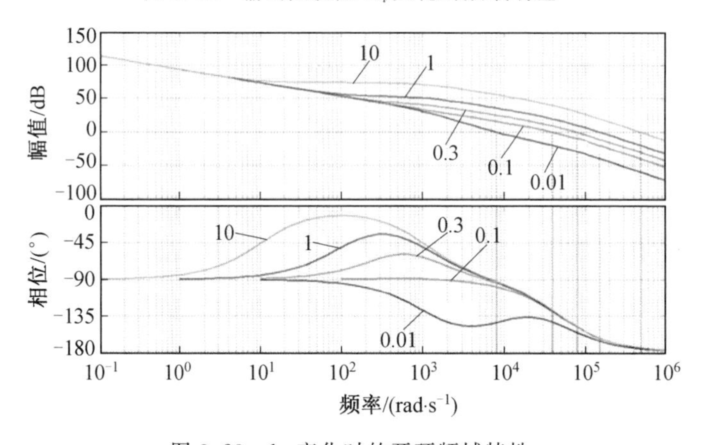

图3.23　k_{vp}变化时的开环频域特性

图3.24为输出阻抗随k_{vi}变化的频域响应，此时k_{vp}取0.01。在314 rad/s频率处，当k_{vi}小于4时，逆变器输出阻抗偏阻性，并且k_{vi}越小，阻性越强，当k_{vi}为0.1时，输出阻抗几乎为纯阻性；当k_{vi}大于4时，逆变器输出阻抗偏感性，并且k_{vi}

越大，感性越强，当 k_{vi} 为 100 时，输出阻抗几乎为纯感性；当 k_{vi} 等于 4 时，输出阻抗拥有相同的阻性和感性成分。图 3.25 为 k_{vi} 变化时的开环频域特性，k_{vi} 取以上几组参数时，增益裕度和相角裕度都大于零，表明此时系统稳定。

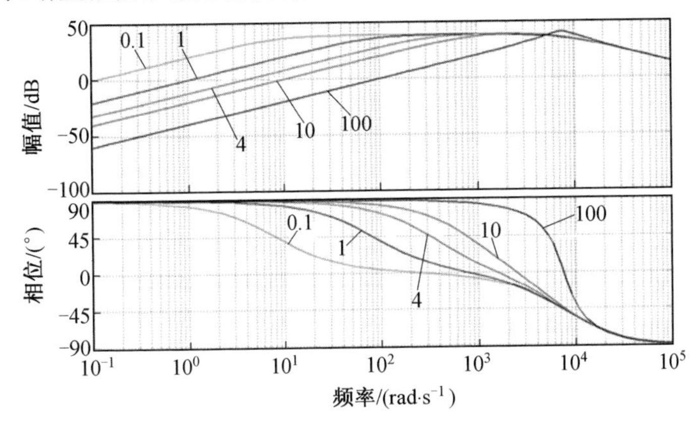

图 3.24 输出阻抗随 k_{vi} 变化的频域响应

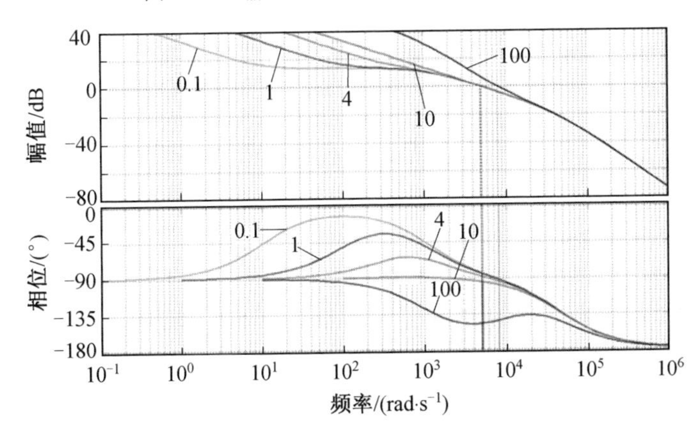

图 3.25 k_{vi} 变化时的开环频域特性

根据控制系统期望采用下垂控制或倒下垂控制，就可调节逆变器控制参数使逆变器输出阻抗在 314 rad/s 频率处呈感性或者阻性。由于基于参数控制的解耦方法具有保持控制策略和硬件结构不变等优点，因此该解耦方法较容易实现，但是其输出阻抗依赖于电压电流双环的参数，调节过程中还需兼顾系统稳定性、动态响应等问题，限制较大。

3.3.2 基于虚拟阻抗的解耦方法

在图 2.2 所示的电压电流双环控制器的基础上加入虚拟阻抗 Z_{vir}，得到如图

3.26 所示的虚拟阻抗控制框图。此时,新的电压给定值 u_{ref}^* 等于电压给定值 u_{ref} 减去虚拟阻抗 Z_{vir} 上的压降,即

$$u_{ref}^* = u_{ref} - Z_{vir}(s) i_L \tag{3.20}$$

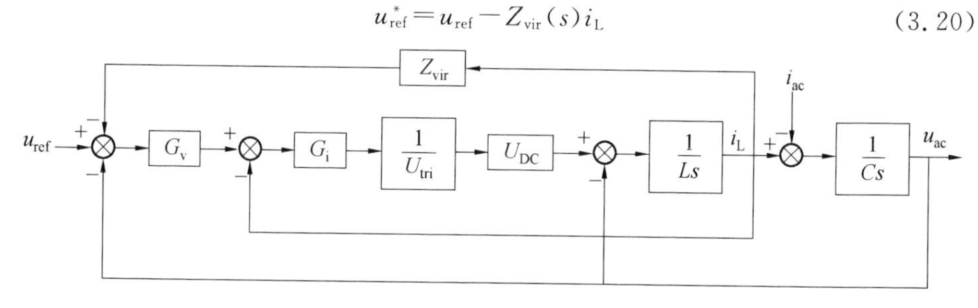

图 3.26　虚拟阻抗控制框图

逆变器的电压闭环传递函数为

$$G_{cvir}(s) = \frac{U_{DC}G_vG_i}{U_{tri}LCs^2 + U_{DC}G_vG_iCZ_{vir}s + U_{DC}G_iCs + U_{DC}G_vG_i + U_{tri}} \tag{3.21}$$

开环传递函数为

$$G_{ovir}(s) = \frac{U_{DC}G_vG_i}{U_{tri}LCs^2 + U_{DC}G_vG_iCZ_{vir}s + U_{DC}G_iCs + U_{tri}} \tag{3.22}$$

输出阻抗为

$$Z_{oo}(s) = \frac{U_{tri}Ls + U_{DC}G_i}{U_{tri}LCs^2 + U_{DC}G_vG_iCZ_{vir}s + U_{DC}G_iCs + U_{DC}G_vG_i + U_{tri}} \tag{3.23}$$

此时逆变器的输出电压为

$$u_{ac} = G_{cvir}(s) \cdot [u_{ref} - Z_{vir}(s)i_L] - Z_{oo}(s) \cdot i_{ac} \tag{3.24}$$

u_{ref} 为逆变器输出有功功率和无功功率经过下垂控制生成的电压,它不作为给定电压,而是减去虚拟阻抗上的压降之后作为逆变器电压环新的给定电压。由于逆变器的 LC 滤波装置的电感和电容取值都很小,逆变器自身的输出阻抗往往很小,因此引入虚拟阻抗可以在很大程度上影响逆变器总体的输出阻抗。

在电压外环比例参数 k_{vp} 等于 0.1、积分参数 k_{vi} 等于 600,电流内环比例参数 k_{ip} 等于 5 的条件下,得到如图 3.27 所示的感性输出阻抗频域特性。在 314 rad/s 频率处,输出阻抗幅值为−5.63 dB,此时的逆变器输出阻抗约为 0.52 Ω,相位为 87.3°,表明此时的逆变器输出阻抗以感性为主。图 3.28 为感性输出阻抗时开环频域特性,此时增益裕度 G_m 等于 69.6 dB,相角裕度 P_m 为 47°,表明这组控制器参数可使系统稳定。

为了确保逆变器输出阻抗以阻性为主,Z_{vir} 取值为 5 Ω,电压电流环参数取值同上,得到如图 3.29 所示的虚拟阻抗频域特性。在 314 rad/s 频率处,逆变器输

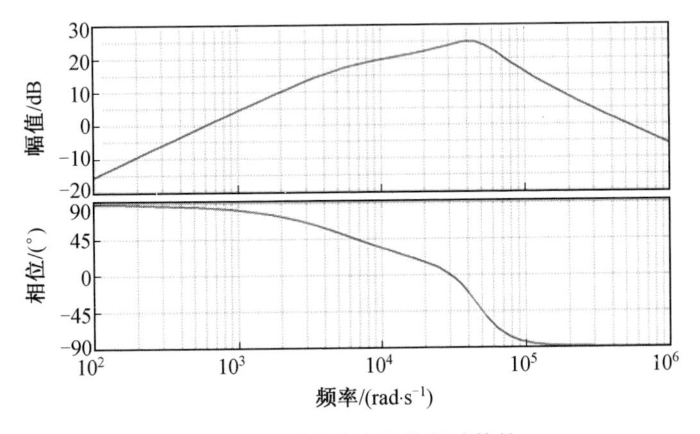

图 3.27　感性输出阻抗频域特性

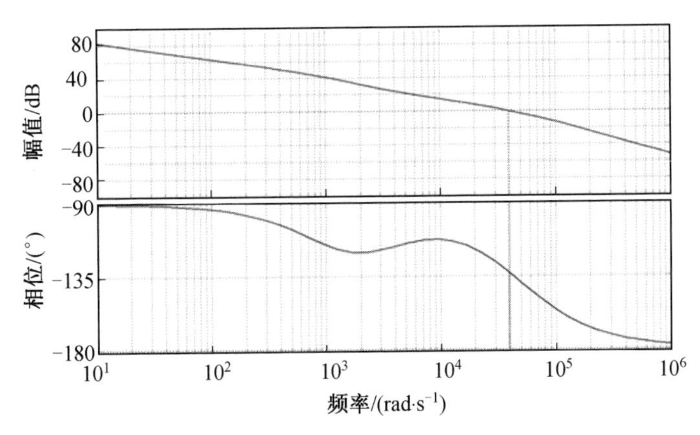

图 3.28　感性输出阻抗开环频域特性

出阻抗幅值为 14 dB,此时的逆变器输出阻抗约为 5 Ω,相位为 4.49°,表明此时逆变器的输出阻抗以阻性为主。由此可以说明,虽然逆变器自身的阻抗为感性,但是加入阻值较大的阻性虚拟阻抗后,虚拟阻抗会将逆变器自身较小的感性阻抗覆盖,使得逆变器整体的输出阻抗呈阻性。图 3.30 为虚拟阻抗开环频域特性,此时,系统的增益裕度为 96.2 dB,相角裕度为 52.5°,说明加入 5 Ω 虚拟阻抗后系统仍然稳定。

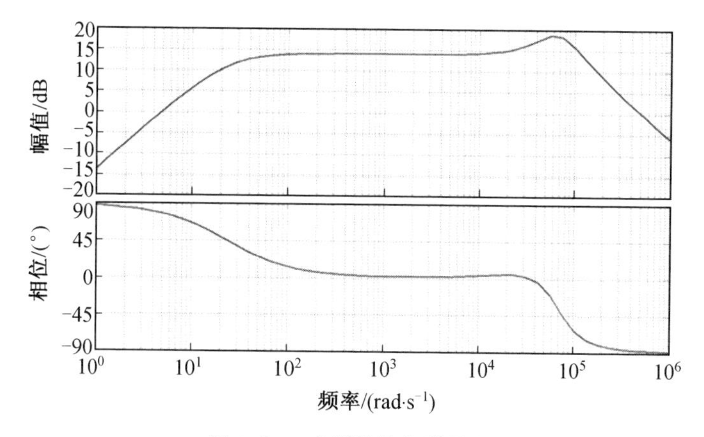

图 3.29 虚拟阻抗频域特性

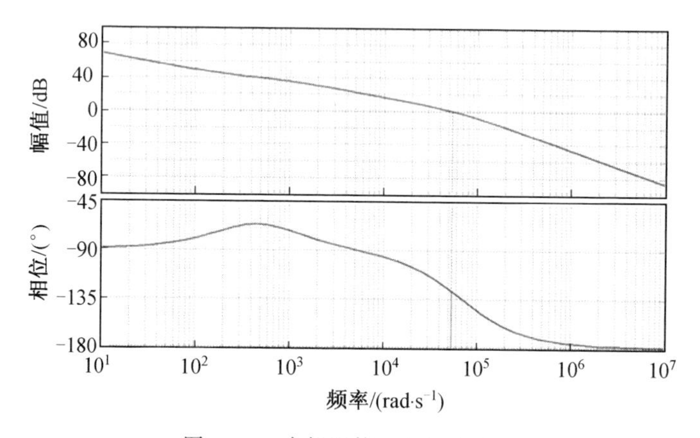

图 3.30 虚拟阻抗开环频域特性

在电压外环比例参数 k_{vp} 等于 5、积分参数 k_{vi} 等于 100，电流内环比例参数 k_{ip} 等于 5 的条件下，得到如图 3.31 所示的阻性输出阻抗频域特性。在 314 rad/s 频率处，输出阻抗幅值为 −14 dB，此时的逆变器输出阻抗约为 0.2 Ω，相位为 4.03°，表明此时的逆变器输出阻抗以阻性为主。图 3.32 为阻性输出阻抗开环频域特性，增益裕度 G_m 等于 35.7 dB，相角裕度 P_m 为 7.96°，表明此时的系统稳定。

为了确保逆变器输出阻抗以感性为主，Z_{vir} 取值为感性 $X_L = 5$ Ω，电压电流环参数取值同上，得到如图 3.33 所示的虚拟感性阻抗频域特性。在 314 rad/s 频率处，逆变器输出阻抗幅值为 13.7 dB，此时的逆变器输出阻抗约为 5 Ω，相位为 86.7°，表明此时的逆变器输出阻抗以感性为主。由此可以说明，虽然逆变器自身的阻抗为阻性，但是加入阻值较大的感性虚拟阻抗后，虚拟阻抗会将逆变器自身较小的阻性阻抗覆盖，使得逆变器整体的输出阻抗呈感性。图 3.34 为虚拟

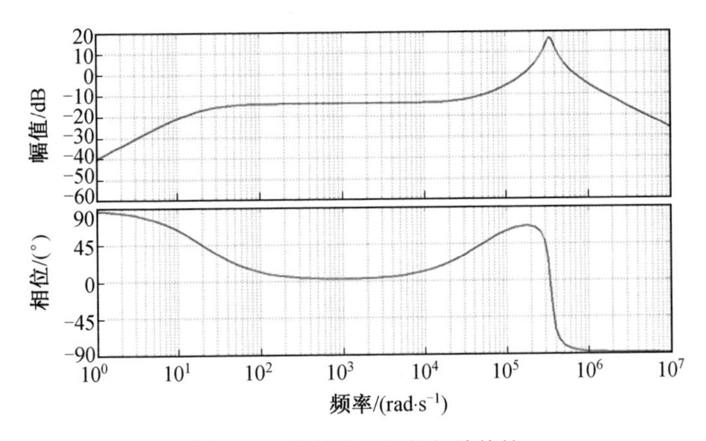

图 3.31　阻性输出阻抗频域特性

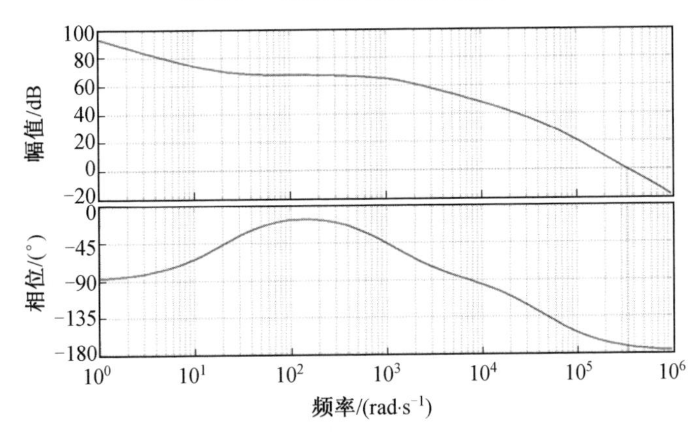

图 3.32　阻性输出阻抗开环频域特性

感性阻抗开环频域特性，此时，系统的增益裕度为 72 dB，相角裕度为 20.3°，说明加入 5 Ω 虚拟感抗后系统仍然稳定。

引入虚拟阻抗可以削弱逆变器自身输出阻抗的影响，并且虚拟阻抗越大，下垂控制越精确。依据控制系统下垂方程的选择类型，可以方便地选择逆变器虚拟阻抗为感性或者阻性。基于虚拟阻抗的解耦方法能够直接控制逆变器输出阻抗的类型，方便下垂方程的设计，而且不需要改变逆变器的控制参数，对于系统稳定性、动态响应等影响较小。然而，虚拟阻抗的存在会使逆变器输出功率下降较快，输出电压特性变软，因此在选择虚拟阻抗的时候应综合考虑多种因素。

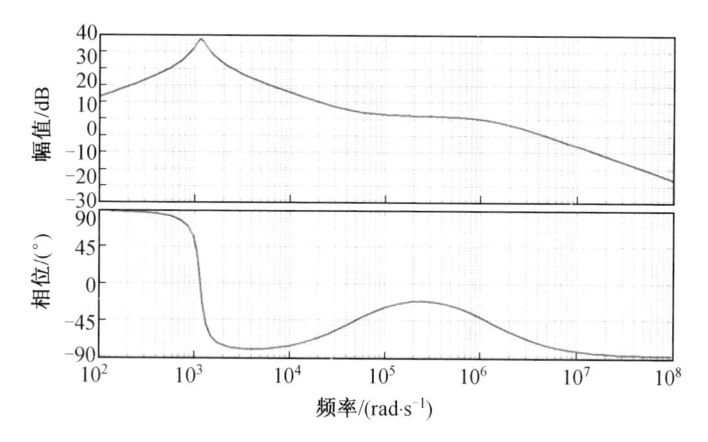

图 3.33　虚拟感性阻抗频域特性

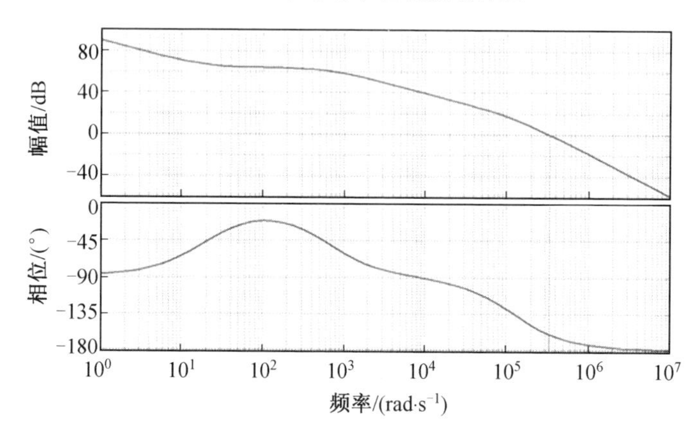

图 3.34　虚拟感性阻抗开环频域特性

3.3.3　基于线路阻抗比的解耦方法

基于参数控制的解耦方法和基于虚拟阻抗的解耦方法都是控制逆变器输出阻抗，使其与线路阻抗总体呈现一种状态，方便下垂方程的设计。两种方法都偏向于加强线路阻抗侧重的性质，例如此时线路阻抗侧重于阻性，则控制逆变器输出阻抗也呈阻性或者加入阻性的虚拟阻抗，反之同理。而基于线路阻抗比的改进下垂方法直接利用线路阻抗的自身状态来改进下垂方程，使改进的下垂方程不仅适用于感性线路和阻性线路，还适用于阻感性线路，并且不需要改变逆变器的参数。

当线路阻抗为阻感性时，可得

$$U_2 \sin\delta = \frac{XP - RQ}{U_1} \tag{3.25}$$

$$U_1 - U_2 = \frac{RP + XQ}{U_1} \tag{3.26}$$

由上式可以发现单独改变电压相位或幅值对有功功率和无功功率同时产生影响，此时有功功率与无功功率存在耦合，因此传统的下垂方程很难应用于这种情况。为了在线路阻抗为阻感性时也使用下垂方程实现精确控制，采用一种改进的下垂控制，引入虚拟有功功率 P' 和虚拟无功功率 Q'，通过矩阵 $\boldsymbol{T}$ 将有功功率 P 和无功功率 Q 转化成虚拟有功功率 P' 和虚拟无功功率 Q'，即

$$\begin{bmatrix} P' \\ Q' \end{bmatrix} = \boldsymbol{T} \begin{bmatrix} P \\ Q \end{bmatrix} = \begin{bmatrix} \sin\theta & -\cos\theta \\ \cos\theta & \sin\theta \end{bmatrix} \begin{bmatrix} P \\ Q \end{bmatrix} = \begin{bmatrix} \dfrac{X}{Z} & -\dfrac{R}{Z} \\ \dfrac{R}{Z} & \dfrac{X}{Z} \end{bmatrix} \begin{bmatrix} P \\ Q \end{bmatrix} \tag{3.27}$$

则式(3.25)和式(3.26)变为

$$\sin\delta = \frac{ZP'}{U_1 U_2} \tag{3.28}$$

$$U_1 - U_2 = \frac{ZQ'}{U_1} \tag{3.29}$$

由式(3.28)和式(3.29)可得相角只取决于虚拟有功功率 P'_n，电压只取决于虚拟无功功率 Q'_n，因此，频率和电压幅值分别只影响虚拟有功功率和虚拟无功功率，实现了功率解耦，改进下垂控制曲线如图 3.35 所示。

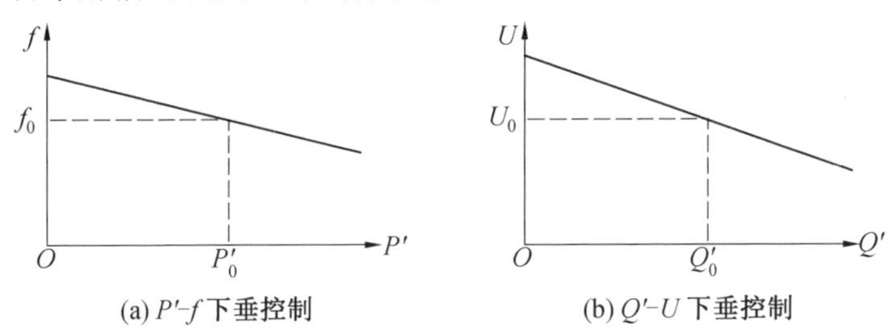

图 3.35　改进下垂控制曲线

P 和 Q 以及 P' 和 Q' 对频率和电压幅值的影响取决于线路阻抗比或者说阻抗角，不同阻抗比时有功功率和无功功率对频率与电压幅值的影响如图 3.36 所示。

当线路阻抗比 $R/X=0$ 时，为纯感性线路阻抗，$P\approx P'$，$Q\approx Q'$，此时改进下垂方程可以等效成传统感性下垂方程；当线路阻抗比 $R/X=1$ 时，既不是传统感性下垂，也不是倒下垂；当线路阻抗比 $R/X=\infty$ 时，为纯阻性线路阻抗，$P\approx Q'$，

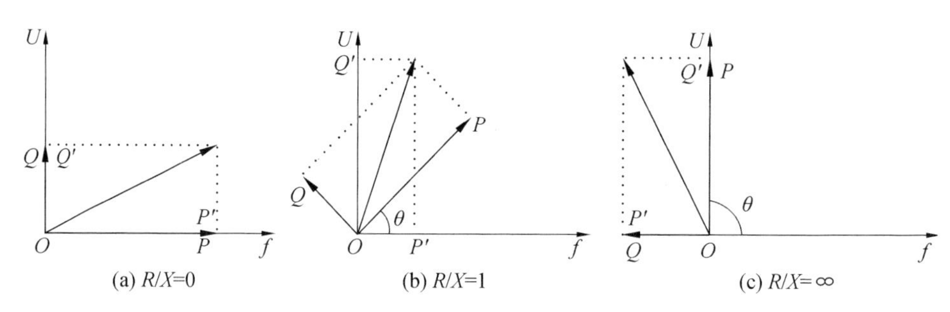

图 3.36　不同阻抗比时有功功率和无功功率对频率与电压幅值的影响

$-Q \approx P'$，此时改进下垂方程可以等效成阻性倒下垂方程，则改进的下垂方程为

$$f = f_0 - k_p(P' - P'_0) = f_0 - k_p \frac{X}{Z}(P - P_0) + k_p \frac{R}{Z}(Q - Q_0) \tag{3.30}$$

$$U = U_0 - k_q(Q' - Q'_0) = U_0 - k_q \frac{R}{Z}(P - P_0) - k_q \frac{X}{Z}(Q - Q_0) \tag{3.31}$$

根据式(3.30)和式(3.31)可以得到基于线路阻抗比的下垂控制框图，如图3.37所示。考虑到采用的光伏逆变器为两级式结构，而前级用于最大功率跟踪控制，所以母线电压只能通过后级来稳定。可将功率环等效成直流母线电压环，因此将直流母线电压环应用于改进的下垂控制中，在控制逆变器输出功率的同时保证直流母线电压的稳定，则式(3.30)和式(3.31)可改写为

$$f = f_0 - k_p(P' - P'_0) = f_0 + k_p \frac{X}{Z}(U_{DC} - U_{DCref}) + k_p \frac{R}{Z}(Q - Q_0) \tag{3.32}$$

$$U = U_0 - k_q(Q' - Q'_0) = U_0 + k_q \frac{R}{Z}(U_{DC} - U_{DCref}) - k_q \frac{X}{Z}(Q - Q_0) \tag{3.33}$$

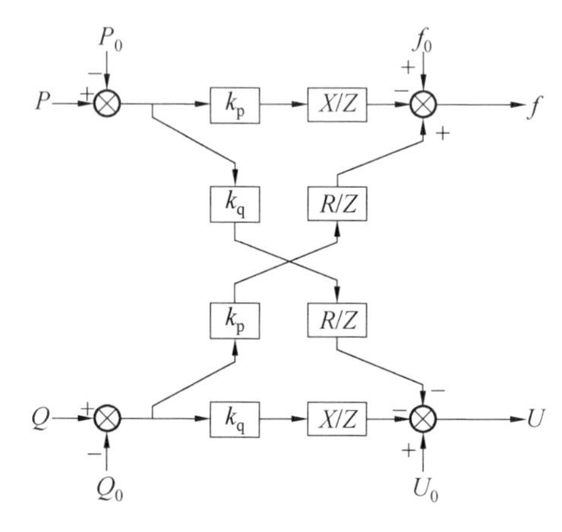

图 3.37　基于线路阻抗比的下垂控制框图

3.3.4 实验与分析

阻感性线路阻抗下采用传统下垂控制策略的实验结果如图 3.38 所示(图中线路阻抗阻性成分 R 均为 2.1 Ω)。图 3.38(a)为线路阻抗感性成分 L 取 2 mH 时的实验波形,此时线路阻抗比 R/X 为 3.34;图 3.38(b)为线路阻抗感性成分 L 取 4.6 mH 时的实验波形,此时线路阻抗比 R/X 为 1.45;图 3.38(c)为线路阻抗感性成分 L 取 7.9 mH 时的实验波形,此时线路阻抗比 R/X 为 0.85。线路阻抗为阻感性时采用传统下垂控制策略进行控制,逆变器输出电压的幅值、频率、有功功率、无功功率都发生振荡。由于逆变器采用电压型并网控制策略时通过输出电压间接控制输出电流,因此逆变器输出电流与并网电流也跟随着一起振荡,并且由于采用阻性的倒下垂控制,因此线路阻抗的性质越偏离阻性,即阻感性越强,振荡就越强烈。

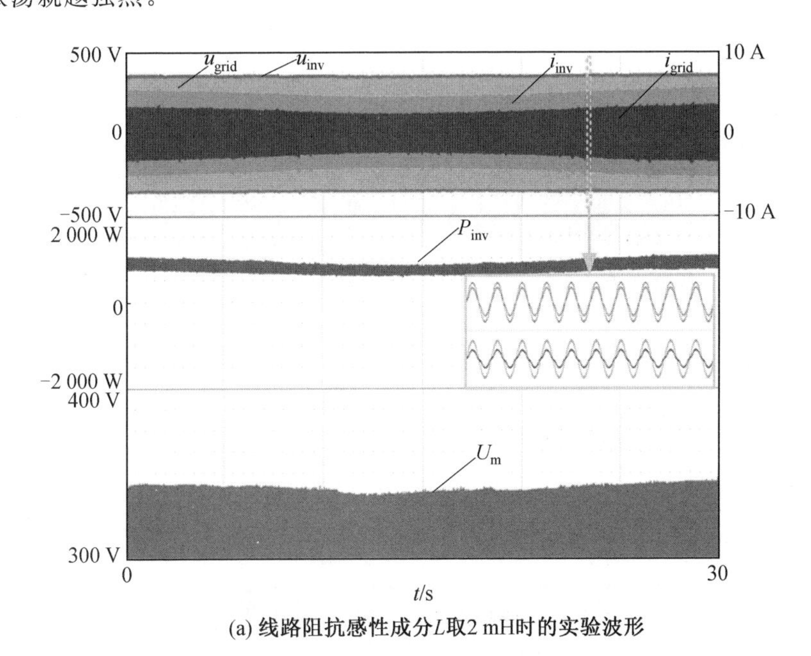

(a) 线路阻抗感性成分L取2 mH时的实验波形

图 3.38 阻感性线路阻抗下采用传统下垂控制策略的实验结果(彩图见附录)

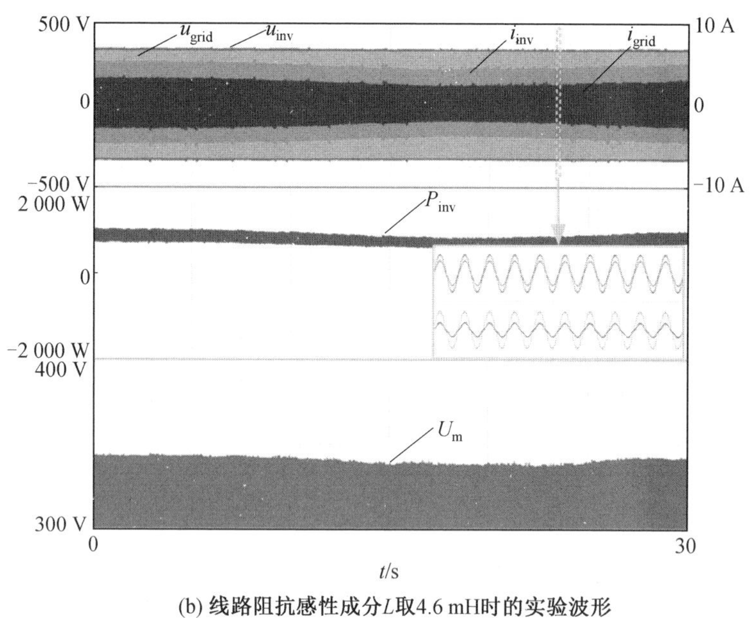

(b) 线路阻抗感性成分L取4.6 mH时的实验波形

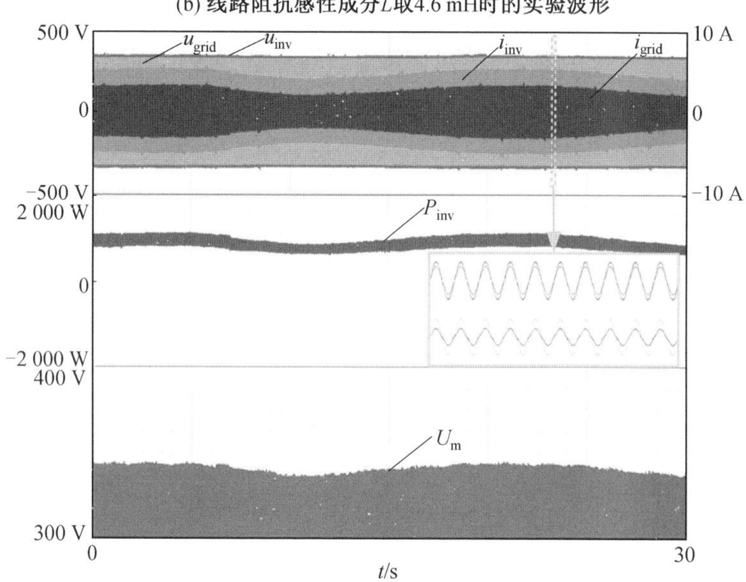

(c) 线路阻抗感性成分L取7.9 mH时的实验波形

续图 3.38

阻感性线路阻抗下采用基于线路阻抗比的改进下垂控制的实验结果如图3.39所示(图中线路阻抗阻性成分 R 均为 2.1 Ω)。图3.39(a)为线路阻抗感性成分 L 取2 mH时的实验波形,此时线路阻抗比 R/X 为 3.34;图 3.39(b)为线路阻抗感性成分 L 取 4.6 mH 时的实验波形,此时线路阻抗比 R/X 为 1.45;图 3.39(c)为线路阻抗感性成分 L 取7.9 mH时的实验波形,此时线路阻抗比 R/X 为0.85。从图 3.39 可知,线路阻抗为阻感性时采用基于线路阻抗比的改进下垂控制策略进行控制,逆变器输出电压、频率、有功功率和无功功率都保持恒定输出。由于逆变器采用电压型并网控制策略时通过输出电压间接控制输出电流,因此逆变器输出电流与并网电流也一并保持稳定输出,并且由于改进下垂控制的作用,即使线路阻抗由偏阻性逐步过渡到阻感性,光伏逆变器也始终能够保持稳定输出,而从波形的放大图中可以看出此时逆变器输出电压、输出电流以及并网电流都保持良好的波形质量。由此证明:线路阻抗为阻感性时,采用基于线路阻抗比的改进下垂控制,逆变器输出有功功率和无功功率实现功率解耦,在下垂控制过程中,逆变器输出电压幅值与频率保持稳定输出,因此逆变器输出有功功率和无功功率也保持稳定,系统稳定运行,大大提高了光伏逆变系统并网可靠性。

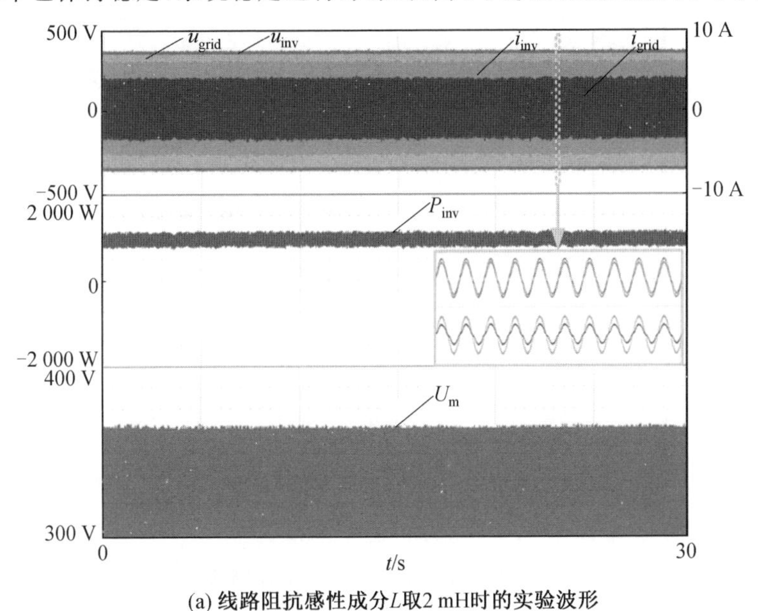

(a) 线路阻抗感性成分L取2 mH时的实验波形

图 3.39　阻感性线路阻抗下采用基于线路阻抗比的改进下垂控制的实验结果(彩图见附录)

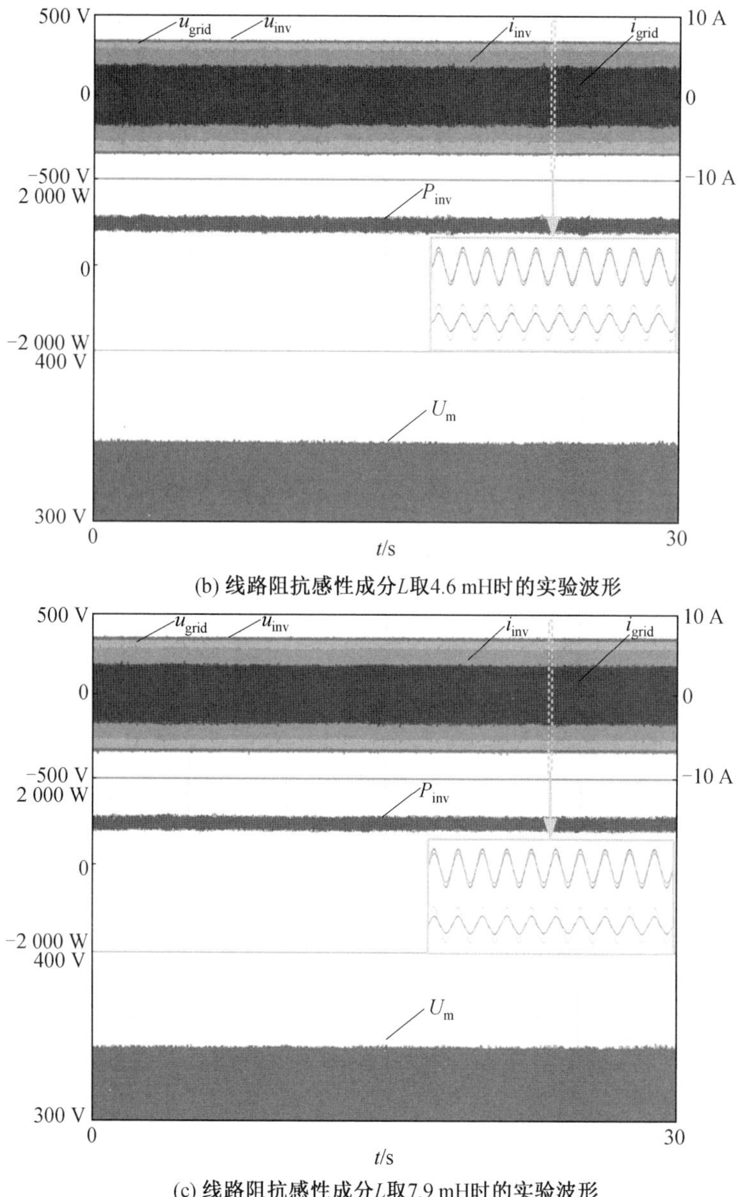

(b) 线路阻抗感性成分L取4.6 mH时的实验波形

(c) 线路阻抗感性成分L取7.9 mH时的实验波形

续图 3.39

3.4　基于能量成型控制的并网电流谐波抑制方法

3.4.1　单相并网逆变器并网电流谐波产生机理

根据如图 3.40 所示的传统单相并网逆变器拓扑结构可以得到系统的动态方程为

$$L_{\mathrm{f}}\frac{\mathrm{d}i_{\mathrm{L}}}{\mathrm{d}t}=\mu U_{\mathrm{dc}}-u_{\mathrm{ac}}-i_{\mathrm{L}}r_{\mathrm{f}} \tag{3.34}$$

$$C_{\mathrm{f}}\frac{\mathrm{d}u_{\mathrm{ac}}}{\mathrm{d}t}=i_{\mathrm{L}}-i_{\mathrm{g}} \tag{3.35}$$

$$L_{1}\frac{\mathrm{d}i_{\mathrm{g}}}{\mathrm{d}t}=u_{\mathrm{ac}}-u_{\mathrm{g}}-i_{\mathrm{g}}r_{1} \tag{3.36}$$

式中，μ 为 PWM 模块的控制信号；U_{dc} 为逆变器等效直流母线电压；L_{f} 和 r_{f} 分别为 LC 滤波器中滤波电感的电感值和寄生电阻值；C_{f} 为滤波器电容值；L_1 和 r_1 分别为等效传输线上的电感值和电阻值；i_{L} 和 u_{ac} 分别为逆变器电感电流和输出电压；u_{g} 和 i_{g} 分别为电网电压和并网电流。

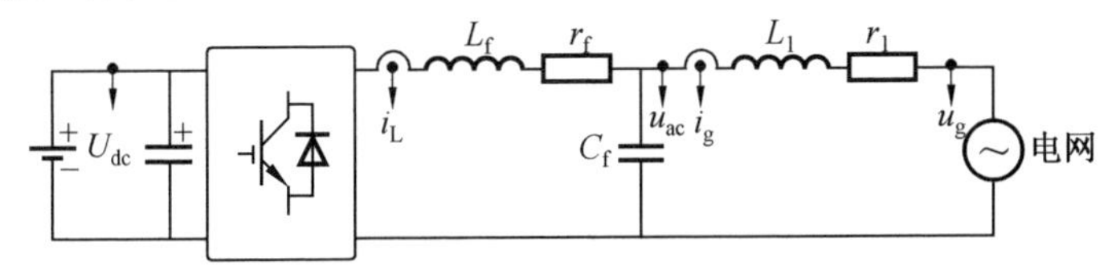

图 3.40　传统单相并网逆变器拓扑结构

对式(3.35)进行一阶时间导数求解并将式(3.36)代入可得

$$\frac{\mathrm{d}i_{\mathrm{g}}}{\mathrm{d}t}=\frac{1}{L_{\mathrm{f}}}(\mu U_{\mathrm{dc}}-u_{\mathrm{ac}}-i_{\mathrm{L}}r_{\mathrm{f}})-C_{\mathrm{f}}\frac{\mathrm{d}^2u_{\mathrm{ac}}}{\mathrm{d}t^2} \tag{3.37}$$

考虑到滤波电感的寄生电阻 r_{f} 相对较小，且此部分形成的寄生电压 $i_{\mathrm{L}}r_{\mathrm{f}}$ 与桥臂输出电压 μU_{dc} 同频同相，这里为方便分析将其合并。此外，滤波电容 C_{f} 常被用来滤除高频开关谐波且电容电流 $C_{\mathrm{f}}\mathrm{d}u_{\mathrm{ac}}/\mathrm{d}t$ 的值相对较小，则式(3.37)可以简化为

$$i_{\mathrm{g}}=\frac{1}{L_{\mathrm{f}}}\int(\mu U_{\mathrm{dc}}-u_{\mathrm{ac}}) \tag{3.38}$$

由于 PWM 调制技术的使用，因此在控制信号 μ 中必然会引入谐波信号。此外，由于母线电容不可能无限大，直流侧和交流侧存在功率耦合，那么应用到

全桥电路上的直流母线电压也会含有一定量的谐波，因此全桥电路输出电压 μU_{dc} 可以等效为

$$
\begin{aligned}
\mu U_{\mathrm{dc}} &= \left[\mu_1 + \sum_{h=0}^{n(n\neq 1)} \mu_h\right](U_{\mathrm{dc0}} + U_{\mathrm{dc}}) \\
&= \mu_1 U_{\mathrm{dc0}} + \mu_1 U_{\mathrm{dc}} + U_{\mathrm{dc0}} \sum_{h=0}^{n(n\neq 1)} \mu_h + U_{\mathrm{dc}} \sum_{h=0}^{n(n\neq 1)} \mu_h \\
&= u_{\mathrm{inv1}} + \sum_{h=0}^{n(n\neq 1)} u_{\mathrm{inv}h}
\end{aligned}
\tag{3.39}
$$

式中，μ_1 和 μ_h 分别为 PWM 控制信号中的基波成分和谐波成分；U_{dc0} 和 U_{dc} 分别为直流母线电压上的直流成分和交流成分。

由于逆变器的容量远小于电网容量，并网运行时逆变器输出电压 u_{ac} 受到电网电压 u_{g} 钳位，因此 u_{ac} 可以用 u_{g} 进行等效分析。考虑电网电压中的谐波，则 u_{g} 可表示为

$$
u_{\mathrm{g}} = u_{\mathrm{g1}} + \sum_{h=0}^{n(n\neq 1)} u_{\mathrm{g}h} \tag{3.40}
$$

将式(3.39)和式(3.40)分别代入式(3.38)可得

$$
\begin{aligned}
i_{\mathrm{g}} &= \frac{1}{L_{\mathrm{f}}}\int\left\{\left[u_{\mathrm{inv1}} + \sum_{h=0}^{n(n\neq 1)} u_{\mathrm{inv}h}\right] - \left[u_{\mathrm{g1}} + \sum_{h=0}^{n(n\neq 1)} u_{\mathrm{g}h}\right]\right\} \\
&= \underbrace{\frac{1}{L_{\mathrm{f}}}\int (u_{\mathrm{inv1}} - u_{\mathrm{g1}})}_{i_{\mathrm{g1}}} + \underbrace{\frac{1}{L_{\mathrm{f}}}\int \sum_{h=0}^{n(n\neq 1)} (u_{\mathrm{inv}h} - u_{\mathrm{g}h})}_{i_{\mathrm{g}h}}
\end{aligned}
\tag{3.41}
$$

根据式(3.41)可以发现，并网电流中的谐波是由逆变器输出的谐波电压 $u_{\mathrm{inv}h}$ 和电网电压的背景谐波 $u_{\mathrm{g}h}$ 共同决定的。在现代控制中，常被用来设计并网逆变器控制器的控制方法，如比例谐振控制、滑模控制及重复控制等，都可以使逆变器的输出电压经过滤波器之后含有较低含量的谐波，那么并网电流的谐波主要由电网电压背景谐波主导。因此，采用适合的控制方法使逆变器的输出电压中含有与电网电压背景谐波相同的谐波量(即幅值相等、相位相反)，是实现并网电流谐波抑制的典型方法。

3.4.2 基于线性离散 Kalman 滤波的谐波提取

1. 线性离散 Kalman 滤波算法

线性离散 Kalman 滤波(Linear Discrete Kalman Filter，LDKF)算法是一种最优化自回归数据处理算法，它能够从含有测量噪声的信号中将动态系统状态

估计出来。LDKF 算法可以用如下所示的线性过程控制系统描述：

$$\boldsymbol{x}(k+1)=\boldsymbol{\Phi}(k)\boldsymbol{x}(k)+\boldsymbol{B}(k)\boldsymbol{u}(k)+\boldsymbol{\Gamma}(k)\boldsymbol{\gamma}(k) \tag{3.42}$$

$$\boldsymbol{y}(k)=\boldsymbol{F}(k)\boldsymbol{x}(k)+\boldsymbol{\upsilon}(k) \tag{3.43}$$

式中，$\boldsymbol{x}(k)$和 $\boldsymbol{x}(k+1)$分别为系统当前状态和下一个状态；$\boldsymbol{u}(k)$为系统控制量(如果没有，则设为零)；$\boldsymbol{y}(k)$为系统观测输出；$\boldsymbol{\Phi}(k)$、$\boldsymbol{B}(k)$和 $\boldsymbol{F}(k)$分别为状态转移矩阵、控制矩阵和观测矩阵；$\boldsymbol{\Gamma}(k)$为参数矩阵；$\boldsymbol{\gamma}(k)$和 $\boldsymbol{\upsilon}(k)$分别为相互独立的高斯白噪声，且其均值和协方差分别满足

$$E\{\boldsymbol{\gamma}(i)\}=0,\quad E\{\boldsymbol{\gamma}(i)[\boldsymbol{\gamma}(j)]^{\mathrm{T}}\}=\boldsymbol{Q}(i)\delta(ij) \tag{3.44}$$

$$E\{\boldsymbol{\upsilon}(i)\}=0,\quad E\{\boldsymbol{\upsilon}(i)[\boldsymbol{\upsilon}(j)]^{\mathrm{T}}\}=\boldsymbol{R}(i)\delta(ij) \tag{3.45}$$

$$E\{\boldsymbol{\gamma}(i)[\boldsymbol{\upsilon}(j)]^{\mathrm{T}}\}=0,\quad E\{\boldsymbol{\gamma}(i)[\boldsymbol{x}(j)]^{\mathrm{T}}\}=0,\quad E\{\boldsymbol{\upsilon}(i)[\boldsymbol{x}(j)]^{\mathrm{T}}\}=0,\quad \forall i,j \tag{3.46}$$

其中，$\boldsymbol{Q}(i)$和 $\boldsymbol{R}(i)$分别为 $\boldsymbol{\gamma}(i)$和 $\boldsymbol{\upsilon}(i)$的协方差；$\delta(ij)$为 δ 函数。

若用 $\hat{\boldsymbol{x}}(k+1|k)$表示根据第 k 时刻的测量值及相关计算结果对第 $k+1$ 时刻状态 $\boldsymbol{x}(k+1)$的估计值，那么其可以通过如下 Kalman 滤波算法获得：

$$\hat{\boldsymbol{x}}(k+1|k)=\boldsymbol{\Phi}(k)\hat{\boldsymbol{x}}(k|k-1)+\boldsymbol{K}[\boldsymbol{y}(k)-\boldsymbol{F}(k)\hat{\boldsymbol{x}}(k|k-1)] \tag{3.47}$$

$$\boldsymbol{K}=\boldsymbol{\Phi}(k)\boldsymbol{P}(k|k-1)[\boldsymbol{F}(k)]^{\mathrm{T}}\{\boldsymbol{F}(k)\boldsymbol{P}(k|k-1)[\boldsymbol{F}(k)]^{\mathrm{T}}+\boldsymbol{R}(k)\}^{-1} \tag{3.48}$$

$$\begin{aligned}\boldsymbol{P}(k+1|k)=&\boldsymbol{\Phi}(k)\boldsymbol{P}(k|k-1)[\boldsymbol{\Phi}(k)]^{\mathrm{T}}-\\&\boldsymbol{K}\boldsymbol{F}(k)\boldsymbol{P}(k|k-1)[\boldsymbol{\Phi}(k)]^{\mathrm{T}}+\boldsymbol{\Gamma}(k)\boldsymbol{Q}(k)[\boldsymbol{\Gamma}(k)]^{\mathrm{T}}\end{aligned} \tag{3.49}$$

式中，$\boldsymbol{K}$ 为 Kalman 滤波增益；$\boldsymbol{P}(k+1|k)$为 $\boldsymbol{x}(k+1)$的估计误差协方差矩阵，定义为

$$\boldsymbol{P}(k+1|k)=E\{[\boldsymbol{x}(k+1)-\hat{\boldsymbol{x}}(k+1|k)][\boldsymbol{x}(k+1)-\hat{\boldsymbol{x}}(k+1|k)]^{\mathrm{T}}\} \tag{3.50}$$

假设 $\boldsymbol{\Phi}(k)$、$\boldsymbol{\Gamma}(k)$和 $\boldsymbol{F}(k)$可以根据系统动态方程获得，那么在给定噪声信号协方差 $\boldsymbol{Q}(k)$和 $\boldsymbol{R}(k)$的情况下，通过设定系统状态初始值 $\boldsymbol{x}(0)$和估计误差协方差初始值 $\boldsymbol{P}(0)$便可以应用式(3.47)～(3.50)进行自回归最优迭代求解，获得全部系统状态估计值 $\hat{\boldsymbol{x}}$。

2. 电网电压谐波提取设计

为了采用上面介绍的线性离散 Kalman 滤波算法从包含谐波的电压中估计基波电压的幅值、角频率、相位等信息，首先需要建立电压信号的数学模型。本部分着重分析怎样去构建体现电压动态特性的数学模型。为了方便说明，首先考虑只包含基波电压时如何建立电压信号模型，然后在此基础上考虑加入直流分量及各次谐波后的数学模型构建。

首先，假设理想电网电压仅含基波成分，那么可以表示为

$$v(k)=V(k)\sin[\omega(k)t(k)+\theta(k)] \tag{3.51}$$

根据 $v(k)$ 形式定义如下两个状态变量：

$$\begin{cases}x_1(k)=V(k)\sin[\omega(k)t(k)+\theta(k)]\\x_2(k)=V(k)\cos[\omega(k)t(k)+\theta(k)]\end{cases} \tag{3.52}$$

则 $v(k)$ 的幅值和相位可以表示为

$$V(k)=\sqrt{[x_1(k)]^2+[x_2(k)]^2} \tag{3.53}$$

$$\varphi(k)=\omega(k)t(k)+\theta(k)=\arctan\frac{x_1(k)}{x_2(k)} \tag{3.54}$$

假设稳态时系统状态收敛，即 $V(k+1)\cong V(k)$，$\omega(k+1)\cong\omega(k)$，$\theta(k+1)\cong\theta(k)$，则在下一个采样时刻（即 $t(k+1)=t(k)+T_s$），状态变量 $x_1(k+1)$ 和 $x_2(k+1)$ 可以表示为

$$\begin{cases}x_1(k+1)=V(k+1)\sin[\omega(k)t(k)+\theta(k+1)+\omega(k)T_s]\\\qquad\qquad=x_1(k)\cos[\omega(k)T_s]+x_2(k)\sin[\omega(k)T_s]\\x_2(k+1)=V(k+1)\cos[\omega(k)t(k)+\theta(k+1)+\omega(k)T_s]\\\qquad\qquad=-x_1(k)\sin[\omega(k)T_s]+x_2(k)\cos[\omega(k)T_s]\end{cases} \tag{3.55}$$

式中，T_s 为系统采样时间。

为了对信号幅值和相位扰动进行建模，在系统状态中引入了过程噪声 $[\gamma_1,\gamma_2]^T$，那么可以获得电压信号 $v(k)$ 的状态空间模型为

$$\begin{bmatrix}x_1(k+1)\\x_2(k+1)\end{bmatrix}=\begin{bmatrix}\cos[\omega(k)T_s] & \sin[\omega(k)T_s]\\-\sin[\omega(k)T_s] & \cos[\omega(k)T_s]\end{bmatrix}\begin{bmatrix}x_1(k)\\x_2(k)\end{bmatrix}+\begin{bmatrix}\gamma_1(k)\\\gamma_2(k)\end{bmatrix} \tag{3.56}$$

$$\boldsymbol{y}(k)=[1\quad 0]\begin{bmatrix}x_1(k)\\x_2(k)\end{bmatrix}+\boldsymbol{v}(k) \tag{3.57}$$

考虑如式(3.56)和式(3.57)所示的系统模型，便可以应用线性离散 Kalman 滤波算法进行电网状态估计。在实际应用过程中，电网电压信号往往存在谐波干扰，且由于数模转换等原因，采样得到的电网电压信号会含有一定量的直流分量。因此，考虑以上因素的电网电压信号可表示为

$$v(k)=V_0(k)+\sum_{i=1}^{N}V_i(k)\sin[i\cdot\omega(k)t(k)+\theta_i(k)] \tag{3.58}$$

式中，N 为大于零的奇数。

根据上述分析可以得到包含直流分量和谐波分量的系统状态空间模型为

$$\begin{bmatrix} x_0(k+1) \\ x_1(k+1) \\ x_2(k+1) \\ \vdots \\ x_{2n-1}(k+1) \\ x_{2n}(k+1) \end{bmatrix} = \begin{bmatrix} 1 & 0 & \cdots & 0 \\ 0 & M_1 & \cdots & 0 \\ \vdots & \vdots & & \vdots \\ 0 & 0 & \cdots & M_n \end{bmatrix} \begin{bmatrix} x_0(k) \\ x_1(k) \\ x_2(k) \\ \vdots \\ x_{2n-1}(k) \\ x_{2n}(k) \end{bmatrix} + \begin{bmatrix} \gamma_0(k) \\ \gamma_1(k) \\ \gamma_2(k) \\ \vdots \\ \gamma_{2n-1}(k) \\ \gamma_{2n}(k) \end{bmatrix} \tag{3.59}$$

$$\boldsymbol{y}(k) = \begin{bmatrix} 1 & 1 & 0 & \cdots & 1 & 0 \end{bmatrix} \begin{bmatrix} x_0(k) \\ x_1(k) \\ x_2(k) \\ \vdots \\ x_{2n-1}(k) \\ x_{2n}(k) \end{bmatrix} + \boldsymbol{v}(k) \tag{3.60}$$

$$\boldsymbol{M}_n = \begin{bmatrix} \cos[\omega(k)T_s] & \sin[\omega(k)T_s] \\ -\sin[\omega(k)T_s] & \cos[\omega(k)T_s] \end{bmatrix} \tag{3.61}$$

为了获取电网电压基波角频率，这里引入一个额外的状态变量

$$x_{2n+1}(k) = V(k)\omega(k)\cos[\omega(k)t(k)+\theta(k)] \tag{3.62}$$

$$\begin{aligned} x_{2n+1}(k+1) &= V(k+1)\omega(k+1)\cos[\omega(k)t(k)+\theta(k+1)+\omega(k)T_s] \\ &= x_{2n+1}(k)\cos[\omega(k)T_s] - x_1(k)\omega(k)\sin[\omega(k)T_s] \end{aligned} \tag{3.63}$$

因此可以利用状态 $x_{2n+1}(k)$ 和 $x_2(k)$ 对基波电压角频率进行求解，即

$$\omega(k) = \frac{x_{2n+1}(k)}{x_2(k)} \tag{3.64}$$

将新状态动态方程式(3.62)整合到系统模型式(3.59)和式(3.60)中构成新的模型，便可以应用线性离散 Kalman 滤波算法对系统状态进行估计，最后使用式(3.53)、式(3.54)和式(3.64)便可获得电网电压基波幅值、相位和角频率。使用其他状态变量对应得到的电网各次谐波估计值可以合成电网背景谐波，但各次谐波的估计误差的累加会降低谐波提取精度。此外，如果考虑更高阶谐波估计，状态空间模型维度会相应增高，增加系统计算负担。为此，电网电压谐波通过采样电压与估计基波电压做差获得，即

$$v_{gh}(k) = v(k) - \sqrt{[x_1(k)]^2 + [x_1(k)]^2}\sin\left[\arctan\frac{x_1(k)}{x_2(k)}\right] \tag{3.65}$$

3.4.3 电压型并网逆变器能量成型控制器设计

1. 端口受控 Hamiltonian 系统

考虑一个单输入单输出(Single-Input Single-Output,SISO)系统,它的状态空间模型可以表示为

$$\begin{cases}\dfrac{\mathrm{d}\boldsymbol{x}}{\mathrm{d}t}=f(\boldsymbol{x},\boldsymbol{u})\\ \boldsymbol{y}=h(\boldsymbol{x})\end{cases}\tag{3.66}$$

式中,$\boldsymbol{x}\in X\subset\mathbf{R}^n$、$\boldsymbol{u}\in U\subset\mathbf{R}$ 和 $\boldsymbol{y}\in Y\subset\mathbf{R}$ 分别为状态变量、控制输入和系统输出;函数 $f(\cdot,\cdot)$ 和 $h(\cdot)$ 分别满足

$$f(\cdot,\cdot):X\times U\to\mathbf{R}^n$$
$$h(\cdot):X\to\mathbf{R}$$

且它们在开连通集 X 中足够平滑。

那么,状态方程式(3.66)可以表示为如下所示的典型端口受控 Hamiltonian (Port-Controlled Hamiltonian,PCH)系统形式:

$$\begin{cases}\dfrac{\mathrm{d}\boldsymbol{x}}{\mathrm{d}t}=(\boldsymbol{J}-\boldsymbol{R})\dfrac{\partial H(\boldsymbol{x})}{\partial \boldsymbol{x}}+\boldsymbol{G}\boldsymbol{u}\\ \boldsymbol{y}=\boldsymbol{G}^{\mathrm{T}}\dfrac{\partial H(\boldsymbol{x})}{\partial \boldsymbol{x}}\end{cases}\tag{3.67}$$

式中,$\boldsymbol{x}$ 为 PCH 系统状态变量,$\boldsymbol{x}=[x_1\quad x_2\quad\cdots\quad x_n]^{\mathrm{T}}$;$\boldsymbol{u}$ 和 $\boldsymbol{y}$ 分别为 PCH 系统的输入端口变量和输出端口变量;$\boldsymbol{J}$ 为一个反对称矩阵($\boldsymbol{J}=-\boldsymbol{J}^{\mathrm{T}}$),反映了 PCH 系统的互联结构特性;$\boldsymbol{R}$ 为一个半正定对称矩阵($\boldsymbol{R}=\boldsymbol{R}^{\mathrm{T}}\geqslant 0$),反映了 PCH 系统的内部阻尼结构特性,依靠非负性实现能量的内部耗散;$H(\boldsymbol{x})$ 为一个 Hamiltonian 函数,反映了 PCH 系统存储的全部能量,并满足 $H(\boldsymbol{x})=\dfrac{1}{2}\boldsymbol{x}^{\mathrm{T}}\boldsymbol{D}\boldsymbol{x}$ ($\boldsymbol{D}$ 是一个正定对称矩阵,$\boldsymbol{D}=\boldsymbol{D}^{\mathrm{T}}>0$);$\boldsymbol{G}$ 为一个 PCH 系统的端口特性结构矩阵。

使 $\boldsymbol{x}(t)\in X\subset\mathbf{R}^n$ 是系统式(3.67)的一条输入轨迹,且令 $\boldsymbol{u}=\boldsymbol{u}_{\mathrm{d}}\in U\subset\mathbf{R}$,那么

$$\frac{\mathrm{d}\boldsymbol{x}}{\mathrm{d}t}=(\boldsymbol{J}-\boldsymbol{R})\frac{\partial H(\boldsymbol{x})}{\partial \boldsymbol{x}}+\boldsymbol{G}\boldsymbol{u}_{\mathrm{d}}\tag{3.68}$$

通常情况下,由于初始条件不同,即使信号 $\boldsymbol{x}(t)$ 和 $\boldsymbol{x}_{\mathrm{d}}(t)$ 都能满足系统式(3.67),但它们仍不相同。

定义误差信号 $\boldsymbol{e}=\boldsymbol{x}_{\mathrm{d}}-\boldsymbol{x}$,可以进一步得到跟踪误差动态方程为

$$\frac{\mathrm{d}\boldsymbol{e}}{\mathrm{d}t}=\frac{\mathrm{d}}{\mathrm{d}t}(\boldsymbol{x}_{\mathrm{d}}-\boldsymbol{x})=(\boldsymbol{J}-\boldsymbol{R})\frac{\partial H(\boldsymbol{e})}{\partial \boldsymbol{e}}\tag{3.69}$$

如果将 $H(\boldsymbol{e})$ 作为一个候选的 Lyapunov 函数，那么对 $H(\boldsymbol{e})$ 求一阶时间导数可以得到

$$\frac{\mathrm{d}H(\boldsymbol{e})}{\mathrm{d}t}=\frac{1}{2}\left[\dot{\boldsymbol{e}}^{\mathrm{T}}\frac{\partial H(\boldsymbol{e})}{\partial \boldsymbol{e}}+\left(\frac{\partial H(\boldsymbol{e})}{\partial \boldsymbol{e}}\right)^{\mathrm{T}}\dot{\boldsymbol{e}}\right]=-\boldsymbol{e}^{\mathrm{T}}\boldsymbol{D}^{\mathrm{T}}\boldsymbol{R}\boldsymbol{D}\boldsymbol{e} \tag{3.70}$$

根据式(3.70)可以很容易看出 $\mathrm{d}H(\boldsymbol{e})/\mathrm{d}t\leqslant 0$，因此可以证明跟踪误差动态可以以指数级形式收敛至零，即

$$\lim_{t\to\infty}\|\boldsymbol{x}_{\mathrm{d}}(t)-\boldsymbol{x}(t)\|=0$$

2. 能量成型控制

能量成型控制（Energy-Shaping Control，ESC）是一种基于无源控制理论（Passive Control Theory，PCT）的非线性控制方法，可以通过外部能量的注入使系统原有能量重塑到期望能量形式，重塑过程称之为能量成型。

针对 PCH 系统，能量成型控制的目标函数可以表示成如下形式：

$$\frac{\mathrm{d}\boldsymbol{x}}{\mathrm{d}t}=(\boldsymbol{J}_{\mathrm{d}}-\boldsymbol{R}_{\mathrm{d}})\frac{\partial H_{\mathrm{d}}(\boldsymbol{x})}{\partial \boldsymbol{x}} \tag{3.71}$$

式中，$\boldsymbol{J}_{\mathrm{d}}$ 为能量成型控制系统中期望互联结构矩阵，为反对称矩阵（$\boldsymbol{J}_{\mathrm{d}}=\boldsymbol{J}+\boldsymbol{J}_{\mathrm{a}}=-\boldsymbol{J}_{\mathrm{d}}^{\mathrm{T}}$，$\boldsymbol{J}_{\mathrm{a}}$ 为系统增加的互联结构矩阵）；$\boldsymbol{R}_{\mathrm{d}}$ 为能量成型控制系统中期望阻尼矩阵，为正定对称矩阵（$\boldsymbol{R}_{\mathrm{d}}=\boldsymbol{R}+\boldsymbol{R}_{\mathrm{a}}=\boldsymbol{R}_{\mathrm{d}}^{\mathrm{T}}>0$，$\boldsymbol{R}_{\mathrm{a}}$ 为系统增加的阻尼矩阵）；$H_{\mathrm{d}}(\boldsymbol{x})$ 为能量成型控制系统中期望 Hamiltonian 能量函数，（$H_{\mathrm{d}}(\boldsymbol{x})=H(\boldsymbol{x})+H_{\mathrm{a}}(\boldsymbol{x})$，$H_{\mathrm{a}}(\boldsymbol{x})$ 为系统中增加的能量）。

被控的 PCH 系统与期望系统满足能量匹配，即

$$(\boldsymbol{J}-\boldsymbol{R})\frac{\partial H(\boldsymbol{x})}{\partial \boldsymbol{x}}+\boldsymbol{G}\boldsymbol{u}=(\boldsymbol{J}_{\mathrm{d}}-\boldsymbol{R}_{\mathrm{d}})\frac{\partial H_{\mathrm{d}}(\boldsymbol{x})}{\partial \boldsymbol{x}} \tag{3.72}$$

因此，基于能量成型控制的控制输入变量 $\boldsymbol{u}$ 可以根据端口互联和阻尼匹配的方法进行求解，即使用式(3.72)求解得到。

3. 逆变器电压型并网能量成型控制器设计

进行能量成型控制器设计的前提是将系统模型转化为 PCH 系统。根据图 3.40 所示系统结构，定义 PCH 系统状态变量为

$$\boldsymbol{x}=\begin{bmatrix}x_1\\x_2\\x_3\end{bmatrix}=\begin{bmatrix}L_{\mathrm{f}}i_{\mathrm{L}}\\C_{\mathrm{f}}u_{\mathrm{ac}}\\L_{\mathrm{l}}i_{\mathrm{g}}\end{bmatrix} \tag{3.73}$$

将式(3.73)代到单相并网逆变器动态方程式(3.34)～(3.36)可以得到单相并网逆变器的 PCH 系统动态方程，即

$$\frac{\mathrm{d}\boldsymbol{x}}{\mathrm{d}t}=(\boldsymbol{J}-\boldsymbol{R})\frac{\partial H(\boldsymbol{x})}{\partial \boldsymbol{x}}+\boldsymbol{G}\boldsymbol{u}(\mu) \tag{3.74}$$

其中

$$\boldsymbol{J}=\begin{bmatrix}0 & -1 & 0\\ 1 & 0 & -1\\ 0 & 1 & 0\end{bmatrix} \tag{3.75}$$

$$\boldsymbol{R}=\begin{bmatrix}r_{\mathrm{f}} & & \\ & 0 & \\ & & r_{1}\end{bmatrix} \tag{3.76}$$

$$\boldsymbol{G}=\begin{bmatrix}U_{\mathrm{dc}} & 0\\ 0 & 0\\ 0 & -1\end{bmatrix} \tag{3.77}$$

$$\boldsymbol{u}(\mu)=\begin{bmatrix}\mu\\ u_{\mathrm{g}}\end{bmatrix} \tag{3.78}$$

$$\frac{\partial H(\boldsymbol{x})}{\partial \boldsymbol{x}}=\boldsymbol{D}^{-1}\boldsymbol{x},\quad \boldsymbol{D}=\begin{bmatrix}L_{\mathrm{f}} & & \\ & C_{\mathrm{f}} & \\ & & L_{1}\end{bmatrix} \tag{3.79}$$

定义系统期望的端口互联矩阵 $\boldsymbol{J}_{\mathrm{d}}$和阻尼匹配矩阵 $\boldsymbol{R}_{\mathrm{d}}$为

$$\begin{cases}\boldsymbol{J}_{\mathrm{d}}=\boldsymbol{J}+\boldsymbol{J}_{\mathrm{a}}=-\boldsymbol{J}_{\mathrm{d}}^{\mathrm{T}}\\ \boldsymbol{R}_{\mathrm{d}}=\boldsymbol{R}+\boldsymbol{R}_{\mathrm{a}}=\boldsymbol{R}_{\mathrm{d}}^{\mathrm{T}}>0\end{cases} \tag{3.80}$$

式(3.80)中的向 PCH 系统添加的互联结构矩阵 $\boldsymbol{J}_{\mathrm{a}}$和注入的阻尼匹配矩阵 $\boldsymbol{R}_{\mathrm{a}}$采用如下形式：

$$\boldsymbol{J}_{\mathrm{a}}=\begin{bmatrix}0 & J_{12} & J_{13}\\ -J_{12} & 0 & J_{23}\\ -J_{13} & -J_{23} & 0\end{bmatrix} \tag{3.81}$$

$$\boldsymbol{R}_{\mathrm{a}}=\begin{bmatrix}R_{1} & & \\ & R_{2} & \\ & & R_{3}\end{bmatrix} \tag{3.82}$$

式中，J_{mn} $(m,n=1,2,3)$为待设计的互联矩阵参数，$J_{mn}\in\mathbf{R}$ 且 $J_{mn}\geqslant 0$；R_{i} $(i=1,2,3)$为待设计的阻尼匹配矩阵参数，$R_{i}\in\mathbf{R}$ 且 $R_{i}\geqslant 0$。

定义系统中期望 Hamiltonian 能量函数 $H_{\mathrm{d}}(\boldsymbol{x})$如下：

$$H_{\mathrm{d}}(\boldsymbol{x})=\frac{1}{2}(\boldsymbol{x}-\boldsymbol{x}_{0})^{\mathrm{T}}\boldsymbol{D}^{-1}(\boldsymbol{x}-\boldsymbol{x}_{0}) \tag{3.83}$$

式中，$\boldsymbol{x}_0$ 为系统状态变量的平衡点，$\boldsymbol{x}_0=[x_{10}\quad x_{20}\quad x_{30}]^{\mathrm{T}}=[L_{\mathrm{f}}i_{\mathrm{L0}}\quad C_{\mathrm{f}}u_{\mathrm{ac0}}\quad L_1 i_{\mathrm{g0}}]^{\mathrm{T}}$，且有

$$\frac{\partial H_{\mathrm{d}}(\boldsymbol{x})}{\partial \boldsymbol{x}}=\boldsymbol{D}^{-1}(\boldsymbol{x}-\boldsymbol{x}_0)$$

将式(3.72)、式(3.74)和式(3.83)联立可以求解获得以下平衡方程：

$$\boldsymbol{Gu}(\mu)=(\boldsymbol{J}_{\mathrm{a}}-\boldsymbol{R}_{\mathrm{a}})\boldsymbol{D}^{-1}(\boldsymbol{x}-\boldsymbol{x}_0)-(\boldsymbol{J}-\boldsymbol{R})\boldsymbol{D}^{-1}\boldsymbol{x}_0 \tag{3.84}$$

因此，可以根据式(3.84)推导出单相并网逆变器的调制波控制输入 μ 的表达式为

$$\mu=\frac{1}{U_{\mathrm{dc}}}\left(-\frac{R_1}{L_{\mathrm{f}}}x_{1\mathrm{e}}+\frac{J_{12}}{C_{\mathrm{f}}}x_{2\mathrm{e}}+\frac{J_{13}}{L_1}x_{3\mathrm{e}}+\frac{r_{\mathrm{f}}}{L_{\mathrm{f}}}x_{10}+\frac{1}{C_{\mathrm{f}}}x_{20}\right) \tag{3.85}$$

式中，$x_{n\mathrm{e}}$ 为状态变量 x_n 的偏差变量，$x_{n\mathrm{e}}=x_n-x_{n0}$ 且 $n=1, 2, 3$。

此外，求解式(3.84)过程中存在另外两个平衡方程如下：

$$\begin{cases}-\dfrac{J_{12}}{L_{\mathrm{f}}}x_{1\mathrm{e}}-\dfrac{R_2}{C_{\mathrm{f}}}x_{2\mathrm{e}}+\dfrac{J_{23}}{L_1}x_{3\mathrm{e}}-\dfrac{1}{L_{\mathrm{f}}}x_{10}+\dfrac{1}{L_1}x_{30}=0\\ -\dfrac{J_{13}}{L_{\mathrm{f}}}x_{1\mathrm{e}}-\dfrac{J_{23}}{C_{\mathrm{f}}}x_{2\mathrm{e}}-\dfrac{R_3}{L_1}x_{3\mathrm{e}}-\dfrac{1}{C_{\mathrm{f}}}x_{20}+\dfrac{r_1}{L_1}x_{30}=-u_{\mathrm{g}}\end{cases} \tag{3.86}$$

为了简化控制设计，定义端口互联矩阵参数 $J_{12}=J_{13}=J_{23}=0$，因此根据式(3.86)可以求得阻尼匹配参数 R_2 和 R_3 为

$$R_2=\frac{C_{\mathrm{f}}}{x_{2\mathrm{e}}}\left(-\frac{1}{L_{\mathrm{f}}}x_{10}+\frac{1}{L_1}x_{30}\right) \tag{3.87}$$

$$R_3=\frac{L_1}{x_{3\mathrm{e}}}\left(-\frac{1}{C_{\mathrm{f}}}x_{20}+\frac{r_1}{L_1}x_{30}+u_{\mathrm{g}}\right) \tag{3.88}$$

同时，控制输入 μ 的表达式可以进一步简化为

$$\begin{aligned}\mu&=\frac{1}{U_{\mathrm{dc}}}\left(-\frac{R_1}{L_{\mathrm{f}}}x_{1\mathrm{e}}+\frac{r_{\mathrm{f}}}{L_{\mathrm{f}}}x_{10}+\frac{1}{C_{\mathrm{f}}}x_{20}\right)\\&=\frac{1}{U_{\mathrm{dc}}}[(R_1+r_{\mathrm{f}})i_{\mathrm{L0}}-R_1 i_{\mathrm{L}}+u_{\mathrm{ac0}}]\end{aligned} \tag{3.89}$$

当下垂控制单相逆变器并网运行达到稳态时，系统平衡点对应的平衡值电感电流 i_{L0}、电容电压 u_{ac0} 和并网电流 i_{g0} 仍然满足系统动态方程式(3.35)和式(3.36)，即

$$C_{\mathrm{f}}\frac{\mathrm{d}u_{\mathrm{ac0}}}{\mathrm{d}t}=i_{\mathrm{L0}}-i_{\mathrm{g0}} \tag{3.90}$$

$$L_1\frac{\mathrm{d}i_{\mathrm{g0}}}{\mathrm{d}t}=u_{\mathrm{ac0}}-u_{\mathrm{g}}-i_{\mathrm{g0}}r_1 \tag{3.91}$$

由于电容电压平衡点电压值 u_{ac0} 可以由下垂控制生成，因此可以根据式

(3.91)求解平衡点并网电流值 i_{g0}，进而可以根据式(3.90)推导平衡点电感电流值 i_{L0}，有

$$i_{g0}=\frac{1}{sL_1+r_1}(u_{ac0}-u_g) \tag{3.92}$$

式中，s 为 Laplace 算子。

$$i_{L0}=C_f\frac{du_{ac0}}{dt}+i_{g0} \tag{3.93}$$

针对式(3.92)，其中的 $1/(sL_1+r_1)$ 可以看作是增益为 $1/r_1$ 的一阶低通滤波器，其截止频率为 r_1/L_1。针对式(3.93)，电容电压平衡点值 u_{ac0} 的一阶时间导数可以利用前向欧拉公式进行离散化。

根据式(3.89)、式(3.92)和式(3.93)可以得到基于能量成型控制的下垂逆变器并网电流谐波抑制方法整体控制框图，如图 3.41 所示。

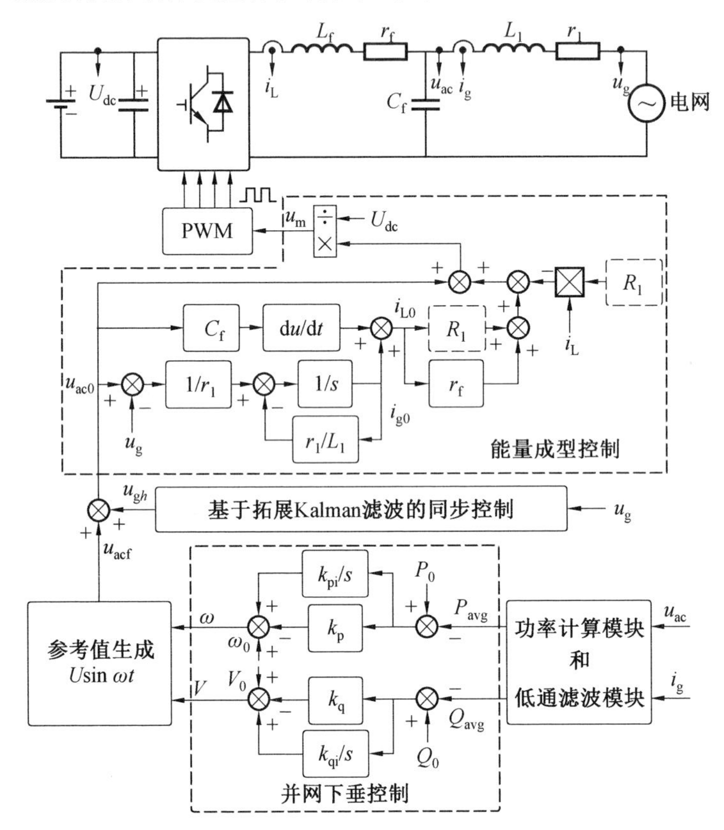

图 3.41　基于能量成型控制的下垂逆变器并网电流谐波抑制方法整体控制框图

首先，将输出电压 u_{ac} 和并网电流 i_g 送入功率计算模块得到逆变器的瞬时输出有功功率 P_{ac} 和无功功率 Q_{ac}，然后将其进行低通滤波并利用并网下垂控制方程生成输出电压基波参考值 u_{acf}。最后，将由基于扩展 Kalman 滤波的谐波提取器获得的电网电压谐波量 u_{gh} 与 u_{acf} 叠加构成平衡点电压值 u_{ac0}，并使用能量成型并网控制器控制逆变器的输出。相比传统下垂控制并网电流抑制控制方法，本节提出的控制方法具有以下优势：

①内环能量成型控制器设计过程明确，结构简单，易于实现实际控制器数字化。

②非线性的能量成型控制器仅具有一个调节参数——匹配阻尼系数 R_1，物理意义明确，调试过程简单。

③基于拓展 Kalman 滤波的同步控制器集电网电压同步和电网电压谐波提取为一体，简化了控制器结构。此外，相比于基于带通滤波器的谐波提取方法，本节提出的方法在提取精度相同的情况下具有更快的提取速度。

④本节所提控制方法对系统参数不确定性具有鲁棒性。

4. 稳定性分析

根据前面所设计的能量成型控制器，并网逆变器系统可以被调节成期望的能量系统式(3.70)，且期望 Hamiltonian 能量函数 $H_d(\boldsymbol{x})$ 满足

$$\frac{\partial H_d(\boldsymbol{x})}{\partial \boldsymbol{x}}=\boldsymbol{D}^{-1}(\boldsymbol{x}-\boldsymbol{x}_0) \tag{3.94}$$

当系统状态到达平衡点，即 $\boldsymbol{x}=\boldsymbol{x}_0$ 时，有$\partial H_d(\boldsymbol{x})/\partial \boldsymbol{x}\big|_{\boldsymbol{x}=\boldsymbol{x}_0}=0$ 且 $H_d(\boldsymbol{x}_0)=0$，这说明期望系统在平衡点处能量为零，系统是稳定的。

当系统状态不在平衡点，即 $\boldsymbol{x}\neq\boldsymbol{x}_0$ 时，对 $H_d(\boldsymbol{x})$ 求一阶时间导数可以得到

$$\frac{\partial H_d(\boldsymbol{x})}{\partial t}=\left[\frac{\partial H_d(\boldsymbol{x})}{\partial \boldsymbol{x}}\right]^{\mathrm{T}}\frac{\partial \boldsymbol{x}}{\partial t} \tag{3.95}$$

将式(3.70)代入式(3.94)中可以得到

$$\frac{\partial H_d(\boldsymbol{x})}{\partial t}=\left[\frac{\partial H_d(\boldsymbol{x})}{\partial \boldsymbol{x}}\right]^{\mathrm{T}}(\boldsymbol{J}_d-\boldsymbol{R}_d)\frac{\partial H_d(\boldsymbol{x})}{\partial \boldsymbol{x}} \tag{3.96}$$

由于期望端口互联矩阵 $\boldsymbol{J}_d$ 具有反对称性，则

$$\left[\frac{\partial H_d(\boldsymbol{x})}{\partial \boldsymbol{x}}\right]^{\mathrm{T}}\boldsymbol{J}_d(x)\frac{\partial H_d(\boldsymbol{x})}{\partial \boldsymbol{x}}=0 \tag{3.97}$$

因此，式(3.95)可以进一步化简为

$$\frac{\partial H_d(\boldsymbol{x})}{\partial t}=-\left[\frac{\partial H_d(\boldsymbol{x})}{\partial \boldsymbol{x}}\right]^{\mathrm{T}}\boldsymbol{R}_d\frac{\partial H_d(\boldsymbol{x})}{\partial \boldsymbol{x}} \tag{3.98}$$

因为期望阻尼匹配矩阵 $\boldsymbol{R}_d\geqslant 0$，所以可以判定期望能量函数 $\boldsymbol{H}_d(x)$ 的一阶时间导数$\partial H_d(\boldsymbol{x})/\partial t\leqslant 0$ 恒成立。因此，根据 Lyapunov 稳定性判断定理可知，本节提出的能量成型控制方法可以使系统在平衡点 $\boldsymbol{x}_0$ 附近渐进稳定。

3.4.4 实验与分析

1. 并理想电网实验结果

基于线性离散 Kalman 滤波算法和能量成型控制的电压型并网电流谐波抑制方法并入理想电网运行的实验结果如图 3.42 所示，理想电网由 Chroma 公司生产的交流电源 Model 61500 生成。可以发现，并网逆变器在下垂控制作用下实现单位功率因数最大功率并网，即逆变器输出最大有功功率 P_{ac} 为 960 W(其中本地负载消耗 450 W，并网功率为 510 W)，无功功率 Q_{ac} 约为 0。当电网电压 u_g 中不含谐波成分时，并网电流 i_g 无明显畸变，其幅值为 3.3 A，THD 值约为 0.68%。实验结果表明，基于能量成型控制的电压型并网控制器可以有效抑制逆变器自身输出的谐波，且所提出的基于线性离散 Kalman 滤波算法可以准确地提取电网电压谐波(此实验中谐波提取量 u_{gh} 为零)。

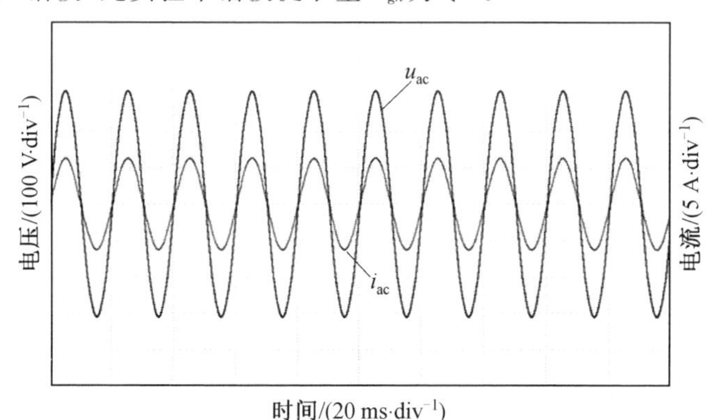

(a) 逆变器输出电压和输出电流波形

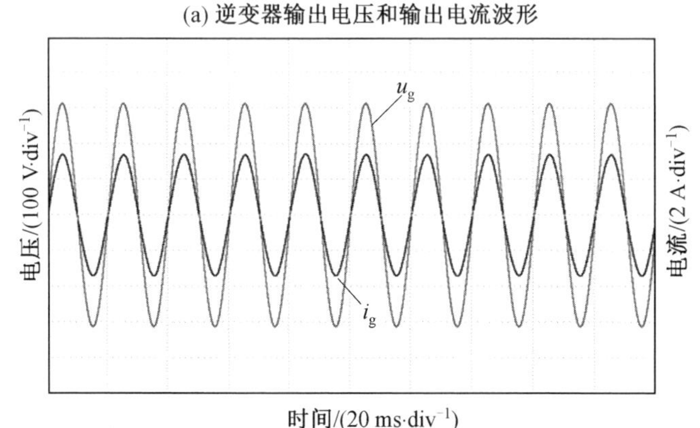

(b) 电网电压和并网电流波形

图 3.42 并入理想电网运行的实验结果

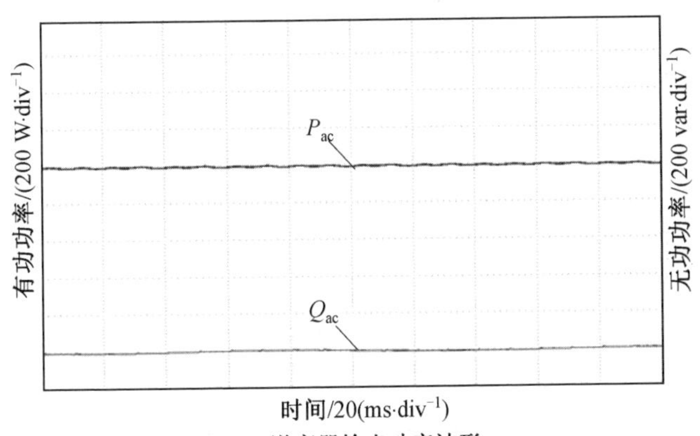

(c) 逆变器输出功率波形

续图 3.42

2. 并实际电网实验结果

基于线性离散 Kalman 滤波算法和能量成型控制的电压型并网电流谐波抑制方法并入实际电网运行的实验结果如图 3.43 所示。t_1时刻前，未启动谐波补偿策略，由图 3.43(b)可见，并网逆变器在下垂控制作用下以单位功率因数并网，即无功功率 Q_{ac}约为 0，且并网有功功率 P_{ac}达到最大，约为 960 W。但此时并网电流 i_g受到电网电压 u_g背景谐波扰动发生严重畸变，其 THD 值约为 7.95%，不符合 IEEE 1547—2018 并网标准。t_1时刻启动本节所提的谐波补偿策略，可以发现并网电流 i_g 的波形质量得到了明显的改善，波形正弦度良好，且此时 i_g 的 THD 值已经降为 1.67%，满足并网要求。实验结果表明，基于线性离散 Kalman 滤波算法可以快速提取电网电压谐波，且基于能量成型控制的电压型并网控制器可以快速跟踪电压参考变化以有效抑制并网电流谐波，降低对电网的负面影响。

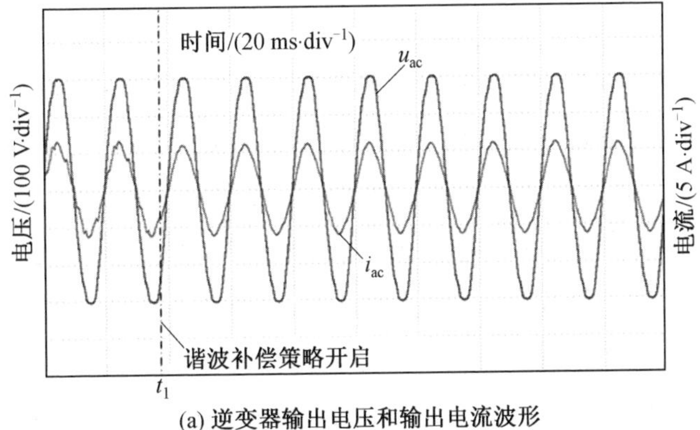

(a) 逆变器输出电压和输出电流波形

图 3.43　并入实际电网运行的实验结果

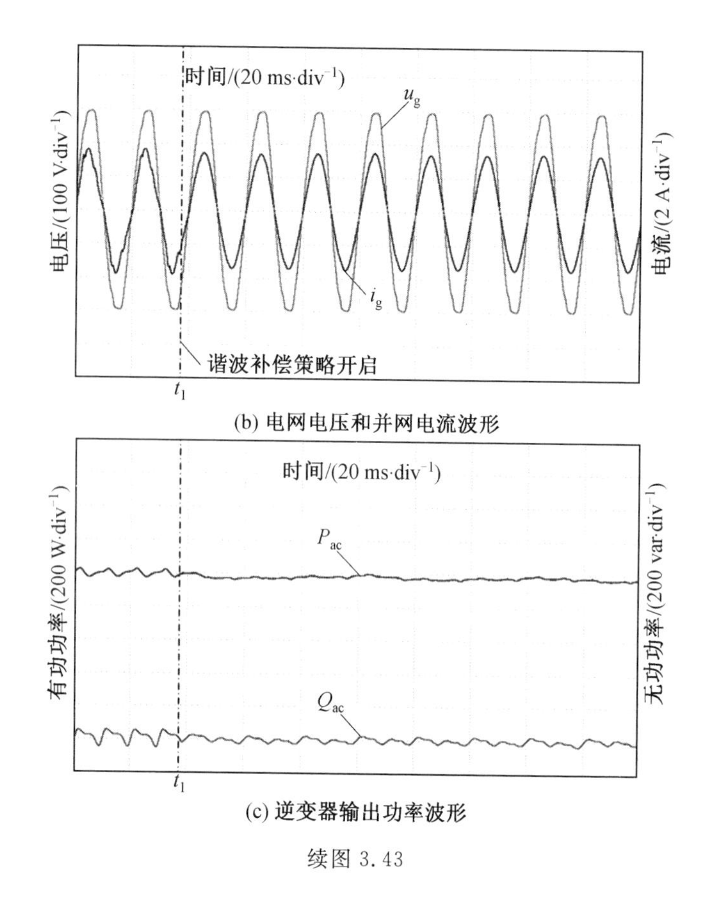

(b) 电网电压和并网电流波形

(c) 逆变器输出功率波形

续图 3.43

本章小结

本章对光伏逆变器并网运行时的输出功率进行了分析，针对光伏功率波动、电网电压波动和频率波动造成输出功率偏移的问题，给出基于曲线平移的改进下垂控制，通过平移下垂曲线的方法来维持逆变器输出功率的恒定以及直流母线电压的稳定。采用谐波检测算法得到电网的谐波电压，通过对逆变器输出电压进行谐波补偿以消除线路阻抗上的谐波压降，减小并网电流的畸变率。同时，本章分析了不同性质线路阻抗对下垂方程的影响，针对阻感性线路阻抗下逆变器输出功率强耦合特性，分析了基于参数控制的解耦方案、基于虚拟阻抗的解耦

方案和基于线路阻抗比的改进下垂控制的解耦方案。最后，本章利用线性离散 Kalman 滤波方法实现了谐波的快速准确提取，并详细分析了基于能量成型控制的电压型并网电流谐波抑制方法。

第4章

交流微电网运行模式切换控制

逆变器离并网运行能够实现无缝切换的关键是离并网控制结构的统一，而下垂控制是实现逆变器无互联线并联的必要条件。本章从并联逆变器无缝切换的基本特征出发，深入分析了无缝切换控制方法的设计依据，对基于下垂控制的逆变器离并网无缝切换控制方法进行了详细分析，并总结了各种方法的优势及不足。

4.1　交流微电网运行模式切换控制研究现状

4.1.1　传统切换方法

微电网运行模式切换是微电网孤岛与并网两种运行状态互相转变的过程。并网运行时由于有大电网的支撑，微电网能够得到来自大电网的电压和频率，仅需参与功率调节，各分布式电源和储能系统通常采用有功无功(PQ)控制，根据需要的恒功率输出参考值。由于被动或主动原因，微电网 PCC 断开脱离大电网而进入孤岛运行状态。因为失去了来自大电网的频率和电压，微电网自身必须具有稳定的调频调压能力。此时，逆变器可采用 V/f 控制作为主从控制中的主机，独立维持系统的电压和频率，也可采用下垂控制实现多逆变器的对等并联，共同参与系统电压和频率的调节。

微电网模式切换传统控制方法如图 4.1 所示。图 4.1(a)为孤岛主从控制方法。并网运行时微电网内各单元均采用 PQ 控制输出参考功率；孤岛运行时一台主逆变器切换为 V/f 控制输出参考电压，代替大电网为微电网系统建立满足要求的电压和频率，其他从逆变器依然采用 PQ 控制提供功率。图 4.1(b)为孤岛对等控制方法。并网运行时各单元均采用 PQ 控制输出参考功率；孤岛运行时几台逆变器同时切换为下垂控制并联运行构成多主逆变器，共同为微电网提供电压与频率，从逆变器依然采用 PQ 控制输出功率。

这两种基本方法均能够符合微电网系统在并网和孤岛运行时的稳态要求：并网运行时提供并网功率，孤岛运行时维持电压和频率稳定并保证系统内部功率平衡，简单而易于设计。但主逆变器在并网时实质为电流型控制，孤岛时为电压型控制，这种直接粗暴的模式切换不可避免地要产生暂态冲击；主逆变器的控制器必须存储两套完全不同的控制方案，这对控制器提出了更高的要求，使系统成本增加；微电网必须有快速准确的检测系统，为主逆变器提供正确的切换时机。

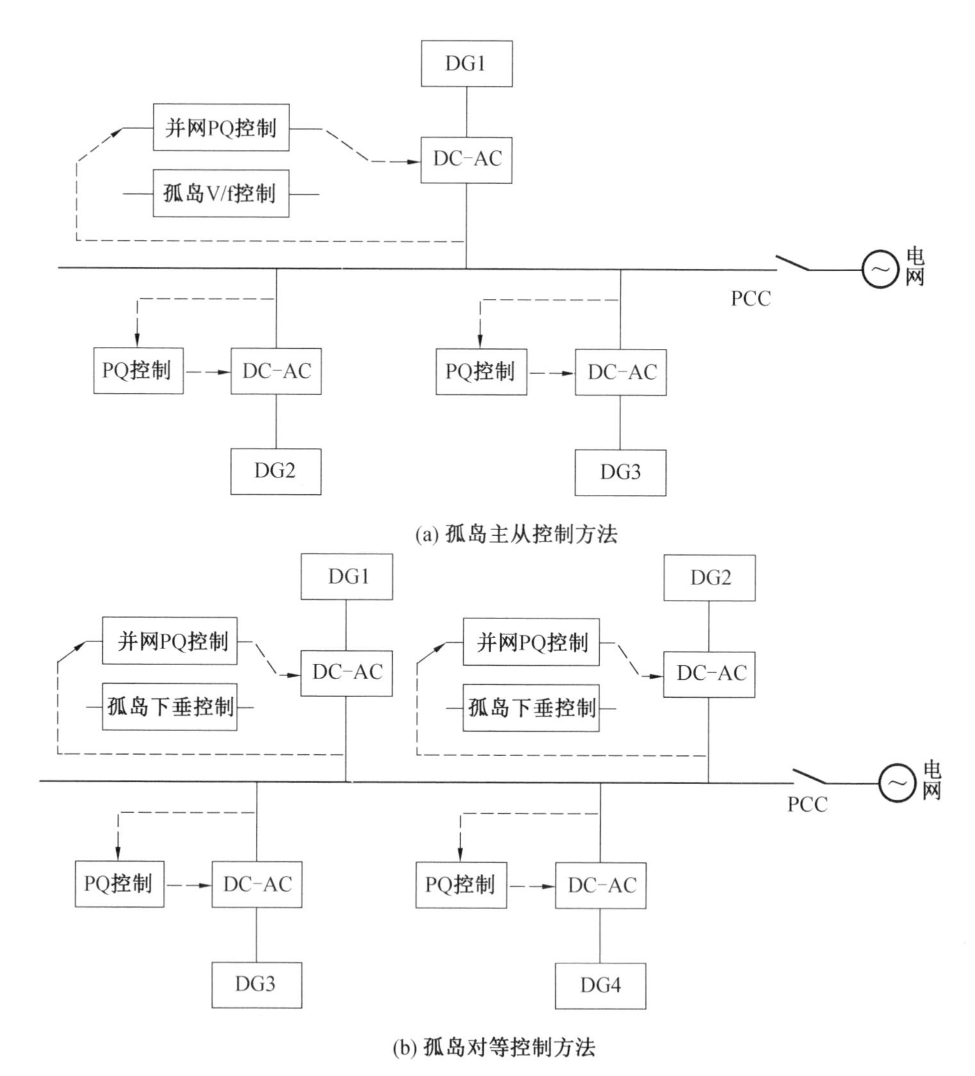

(a) 孤岛主从控制方法

(b) 孤岛对等控制方法

图 4.1　微电网模式切换传统控制方法

4.1.2　PCC 限流切换方法

限制冲击电流最为简单实用的方法就是串联限流电阻，但是在并网点处增加限流电阻会增加微电网系统的能量损耗，降低效率。此外由于冲击电流的大小与微电网系统容量、控制策略、器件工作速度和线路阻抗等因素有关，因此限流电阻的阻值不易选取。

有学者在 PCC 处采用机械开关与一种新型 PWM 开关并联，基于开关电容

技术的交流 PWM 开关如图 4.2 所示。根据开关电容技术的基本原理，装置的等效电阻为 $1/fC$，通过控制装置中开关器件的开关频率即可改变 PCC 的等效电阻，开关频率越高则等效电阻越小，反之同理。在微电网处于并网模式时，机械开关闭合；在微电网处于孤岛模式时，机械开关断开，装置不工作；当微电网进行模式切换时，机械开关断开，装置开始工作，根据运行情况适当调节其等效电阻来限制切换过程中的暂态冲击电流。此方法将开关电容技术引入微电网的 PCC 中，通过动态调节 PCC 等效电阻来限制模式切换过程的电流冲击，不必改变微电网内逆变器的传统控制策略，适应性强，简单有效。但该方法在 PCC 处设计了额外的电力电子装置和控制系统，使系统的成本增加，体积增大。

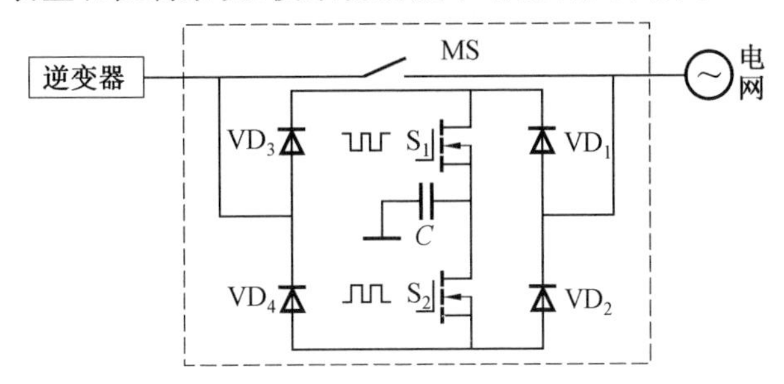

图 4.2　基于开关电容技术的交流 PWM 开关

4.1.3　V/f 与 PQ 组合控制方法

有学者指出，传统切换方法中两套控制器存在输出状态差异是产生切换冲击的原因。并网运行时 PQ 控制器工作，孤岛运行时 V/f 控制器工作，二者的输出量是不同的。当模式切换发生时，两套外环控制器输出量的差异会造成内环输入突变，从而引起切换过程的冲击。基于状态跟随的切换控制策略如图 4.3 所示，其包含一个负反馈环节，是一种能够使两种控制器输出量保持一致的控制策略，切换时内环控制器的输入不会产生跳变。这种方法能有效减少切换过程中由状态差异导致的振荡，但实现较为复杂，对切换时机要求很高，没有考虑到静态开关动作也是造成暂态冲击的主要原因之一。

有学者提出了一种电压电流加权控制策略，如图 4.4 所示，在模式切换过程中并网和孤岛控制器通过加权系数同时发挥作用。为了抑制并网瞬间的电压畸变，在并网电流型控制的基础上加入了加权后的孤岛电压控制环节；为了抑制孤岛切换瞬间的电流冲击，在孤岛电压型控制的基础上加入了加权后的并网电流控制环节。该切换策略在孤岛和并网的稳态运行过程中分别采用了传统 V/f 和 PQ 控制方法，在模式切换过程中通过加权系数将两种方法融合在一起，在抑制

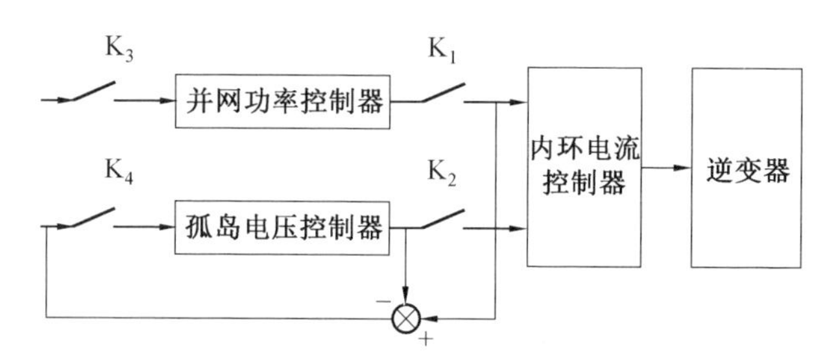

图 4.3　基于状态跟随的切换控制策略

电压和电流过冲方面得到了较好的效果。但是该方法共需要 4 种控制器，较为烦琐；加权系数对控制效果和系统稳定性影响很大，且又不易确定。

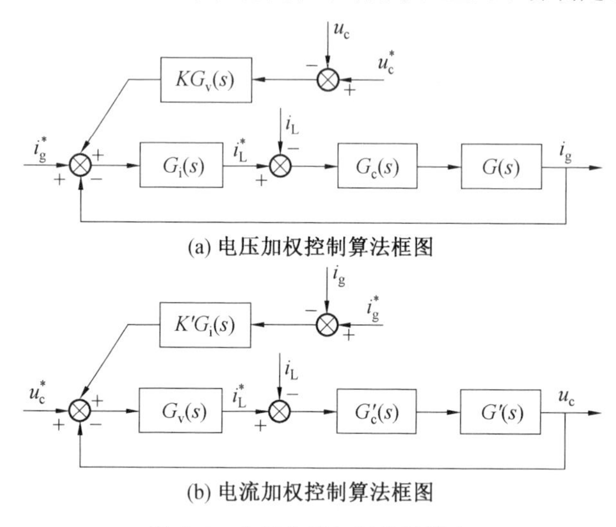

图 4.4　电压电流加权控制策略

4.1.4　电压型并网控制方法

对于传统的微电网控制方法，在微电网的并网模式中，逆变器采取电流型控制；在微电网的孤岛模式中，至少要有一台逆变器变为电压型控制。这种控制方式的转变必然导致切换过程的暂态冲击与振荡。如果主逆变器在并网和孤岛时都采用电压型控制，即在全运行过程中控制方式不变，那么就可以有效减小模式切换对微电网系统的影响。

如图 4.5 所示，有学者提出了一种电压型并网控制方法，通过并网电压间接控制并网电流，利用谐波检测和重复控制改善并网电流波形质量。但该方法采用锁相环检测电网相位，对控制精度要求较高，锁相误差将导致极大的环流，此

外，该方案并未给出并网功率的调节方法。

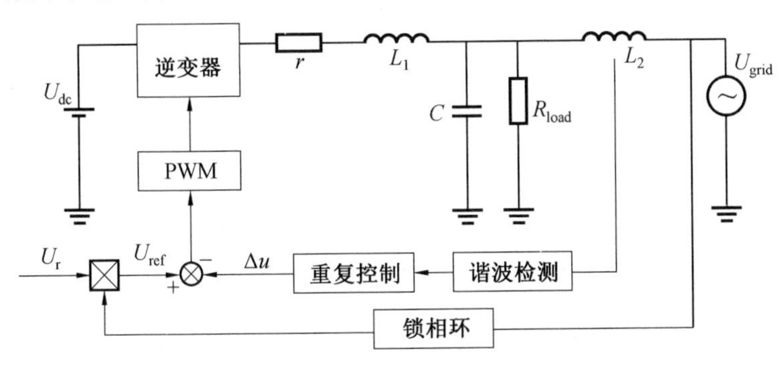

图 4.5　改善并网电流的一种电压型并网控制方法

如图 4.6 所示，有学者提出了一种利用 MPPT 微调并网电压相位的光伏电压型并网控制方法，不但能弥补锁相环检测误差，而且能控制光伏逆变器向电网输送最大功率，但没有给出如何分别调节有功功率和无功功率，不能进行有效的功率控制。

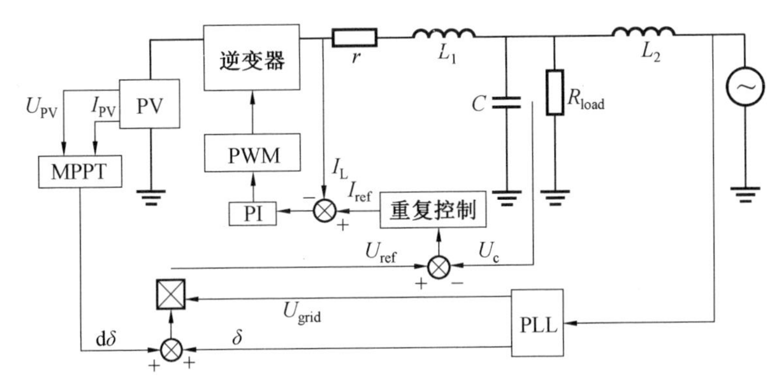

图 4.6　利用 MPPT 微调并网电压相位的光伏电压型并网控制方法

如图 4.7 所示，有学者提出有功功率和无功功率解耦的电压型并网控制方法，通过调节光伏阵列电压实现最大功率跟踪，光伏阵列电压给定值与实际值经过 PI 调节作为有功功率给定，控制逆变器输出最大有功功率，同时无功功率输出给定值，实现了功率的解耦。但该方法所采用光伏逆变器为比较简单的单级结构，无法适用于更为常用的两级结构等其他逆变器。此外，该方法必须保证逆变器与电网直接连线阻抗为感性才能成立。

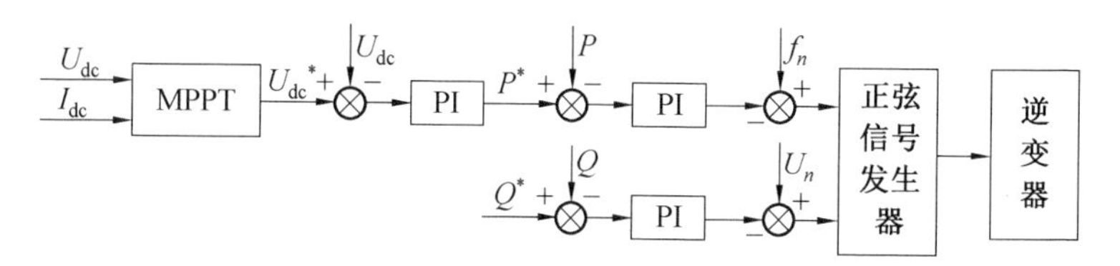

图 4.7　功率解耦的电压型并网控制方法

以上电压型并网控制方法有利于逆变器在两种运行模式间自由平滑切换，但均未进一步给出其孤岛运行及模式切换过程的控制方法。

4.1.5　下垂并网控制方法

下垂控制通常用于微电网孤岛模式，实现逆变器的对等并联。下垂控制属于电压型控制方法，通过微调逆变器输出频率和电压来分别实现对有功功率和无功功率的控制。有学者提出将下垂控制应用于逆变器的电压型并网控制系统，达到逆变器在两种运行模式间无缝切换的目的。

有学者在并网和孤岛运行时均采用下垂控制，在各种运行模式下只有一种控制策略，降低了控制难度并避免了控制策略的切换，从而减小了切换冲击，但没有考虑到电网参数的扰动会引起逆变器输出功率偏离额定值；有学者提出自适应调节下垂系数的下垂控制来克服电网的扰动，保持逆变器输出功率恒定，但该方法功率控制依然不够精确，且下垂系数的大小影响系统的动态特性和稳定性，确定后不宜进行改变；有学者提出在下垂控制中增加额定点调节环，电网电压和频率发生变化时维持逆变器输出功率不变，但未论述传输线路阻抗对并网功率的影响，且该方法基于简化逆变器模型，并未研究适用于具体分布式电源变换器拓扑的控制策略。

4.2　模式切换暂态分析

在传统控制方法中，微网在并网运行时通常以大电网为支撑，各逆变器采用PQ控制提供并网功率，本质上属于电流型控制；在孤岛运行时由于失去了来自大电网的正弦电压，微网逆变器必须切换为V/f控制以独立建立起合格的正弦电压，本质上属于电压型控制。这种控制方法在并网和孤岛两种模式下能够分别满足稳态运行要求，但模式切换的暂态过程中难以避免产生振荡和冲击，具体原因分析如下。

4.2.1　控制策略突变

为简化分析，采用最基本的直流电源接全桥逆变器进行控制状态的分析，逆变器控制策略切换图如图4.8所示。当并网运行时，逆变器采用PQ控制，在图中表现为电流单环控制，令逆变器输出电流 i 跟踪给定值 i_{ref}。此种方法是并网逆变器最为常用的并网控制方法，电流型控制使逆变器相当于一个电流源，输出阻抗大，不易产生环流，通过直接控制输出电流改变输出功率，控制简单。

切换为孤岛运行时，PQ控制仅仅控制输出电流，是无法维持负载电压稳定的，必须切换为V/f控制，在图中表现为加入电压外环，控制负载电压 u 跟随给定值 u_{ref}，从而实现孤岛状态下负载电压和频率的稳定。

在切换为并网运行时，V/f控制属于电压型控制，逆变器相当于电压源，输出阻抗小，与电网并联时容易产生极大环流，所以通常需要再次切换为PQ控制并网。

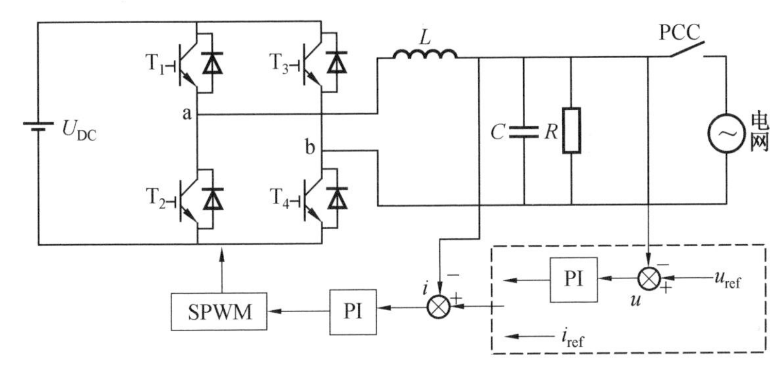

图4.8　逆变器控制策略切换图

综上所述，在控制策略的切换过程中，电流内环的给定在 i_{ref} 和电压外环的PI输出间进行切换。两者在运行过程中的状态不一致，控制策略的粗暴切换必将导致电流环给定出现跳变，从而引起逆变器的振荡与冲击。此外，PQ控制中电流环的PI作用是跟踪给定电流，而V/f控制电流内环的作用是提高系统响应速度，同一套PI参数无法使这两种不同的控制策略均达到最好的控制效果。

4.2.2　硬件延迟

逆变器进行模式切换，控制器一方面要完成控制策略的转换，另一方面要发送静态开关的控制指令，控制器模式切换指令图如图4.9所示。通常控制器的工作速度很快，控制策略的转换与开关指令的发出几乎是同时的。但是逆变器

与电网连接状态的改变是通过硬件来完成的，静态开关收到指令后的执行动作有一定的延迟。

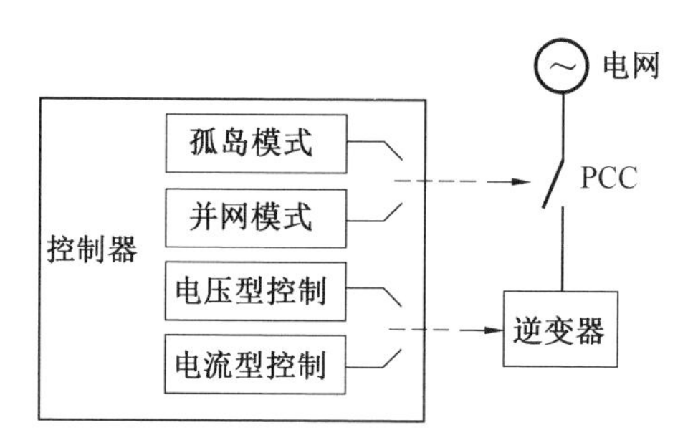

图 4.9　控制器模式切换指令图

众所周知机械开关的反应不够灵敏，动作延迟时间通常很长，目前绝大多数文献均不采用机械开关作为 PCC，而是采用由一对反并联晶闸管构成的静态开关。这种静态开关虽然响应速度更快，但相比于控制器的指令仍然是有延迟的。此外，晶闸管作为半控型器件不具有自关断能力，必须等待阳极与阴极外部的反压，在接到关断指令后最多可延迟半个工频周期。

综上所述，逆变器的模式切换要滞后于控制策略的改变。为简化分析，假设逆变器输出量能够完全跟踪给定值，负载为 R。

孤岛到并网模式切换如图 4.10(a)所示，t_1 之前逆变器采用 V/f 控制工作在孤岛模式，逆变器输出电压为给定电压 u_{ref}，输出电流为 u_{ref}/R。在 t_1 时刻，逆变器切换为 PQ 控制，由于静态开关动作的延迟，在 t_2 时刻才闭合。所以在 t_1 和 t_2 之间，逆变器输出电流为给定值 i_{ref}，输出端电压不可控，由输出电流和负载值共同决定，大小为

$$u_{inv}=i_{ref}R \tag{4.1}$$

在 t_2 时刻之后，静态开关完成闭合动作，逆变器采用 PQ 控制工作在并网模式，逆变器输出端电压与电网电压 u_{grid} 相等，输出电流为电流给定值 i_{ref}。

并网到孤岛模式切换如图 4.10(b)所示，t_1 之前逆变器采用 PQ 控制工作在并网模式，逆变器输出端电压为电网电压 u_{grid}，输出电流为给定电流 i_{ref}。在 t_1 时刻，逆变器切换为 V/f 控制，由于静态开关动作的延迟，在 t_2 时刻才断开，所以在 t_1 和 t_2 之间，逆变器输出端电压依然被电网钳制为 u_{grid}，此时逆变器相当于一个电压源与电网并联，输出电流不可控，大小与二者的电压差异、逆变器输出阻抗及线路阻抗 Z 等因素有关，有

$$i_{inv}=\frac{u_{ref}-u_{grid}}{Z} \tag{4.2}$$

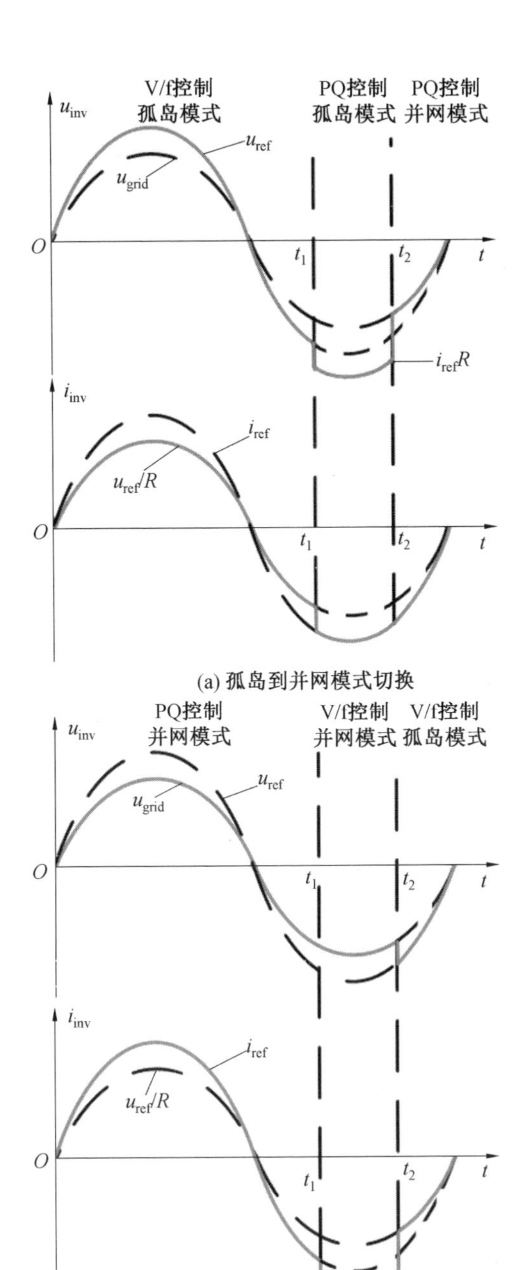

(a) 孤岛到并网模式切换

(b) 并网到孤岛模式切换

图 4.10　模式切换暂态图

通常电压型逆变器输出阻抗很小，线路阻抗也很小，易产生极大环流，此时输出电流达到最高限幅值 i_{max}。在 t_2 时刻之后，静态开关完成断开动作，逆变器采用 V/f 控制工作在孤岛模式，逆变器输出端电压为给定电压 u_{ref}，输出电流为 u_{ref}/R。

4.3 交流微电网电压运行模式无缝切换控制

4.3.1 孤岛至并网模式切换

从孤岛切换到并网时，需要闭合静态开关，并从图 2.1 所示孤岛控制策略切换到图 3.17 所示并网控制策略。由于孤岛运行时逆变器的频率和电压幅值由下垂方程和本地负载决定，因此必将与电网频率、相位和电压幅值存在差异。为了减小切换瞬间的冲击，并网前逆变器输出电压的各物理量应尽可能与电网一致，预同步必不可少。

如图 4.11(a)所示，逆变器电压为 U_0，输出有功功率为 P_0，此时运行于 a 点；预同步启动时，检测到电网电压为 U_{grid}，孤岛运行时功率由负载决定，输出有功功率仍为 P_0，可平移下垂曲线，使逆变器工作于 b 点，使并网前逆变器的电压与电网电压相等。频率的预同步过程同理，如图 4.11(b)所示。

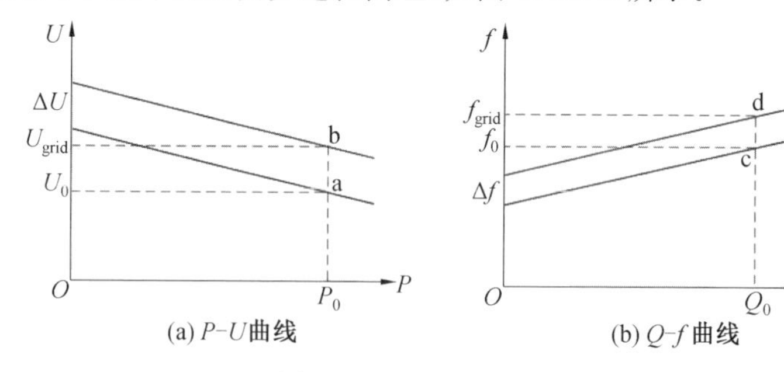

图 4.11　预同步下垂曲线

当逆变器频率与电网一致时，二者的相位不一定一致；但当逆变器的相位始终与电网一致时，二者的频率一定一致。所以，通过检测逆变器与电网的相位和电压的方法实现预同步。f_0 的平移量为

$$\Delta f_{syn}=\left(k_{p\theta}+\frac{k_{i\theta}}{s}\right)(\theta_{grid}-\theta) \tag{4.3}$$

式中，$k_{p\theta}$ 和 $k_{i\theta}$ 分别为 PI 调节器的比例、积分系数；θ_{grid} 为电网相位；θ 为逆变器相位。

U_0 的平移量为

$$\Delta U_{sys}=\left(k_{pU}+\frac{k_{iU}}{s}\right)(U_{grid}-U) \tag{4.4}$$

式中，k_{pU} 和 k_{iU} 分别为 PI 调节器的比例、积分系数；U_{grid} 为电网电压幅值。

将上述平移量叠加到孤岛下垂控制中，得到孤岛预同步下垂方程为

$$f=f_0+\left(k_{p\theta}+\frac{k_{i\theta}}{s}\right)(\theta_{grid}-\theta)+k_q(Q-Q_0) \tag{4.5}$$

$$U=U_0+\left(k_{pU}+\frac{k_{iU}}{s}\right)(U_{grid}-U)-k_p(P-P_0) \tag{4.6}$$

式中，$\theta_{grid}(s)=\dfrac{2\pi f_{grid}(s)}{s}$；$\theta(s)=\dfrac{2\pi f(s)}{s}$。可以得到

$$\begin{aligned}f(s)&=\frac{2\pi k_{p\theta}s+2\pi k_{i\theta}}{s^2+2\pi k_{p\theta}s+2\pi k_{i\theta}}f_{grid}(s)+\frac{s^2 f_0(s)}{s^2+2\pi k_{p\theta}s+2\pi k_{i\theta}}+\frac{k_q s^2[Q(s)-Q_0(s)]}{s^2+2\pi k_{p\theta}s+2\pi k_{i\theta}}\\&=\frac{2\pi k_{p\theta}s+2\pi k_{i\theta}}{s^2+2\pi k_{p\theta}s+2\pi k_{i\theta}}\frac{f_{grid}}{s}+\frac{sf_0}{s^2+2\pi k_{p\theta}s+2\pi k_{i\theta}}+\frac{k_q s(Q-Q_0)}{s^2+2\pi k_{p\theta}s+2\pi k_{i\theta}}\end{aligned} \tag{4.7}$$

$$\begin{aligned}\theta(s)&=\frac{2\pi k_{p\theta}s+2\pi k_{i\theta}}{s^2+2\pi k_{p\theta}s+2\pi k_{i\theta}}\theta_{grid}(s)+\frac{2\pi s f_0(s)}{s^2+2\pi k_{p\theta}s+2\pi k_{i\theta}}+\frac{2\pi s k_q[Q(s)-Q_0(s)]}{s^2+2\pi k_{p\theta}s+2\pi k_{i\theta}}\\&=\frac{2\pi k_{p\theta}s+2\pi k_{i\theta}}{s^2+2\pi k_{p\theta}s+2\pi k_{i\theta}}\frac{\theta_{grid}}{s}+\frac{2\pi f_0}{s^2+2\pi k_{p\theta}s+2\pi k_{i\theta}}+\frac{2\pi k_q(Q-Q_0)}{s^2+2\pi k_{p\theta}s+2\pi k_{i\theta}}\end{aligned} \tag{4.8}$$

所以预同步频率和相位的稳定值为

$$\lim_{t\to\infty} f(t)=\lim_{s\to 0} sf(s)=f_{grid} \tag{4.9}$$

$$\lim_{t\to\infty} \theta(t)=\lim_{s\to 0} s\theta(s)=\theta_{grid} \tag{4.10}$$

由式(4.6)可得

$$\begin{aligned}U(s)&=\frac{k_{pU}s+k_{iU}}{(k_{pU}+1)s+k_{iU}}U_{grid}(s)+\frac{sU_0(s)}{(k_{pU}+1)s+k_{iU}}-\frac{k_p s[P(s)-P_0(s)]}{(k_{pU}+1)s+k_{iU}}\\&=\frac{k_{pU}s+k_{iU}}{(k_{pU}+1)s+k_{iU}}\frac{U_{grid}}{s}+\frac{U_0}{(k_{pU}+1)s+k_{iU}}-\frac{k_p(P-P_0)}{(k_{pU}+1)s+k_{iU}}\end{aligned} \tag{4.11}$$

预同步电压的稳定值为

$$\lim_{t\to\infty} U(t)=\lim_{s\to 0} sU(s)=U_{grid} \tag{4.12}$$

上述数学推导证明了下垂控制中增加的预同步环节能够使逆变器输出频率、相位和电压有效跟踪电网，从而为并网做好准备。

4.3.2 并网至孤岛模式切换

当传统的光伏并网发电系统发生孤岛效应时，光伏发电系统需要停止运行并脱离电网。但是微网作为分布式能源的新型运行方式，它的孤岛效应与传统

光伏并网发电系统不同。在大电网发生故障时，微网不是简单地停止运行，而是自动转换为孤岛运行模式，继续为本地负载供电，既提高了负载供电的可靠性，又充分利用了分布式能源。当微网中光伏逆变器从并网切换到孤岛时，只需断开静态开关，并从图 3.17 所示并网控制策略切换到图 2.1 所示孤岛控制策略。

4.3.3 实验与分析

基于改进下垂控制的逆变器模式切换实验波形如图 4.12 所示。图中，u_{inv} 为逆变器输出电压；i_{inv} 为逆变器输出电流；i_{load} 为负载电流；u_{grid} 为电网电压；i_{grid} 为并网电流。负载挂接在逆变器上，再通过静态开关与电网连接，本地负载功率为 280 W，并网给定功率为700 W。图 4.12(a)为孤岛与并网全过程运行实验波形，0～0.9 s 时为孤岛运行，逆变器输出稳定的电压独立为本地负载供电，输出电流与负载吸收电流相等，并网电流为 0；在 0.9 s 时静态开关闭合，从孤岛运行切换为并网运行，负载挂接在电网与逆变器之间；0.9～7.7 s 为并网运行，负载由电网和逆变器共同支撑，逆变器输出功率逐渐增大为给定功率700 W，其中的 280 W功率依然被负载吸收，多余能量被馈入电网中；7.7～8 s 时静态开关断开，由并网运行转换为孤岛运行，逆变器与负载从电网中切除，逆变器仅为负载提供能量，输出功率变为280 W，不再向电网馈入能量，并网电流为 0。图 4.12(b)为孤岛至并网切换暂态波形，图 4.12(c)为并网至孤岛切换暂态波形。由图可知，孤岛与并网模式相互切换的过渡过程平滑无冲击，未发生过压、过流和波形畸变现象，能够持续不间断地为负载供电，始终保持较高的供电质量，且逆变器输出电压、逆变器输出电流、并网电流和负载电流波形质量较好。实验结果验证了所提出的控制策略实现了运行模式的无缝切换，有效避免了模式切换过程的暂态冲击，可完成平滑连续的全过程运行。

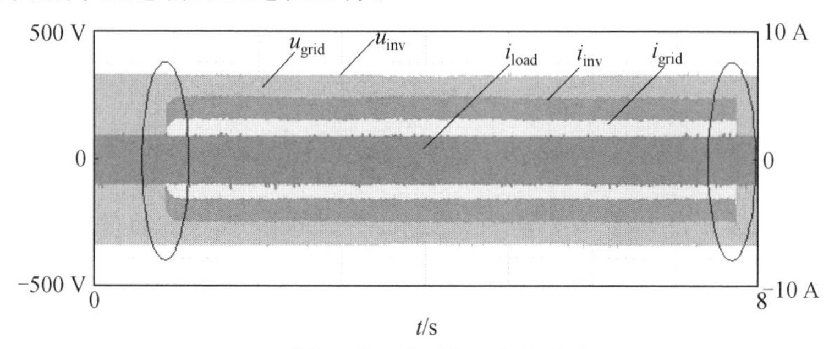

(a) 孤岛与并网全过程运行实验波形

图 4.12 基于改进下垂控制的逆变器模式切换实验波形

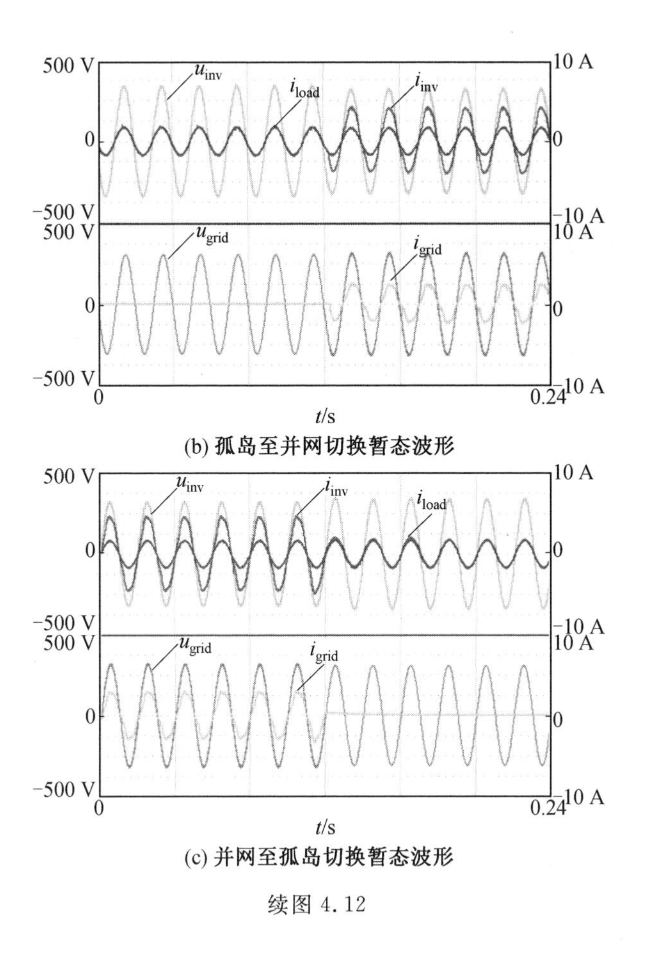

(b) 孤岛至并网切换暂态波形

(c) 并网至孤岛切换暂态波形

续图 4.12

4.4　交流微电网统一运行模式无缝切换控制

4.4.1　逆下垂控制

由于电流型并网优异的动态特性和运行稳定性，本节的无缝切换控制策略将基于传统电流型并网控制策略展开。由上节分析可知，下垂控制属于电压型控制器，因而无法直接应用于电流型控制器的设计。同时，逆变器处于离网运行时需要可靠的电压支撑，无法直接应用传统的电流控制器。因而，如何建立基于下垂控制的电流型离网控制器是关键所在。下垂控制的本质是建立电压的幅相和功率出力的线性关系，传统下垂方程采用逆变器输出功率出力作为入口变量，生成电压参考。本节提出的电流型无缝切换控制策略也利用传统下垂的幅相一线性关系，但逆用下垂方程，即将逆变器输出电压幅值作为入口变量，生成功率参考，在保证离网功率均分的同时，在电流型控制的前提下实现电压支撑。逆下垂方程表达式为

$$P_n = P_{0n} - k_{pn}(U_n - U_{0n}) \tag{4.13}$$

4.4.2 切换控制策略整体设计

图 4.13 为电流型无缝切换控制策略框图，离网控制如图 4.13(a)所示。有功下垂外环采用前面提出的逆下垂控制，无功功率环与阻性离网下垂的无功功率环相同，表达式为

$$\begin{cases} f_n = f_{0n} + k_{qn}(Q_n - Q_{0n}) \\ P_n = P_{0n} - k_{pn}(U_n - U_{0n}) \end{cases} \tag{4.14}$$

逆变器输出的电压幅值作为入口变量，由逆下垂方程生成逆变器输出有功功率的参考信号。有功功率作为前级的参考信号，除以光伏输出电压作为光伏输出电流的参考信号，经过 PI 控制器生成前级 Boost 电路开关管驱动信号，实现前级恒功率输出。由于逆下垂方程建立了逆变器输出有功功率和逆变器输出电压幅值的线性关系，因而与传统的有功下垂方程相同，控制策略仍然具有并联逆变单元有功功率均分的控制效果。直流母线电压通过后级稳定，经由 PI 控制器生成逆变器输出电流的幅值参考。由逆变器输出无功功率生成频率参考，经过积分得到逆变器参考相位。根据正弦相位和幅值参考，获得逆变器输出电流的参考信号。采用交流侧滤波电感电流进行反馈，与参考信号比较后，经过准比例谐振控制器生成全桥逆变电路的驱动信号。

对于电流型无缝切换控制策略，并网模式采用传统电流型控制，控制框图如图 4.13(b)所示。前级采用 MPPT 控制，实现光伏单元出力的最大化。直流母线电压通过后级稳定，经过 PI 控制器生成逆变器输出电流的幅值参考，前后级功率通过直流母线的充放电实现动态平衡。电网电压经过锁相环电路，得到电网的相位信号。逆变器输出电流经过准比例谐振(Proportional Resonant，PR)控制器生成全桥逆变电路驱动信号。

由图 4.13 的控制框图可以看到，提出的电流型无缝切换控制策略保证了离并网统一的电流控制器，满足了无缝切换控制的技术前提。同时，直流母线电压在离网和并网状态下均由后级进行稳定，直流母线环与内环的准 PR 控制器在离并网状态下保证了控制结构的高度一致性。由切换前后的控制策略比较可以看出，前级控制差异仅存在于有功功率参考：离网时相位由逆变器输出电压经过逆下垂方程产生，并网时由 MPPT 控制输出最大功率，本质上均属于恒功率控制。

后级控制差异仅存在于逆变器输出电流的相位参考：离网时相位由无功下垂方程产生，并网时采用锁相环获得电网的相位。同时，离并网切换瞬态前的预同步过程将保证逆变器输出相位和电网相位保持一致。因此，就理论分析角度而言，提出的电流型无缝切换控制策略可以最大限度地保证逆变器的离并网无缝切换。

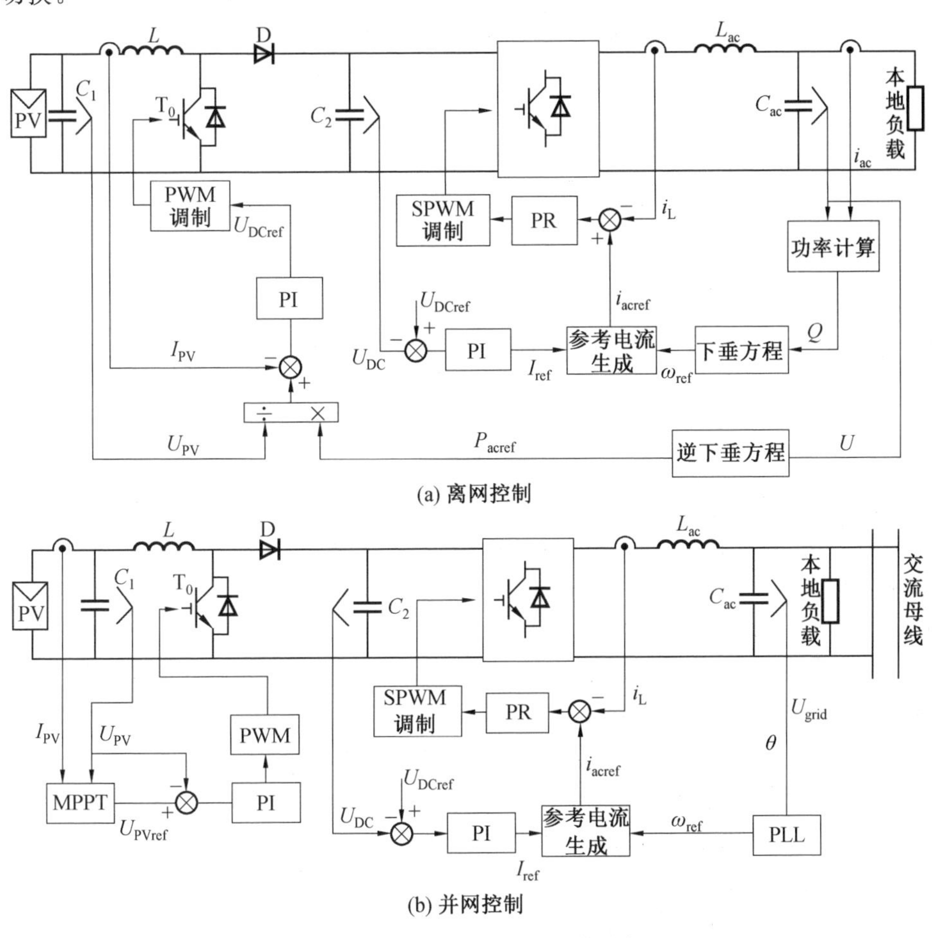

图 4.13 电流型无缝切换控制策略框图

4.4.3 实验与分析

图 4.14 为两台逆变器并联瞬间的实验波形。1 号逆变器和 2 号逆变器本地负载分别为 500 Ω 和 120 Ω，本地负载消耗功率分别约为 100 W 和 400 W。

2.06 s 之前两台逆变器均处于离网运行模式，同时 2 号逆变器加入主机预

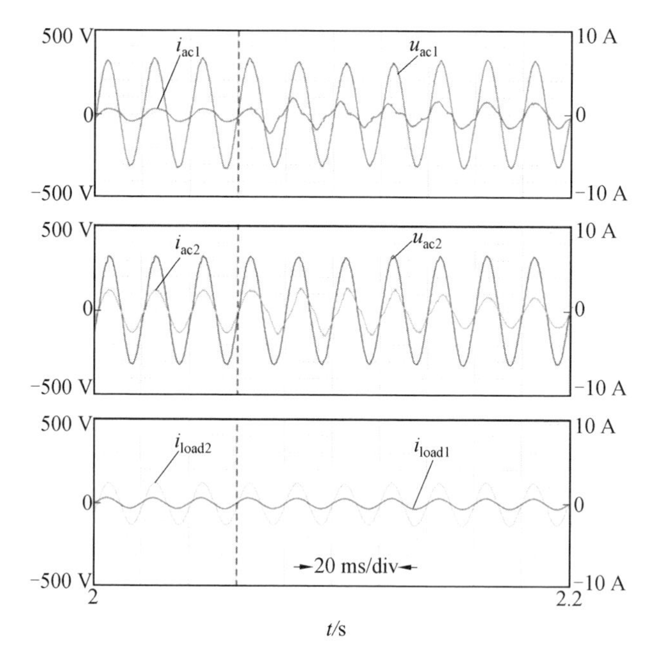

图 4.14　两台逆变器并联瞬间的实验波形

同步动作，其相位逐渐向 1 号逆变器相位靠近。预同步判断程序在 2.06 s 判断预同步成功，触发并联动作，并联静态开关吸合，同时上位机控制 2 号逆变器去掉预同步程序。2.06 s 后，两台逆变器在提出的离网控制策略下实现并联运行。由实验波形可以看出，2.06 s 之前，1 号逆变器输出电流为 0.45 A，2 号逆变器输出电流为 1.8 A。2.06 s 切换为并联运行之后，经过 3 个周波的调节过程，1 号逆变器和 2 号逆变器实现功率均分，各输出 250 W 功率为本地负载供电。在这个过程中，本地负载电流维持稳定，保证了并网组网过程中的供电可靠性。

图 4.15 为两台逆变器并联运行的稳态实验波形。5～5.2 s 两台逆变器处于离网并联运行状态。由实验结果可以看出，1 号逆变器和 2 号逆变器在并联运行状态下均分功率，输出电压电流不存在波动，可以实现稳定的并联运行。同时，本地负载中电流保持稳定，正弦度良好，供电稳定。

图 4.16 所示为两台逆变器由孤岛并联运行到独立运行的切换瞬间实验波形。8.06 s 之前，两台逆变器处于孤岛并联运行状态，同时为本地负载供电，各输出约 1.1 A 电流。8.06 s 时通过拨动开关控制并联静态开关断开，两台并联逆变器断开独立运行，分别输出 0.45 A 和 1.8 A 电流为本地负载独立供电。由实验波形可以看出，两台逆变器输出电压电流在切换瞬态过渡平滑，同时本地负载中电流稳定，保证了供电可靠性。由此可以验证控制策略适用于逆变器并联

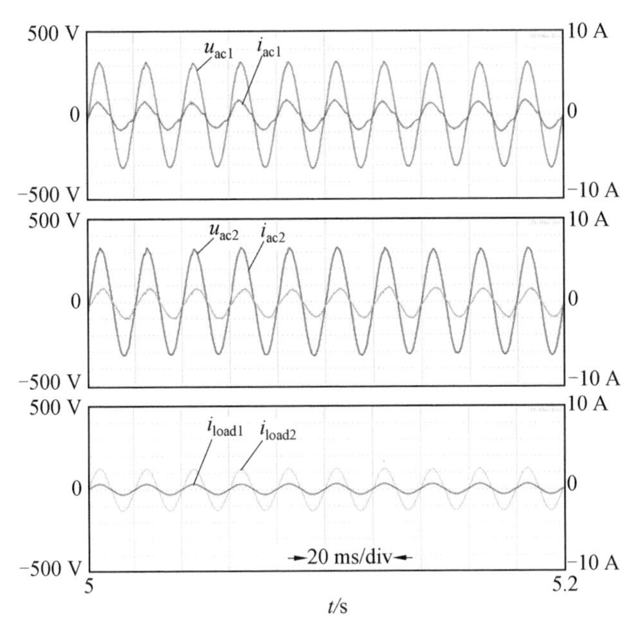

图 4.15　两台逆变器并联运行的稳态实验波形

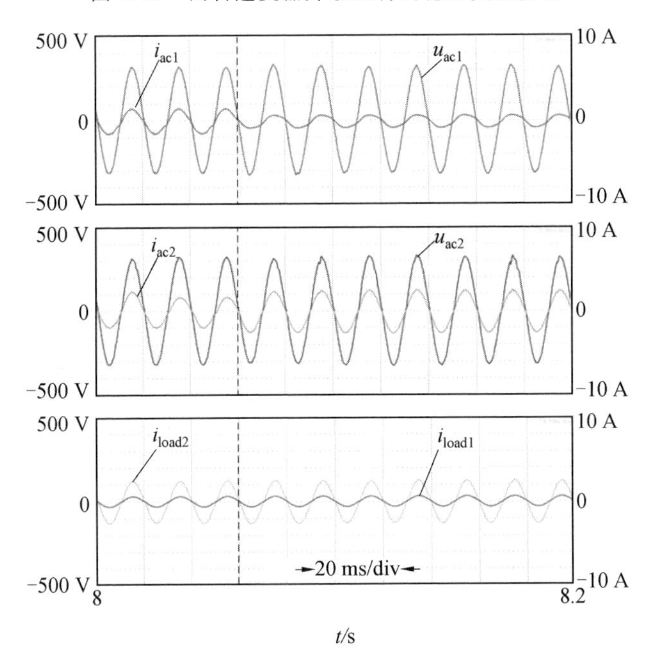

图 4.16　两台逆变器由孤岛并联运行到独立运行的切换瞬间实验波形

系统控制，在逆变器组网扩展方面具有良好的功率调节作用。

本章小结

本章在对比分析传统微电网逆变器运行模式切换方法的基础上，给出了引起切换过程产生振荡和冲击的两个主要原因，即控制策略突变和硬件延迟。同时，分析了两种新型模式切换控制策略，保证逆变器在全部运行模式中均采取电压型控制，且在孤岛至并网切换时增加了相位控制环和电压控制环构成预同步环节，在并网至孤岛切换时直接改变控制策略，保证了切换过程的顺滑过渡，从根本上消除了切换冲击。

第5章

直流微电网分布式协同控制技术

直流微电网可容纳多种类型微源,每种微源具有不同的工作状态,并由此组成系统的运行模式。每个运行模式下系统都应该满足直流微电网输出电压稳定、功率平衡,并保证可向系统中重要负载不间断供电。因此,有必要对直流微电网内部的不同单元进行有效组织、协调控制,同时在对各单元运行状态进行切换时,应尽量确保其切换过程平滑、无冲击,以实现直流微电网系统稳定、高效和安全运行。

5.1　直流微电网基本控制原理

直流微电网系统中的电力电子变换器主要由DC－DC变换器构成，其中光伏单元基本的变换器为Boost升压变换器，储能单元基本的变换器为Buck/Boost双向变换器，光伏单元变换器通常可运行在最大功率跟踪和恒压下垂运行模式，储能则可进行充放电控制。下面对直流微电网系统内基本电能变换原理、运行状态无缝切换、协同运行控制方法进行介绍。

5.1.1　直流微电网系统组成

图5.1为典型的低压单母线型直流微电网结构。系统主要包含了分布式发电(DG)单元、储能(Energy Storage，ES)单元、并网变换器(Grid-Connected Converter，GCC)和负载及其变换器等，并将负载分为重要负载和非重要负载两类。由于系统中包含了多个分布式发电单元和储能单元，因此系统具有冗余功能，当某个发电单元发生故障时，不至于影响整个系统的基本运行。该系统采用单母线结构连接各分布式发电单元、储能单元、并网变换器及负载。系统内能量不足或有剩余时，可通过并网变换器从交流电网获取能量或向交流电网馈送能量，并根据并网变换器工作与否将直流微电网的工作方式分为并网运行和离网运行两个基本模式。该系统的控制架构采用无中心控制器的分布式控制方式，慢速通信网络可用于进行二次控制、能量优化等。

以下是对系统中各单元的具体介绍：

(1)分布式发电单元。

微电网可有效组织分布式发电单元，并解决其分散接入电网时产生的种种问题。分布式发电单元通常包括光伏发电单元、风力发电单元和燃料电池发电单元等。其中光伏发电为最常见的一种可再生清洁能源利用方式，具有易于安装、技术成熟、寿命长等优点。相比于风力发电，光伏发电单元的输出电能为直

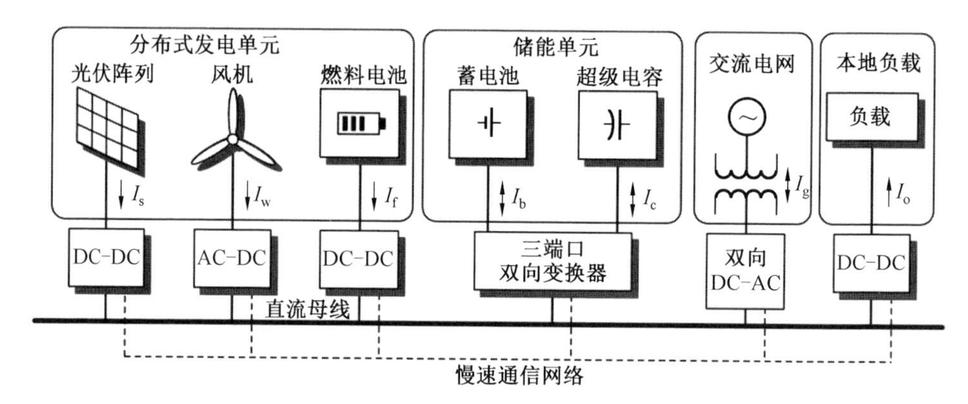

图 5.1 典型的低压单母线型直流微电网结构

流，将其应用在直流微电网中时，可直接使用 DC－DC 变换器连接至直流母线，不再需要 DC－AC 或 AC－DC 变换器（AC－DC Converter），减少了转换环节。因此本章选用光伏发电作为直流微电网的主要分布式发电单元。根据光伏电池的输出特性，其输出存在一个最大功率点，因此在直流微电网并网运行时，光伏发电单元变换器可工作在最大功率跟踪模式，以尽可能多地捕捉光能，但系统与电网能量交换时的最大功率也与并网变换器配置容量有关；在系统离网运行时，光伏发电单元应依据系统能量平衡关系输出对应电能。

(2)储能单元。

相对于传统电力系统，微电网使用大量电力电子变换器和分布式发电单元，导致其具有功率波动大和惯性小等特点，而这些特点将对供电安全构成直接威胁。在直流微电网中，储能单元的参与可协调系统中分布式发电单元和负载之间的功率平衡。尤其在使用大量光伏发电单元的情况下，在夜晚或阴天的情况下，储能单元可对系统提供重要的能量补充。同时，储能单元也可大大增加直流微电网系统的运行惯性，为系统的稳定运行起保障作用。储能形式种类众多，如抽水蓄能、飞轮储能、超导储能等。本书选用技术相对成熟的蓄电池作为主要储能元件，同时考虑到其固有限制，使用超级电容与其构成混合储能。利用蓄电池容量密度大、功率密度小的特点，令其对系统中的能量平衡进行长时调节；利用超级电容功率密度高的特点，在系统中存在较大功率波动时，令其进行短时缓冲。两者互为补充，从而保证直流微电网的供电安全和供电质量。本章将首先以蓄电池构成的储能单元为对象研究系统的协调控制方法。

(3)并网变换器。

目前传统电网依然以交流为主，为了使直流微电网与交流大电网进行能量交换，需通过双向 DC－DC 并网变换器进行电能变换。并网变换器的容量与直

流微电网容量设计有关，在考虑电能市场的情况下，并网发电电价也关系到并网变换器的容量配置及运行策略。从系统模式运行的角度来看，并网变换器在系统内能量不足时，应进行整流运行，通过大电网向直流微电网提供能量；在系统内能量有剩余时，可进行逆变运行，将直流微电网中多余能量提供给交流大电网；在大电网故障或计划性离网运行时，并网变换器则停止运行。

(4)负载及其变换器。

依据负载的供电类型，可将负载分为直流负载和交流负载两类。直流微电网中应以直流负载为主，但为了提高兼容性，也可允许存在少量交流用电设备，并使用并联在直流母线上的 DC－AC 逆变器进行电能转换。直流负载则依据不同的电压等级，可直接与直流母线连接或通过一级降压直流变换器进行供电。依据负载的重要程度，可将负载分为重要负载和非重要负载两种。非重要负载主要包括加热、非重要区域照明等非关键用电设备，可在直流微电网内能量不足时予以切除。在本章的设计中，非重要负载在系统电能充足时正常运行，在系统能量不足时可通过非重要负载变换器(Non-Critical Load Converter，NLC)调节进行降功率运行。

(5)通信网络。

为了实现微电网系统的二次控制、优化调度，可设置中心控制器及其通信网络，实现系统内各单元的监测、调节和黑启动等功能。近几年，不设置中心控制器的分布式控制成为微电网运行控制的研究热点，分布式控制将中心控制器的功能转移到各单元的本地控制器中执行，可有效避免因中心控制器故障而引起的整个系统崩溃。同时，由于微电网各单元相对分布，采用慢速通信将更有利于系统的扩展。本书利用上述分布式控制对直流微电网的下垂控制进行优化改进，具体的内容将在第 6 章中介绍。

5.1.2　Boost 变换器原理

本节介绍一种高增益二阶 Boost 变换器，其结构如图 5.2 所示。它与传统 Boost 电路的不同在于该电路使用两只电感和三个二极管取代了传统 Boost 电路中的一个电感，具有转换增益高的优点，具体分析如下。

在开关管的开通与关断时刻中，二极管 D_1、D_2、D_3 可有序地导通与截止，使电感 L_1、L_2 产生并联充电与串联放电的工作状态，从而提高了升压增益。图 5.3 为高增益升压电路工作状态分解。图中，U_o 为变换器输出电压；U_g 为输入电压；I_L 为电感平均电流；i_C 为电容电流。

模式 1 中，开关管导通，二极管 D_1、D_2 导通，D_3、D_4 截止，电源 U_g 同时向电感

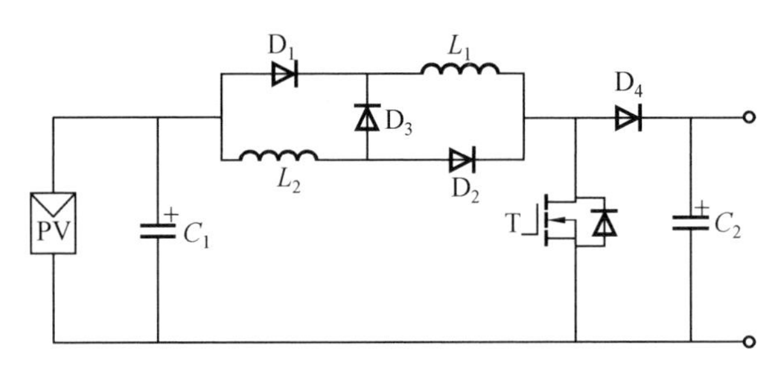

图 5.2　高增益二阶 Boost 变换器结构

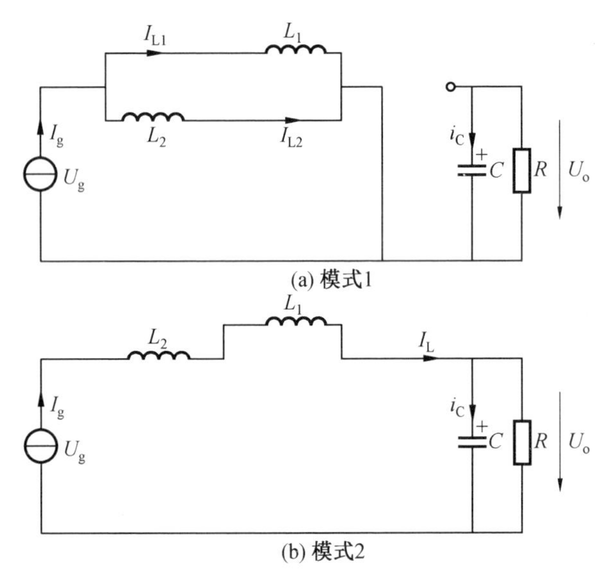

图 5.3　高增益升压电路工作状态分解

L_1、L_2 供电，电容 C 向负载供电，L_1 与 L_2 为并联关系，此时有

$$u_L = u_g \tag{5.1}$$

$$i_C = -\frac{U_o}{R} \tag{5.2}$$

$$I_g = I_{L1} + I_{L2} = 2 \times I_L \tag{5.3}$$

模式 2 中，开关管关闭，D_1、D_2 截止，D_3、D_4 导通，电源和电感 L_1、L_2 同时向负载和电容供电，L_1 与 L_2 为串联关系，此时有

$$u_L = \frac{u_g - u_o}{2} \tag{5.4}$$

$$i_C = i_L - \frac{U_o}{R} \tag{5.5}$$

$$I_g = I_L \tag{5.6}$$

根据以上公式有

$$\frac{U_o}{U_g} = \frac{1+D}{1-D} \tag{5.7}$$

式中，D 为开关管的占空比。

可以看出此电路结构的升压变换器增益比传统 Boost 变换器增益高很多。

5.1.3 光伏发电单元 MPPT 跟踪方法

光伏阵列在特定环境下的 $P-U$ 特性曲线呈近似抛物线形状，因而存在一个与其工作电压对应的唯一最大功率点。这样，当逆变器调节光伏阵列的工作电压到达 $P-U$ 特性曲线中对应的最大功率点位置时，即可实现对光伏阵列的最大功率跟踪。可见，最大功率跟踪是一个实时和动态的自寻优过程，可使光伏阵列在不同的光照强度和环境温度中都工作在最大功率点处。下面介绍几种比较常用的 MPPT 跟踪方法。

1. 定电压跟踪法

定电压跟踪法是一种简单实用的最大功率跟踪算法，在光伏阵列环境温度较为稳定的情况下，光伏阵列的最大功率点对应的工作电压与开路电压存在一定关系，约为光伏阵列开路电压 U_{oc} 的 0.8，因此只要控制光伏阵列工作在这个电压附近，即可保证光伏阵列的输出功率在最大功率点附近。由于定电压跟踪法不动态改变光伏阵列工作电压，因此有利于逆变器工作的稳定性，但是该方法忽略了光伏阵列外部环境温度对光伏阵列 $P-U$ 曲线的影响，一般只应用于较为廉价和简单的光伏逆变器中。

2. 扰动观察法

扰动观察法的思想是通过周期性地对光伏阵列的输出电压施加扰动，并计算当前光伏阵列的输出功率，将其与扰动前一时刻保存的功率进行比较，决定下次扰动电压的方向。如果本次功率大于上次功率，则说明扰动方向正确，继续按照这一方向以一定步长增加或减小光伏阵列的输出电压；如果本次功率小于上次功率，则说明扰动方向错误，应按照相反的方向增加或减小光伏阵列的输出电压。与定电压跟踪法相比，扰动观察法可以动态地跟踪光伏阵列的最大功率点，且控制方法简单易实现，因此在实际中得到普遍应用。扰动观察法的跟踪速度与精度主要受到扰动步长的影响。

3. 电导增量法

电导增量法是利用光伏阵列的 $P-U$ 曲线近似抛物线的特点以及一阶导数

求极值的数学思想，通过对公式 $P=UI$ 求全导实现。由于在抛物线的极值处 $\Delta P/\Delta U=0$，因此 $\Delta I/\Delta U=-I/U$，即当输出电导的增量等于输出电导的负值时，光伏阵列工作在最大功率点处。与扰动观察法相比，电导增量法使用电流与电压的变化率作为判断条件的参量，稳定性较好，控制精度也较高。在实际的应用中，由于受到采样精度的限制，一般将判断条件设为 $\Delta P/\Delta U\leqslant\varepsilon$，即当 $\Delta P/\Delta U$ 小到一定程度时，则认为到达最大功率点。

光伏单元的 MPPT 跟踪方法有很多，除了上述的传统控制方法外，利用智能控制理论还衍生出如模糊逻辑控制法、神经元网络控制法、单周控制法、滑模控制法等非线性控制算法。

中小功率光伏并网逆变器在实现对光伏阵列的最大功率跟踪时，常常引入一个 DC－DC 环节，通过改变 DC－DC 变换器开关管的占空比，调节其输入电流，进而起到调节光伏阵列工作电压的作用。使用 Boost 电路作为 DC－DC 环节，一方面可以将光伏阵列输入电压升压后送入逆变器的后级 DC－AC 环节，另一方面可以完成最大功率跟踪功能。与单级式逆变器相比，MPPT 算法在 DC－DC 侧单独完成，实现了 DC－DC 级进行最大功率跟踪和 DC－AC 级进行并网逆变的解耦控制，并提高了逆变器的输入电压范围。

5.1.4 并联单元恒压下垂控制方法

如前所述，直流微电网中往往存在多个光伏发电单元和储能单元，以实现冗余功能。当同一类型的多台微源同时工作在恒压模式下时，多个并联的电压型变换器由于输出电压、线缆阻抗等差异，往往输出功率不均。在不失普遍性的情况下，下面以两台容量相同的并联电压型变换器为例对上述原因进行解释。图 5.4 为两套电压型直流变换器并联等效电路。图中，r_{o1}、r_{o2} 分别表示两台变换器各自的输出阻抗大小；r_{c1}、r_{c2} 分别为两台变换器到公共联络点的线缆阻抗大小；u_{dc1} 和 u_{dc2} 分别为变换器＃1 与变换器＃2 线缆后端电压；u_{dc1}^{*} 和 u_{dc2}^{*} 分别为两台变换器的给定初始电压值；i_1、i_2 和 i_{load} 分别为两台变换器的输出电流和负载电流。

变换器＃1 与变换器＃2 的线缆后端电压、电流关系可由下式表达：

$$\begin{cases}u_{dc1}=u_{dc1}^{*}-(r_{o1}+r_{c1})i_1\\u_{dc2}=u_{dc2}^{*}-(r_{o2}+r_{c2})i_2\end{cases}\tag{5.8}$$

由于并联后两台变换器的端口电压相等，且有 $u_{dc1}^{*}=u_{dc2}^{*}$，将其代入式(5.8)，可得变换器＃1 与变换器＃2 输出电流的比例关系为

$$\frac{i_1}{i_2}=\frac{r_{o2}+r_{c2}}{r_{o1}+r_{c1}}\tag{5.9}$$

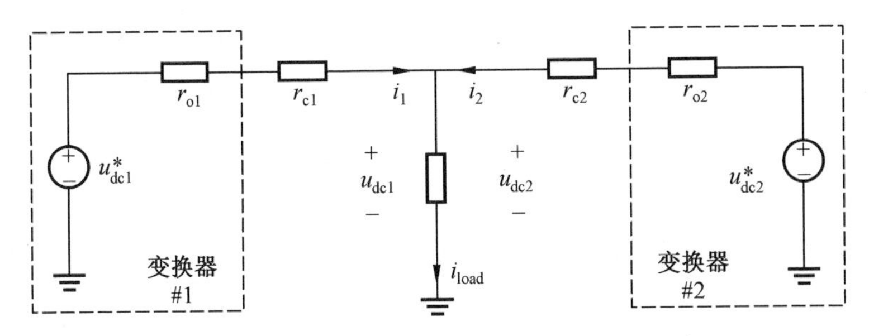

图 5.4　两台电压型直流变换器并联等效电路

可见，各变换器输出电流与其输出阻抗和对应线缆阻抗成比例关系。一般情况下，闭环控制变换器的输出阻抗很小，而两台并联变换器到公共连接点之间的线缆往往存在阻抗差异，很可能会导致负载功率分配失衡。

直流下垂控制的大致原理是在其电压闭环控制的给定中增加一个线性比例的电流反馈环路，当负载变化引起变换器输出电流变化时，其输出电压也将跟随电流变化。相当于人为扩大了变换器的输出阻抗，使其远大于变换器外接线缆阻抗，即有

$$r_{oj} \gg r_{cj}, \quad j=1,\ 2 \tag{5.10}$$

这时有

$$\frac{i_1}{i_2} \approx \frac{r_{o2}}{r_{o1}} \tag{5.11}$$

这样通过下垂控制就可以实现并联变换器输出电流的均分或成比例分配，从而达到输出功率合理分配的目的。直流下垂控制原理可表示为

$$u_{dc}^* = u_{ref} - r_d \cdot i_o \tag{5.12}$$

式中，u_{ref}为直流电压源的电压初始给定值；i_o为变换器输出电流；r_d为下垂系数；u_{dc}^*为经过下垂控制调节后的电压给定参考值。

式(5.12)中 r_d可看作是一个虚拟电阻，其值的选取依赖电压源容量和直流母线电压等级，可由下式得出：

$$r_d = \Delta u_{dc} \times (u_{dc} - \Delta u_{dc}) / P_r \tag{5.13}$$

式中，Δu_{dc}为直流母线电压 u_{dc}允许浮动的范围大小；P_r为变换器的额定功率。

从式(5.13)可以看出，下垂控制实际上属于开环控制，并会导致变换器输出特性变软。在设计下垂系数时，应首先确定系统运行在下垂模式时直流母线电压允许的浮动范围，然后依据参与下垂控制变换器的容量和数量确定下垂系数。从而在负载功率发生变化时，保证直流母线电压在允许的范围内浮动，并在此基础上实现对不同额定功率变换器输出功率的合理分配。

由于直流下垂控制无须通信互联线，各参与单元无主次之分，实现了并联发电单元间的对等控制，并可有效避免主从控制带来的不利，实现系统内微源的即插即用，因此更适合应用在直流微电网系统中。

5.2 光伏发电单元无缝切换控制方法

5.2.1 光伏发电单元工作模态分析

为了实现直流微电网内各单元的协调运行，应在确定各单元的工作状态的前提下，依据各单元的不同运行状态，组合成系统运行模式。首先，依据直流微源的特性，可将各单元的工作状态分为电压模式和电流模式两大类。各单元工作在电压模式时，引入 5.1.4 节下垂控制实现功率均分，并可称之为恒压下垂(Constant Voltage Droop，CVD)状态。蓄电池和并网变换器则在以上工作状态的基础上，依据其能量流向进一步分为充/放电和整流/逆变状态。

光伏发电单元与储能单元的 $U-I$ 特性曲线如图 5.5 所示，并网变换器则与储能单元类似。由于加入了下垂控制，光伏发电单元、储能单元和并网变换器在恒压下垂状态时的输出端电压随电流增加而轻微降低。光伏发电单元会在电流达到一定程度时进入 MPPT 状态。储能单元和并网变换器则运行在双象限，并在达到容量限制时进入电流模式。

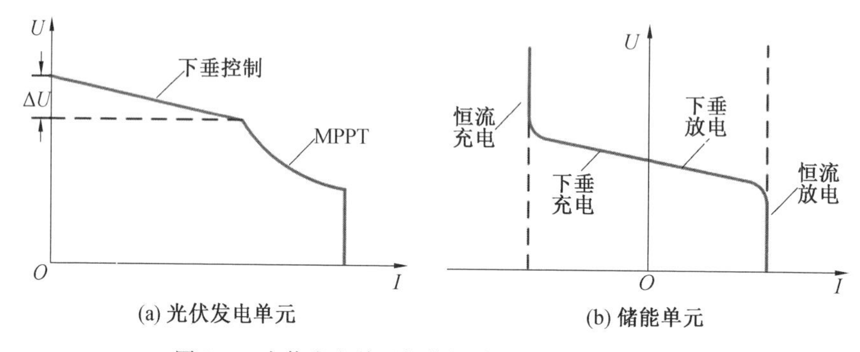

图 5.5 光伏发电单元与储能单元的 $U-I$ 特性曲线

综上，系统中各单元运行状态分类见表 5.1。

表 5.1　系统中各单元运行状态分类

单元	电压型	电流型
DG	CVD	MPPT
BE	充/放电	限流充/放电
GCC	并网逆变/整流	限流逆变/整流
NLC	降功率运行	正常运行

其中，分布式发电单元（DG）可工作在恒压下垂（CVD）状态以及 MPPT 状态；蓄电池单元（Battery Energy，BE）可工作在充/放电及限流充/放电状态，在超出蓄电池荷电状态的设置范围时则停机；并网变换器（GCC）可工作在并网逆变/整流状态以及限流逆变/整流状态；非重要负载变换器可工作在正常供电状态和降功率运行状态。由于可将各单元运行状态归纳为电压型和电流型两类，因此当某类型单元运行在恒压状态用于稳定直流母线电压时，其余单元则应工作在恒流状态。

直流微电网的系统运行模式可首先由并网变换器的工作状态划分为离网运行和并网运行两个基本模式。系统离网与并网运行切换条件如图 5.6 所示，一种情况是计划性切换，该切换指令需由系统上层控制发出；另一种情况则是系统内能量供求关系变化促使系统在离网和并网之间自主切换。

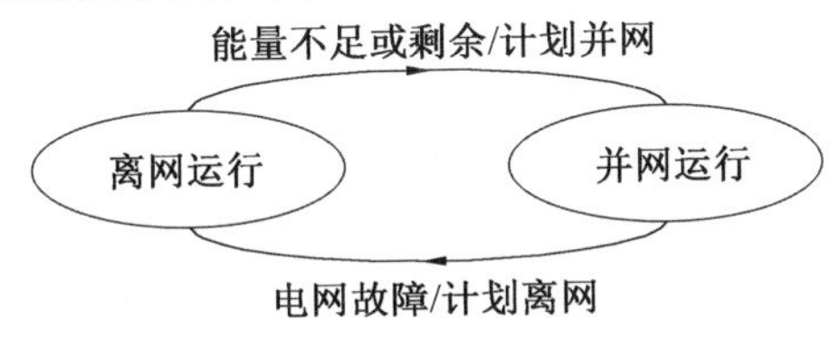

图 5.6　系统离网与并网运行切换条件

在此基础上，以不同类型系统单元分别稳定直流母线电压为原则，可依据各单元工作状态及基本的离并网运行模式对系统运行模式进一步划分，具体的分类将在下一节介绍。

5.2.2　光伏发电单元暂态切换暂态分析

图 5.7 为光伏发电单元变换器控制策略。其主要由 MPPT 控制和恒压下垂控制两部分组成，图中 r 为下垂系数，直流母线电压参考值 u_{ref_DG} 设定为 420 V。当系统母线电压处于其他电压等级时，光伏发电单元将处于 MPPT 控制状态，此时图 5.7 的上半部分发挥作用。MPPT 控制模块在获取变换器输入端的光伏阵

列电压值 u_{pv} 和电流值 i_{pv} 后，得到光伏阵列的电压给定参考值 u_{pv}^*，并通过一个电压闭环调节器调节光伏阵列电压至其参考值，使光伏发电单元工作在 MPPT 状态。

当光伏发电单元检测到直流母线电压 u_{dc_bus} 与 u_{ref_DG} 一致时，系统切换至恒压下垂控制。首先，将 u_{dc_bus} 与 u_{ref_DG} 进行比较，在下垂控制的参与下，将 u_{dc_bus} 与 u_{ref_DG} 送入电压闭环调节器，其输出产生电流内环给定信号 i_{dc}^*，将 i_{dc}^* 送入电流闭环调节器，最终产生相应的 PWM 信号驱动变换器开关管。其中电流闭环调节可提高光伏单元变换器的响应速度，改善其稳定母线电压效果。

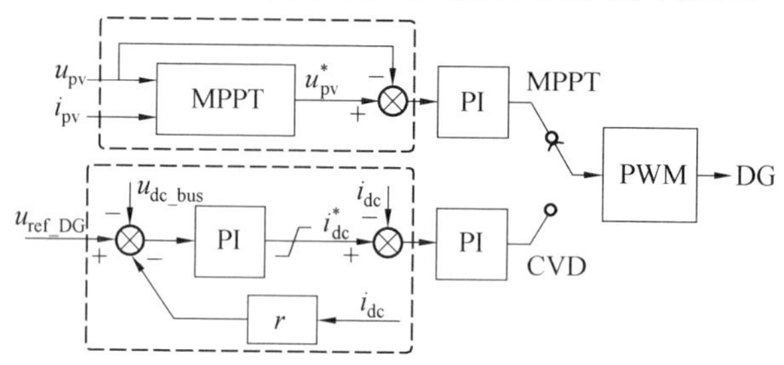

图 5.7　光伏发电单元变换器控制策略

光伏发电单元可运行在 MPPT 状态或恒压下垂状态，由图 5.7 可以发现，MPPT 控制策略依照最大功率跟踪模块所输出的参考电压信号，以调节变换器输入端电压（即光伏阵列输出电压）为控制目标，进而通过 PI 控制器输出调节信号送至 PWM 模块；而在恒压下垂状态中，是以稳定直流母线电压（即调节变换器输出端电压）为控制目标进行闭环调节，使其稳定在给定参考值。

虽然图 5.7 所示的独立式光伏发电单元控制策略具有简单、易实现的优点，但由于两个运行状态下的控制目标不同，且使用两套独立控制参数，因此在两个运行状态互相切换瞬间，无法保证两套独立的闭环调节环路的输出量在切换前后一致。因此，如果简单地将两个独立控制策略进行直接切换，切换过程 PWM 输出将发生跳变，导致不期望的电压和电流暂态问题。

综上，为了避免独立式控制策略切换带来的电压、电流暂态问题，有必要研究光伏发电单元运行状态的无缝切换方法，保证其在 MPPT 状态与恒压下垂状态切换时 PWM 模块输出连续无跳变，进而实现运行状态的平滑过渡。

5.2.3　基于下垂平移的无缝切换方法

由于在光伏发电单元控制策略中引入了下垂控制以解决多个并联光伏发电单元的功率均分问题，本节依据直流下垂控制的特点，提出一种基于下垂曲线平

移的直流微电网光伏发电单元运行状态无缝切换方法。

下垂曲线的平移原理可以看作是在其基本下垂方程的基础上添加一个额外的电压偏移量 Δu，进而改变光伏发电单元接口变换器的输出变量。其原理可由下式表示：

$$u^* = u_{ref\_dc} - ri_d + \Delta u \tag{5.14}$$

式中，u_{ref_dc}为变换器输出电压的给定基准值；r 为下垂系数；i_d为接口变换器的输出电流值；u^* 为经过下垂控制及平移调整后的电压参考值。

当光伏发电单元运行在恒压下垂状态时，直流母线电压由光伏发电单元稳定；当光伏发电单元运行在 MPPT 状态时，母线电压将由其他单元稳定。如果在其运行 MPPT 状态时不采用传统的 MPPT 控制方法，而是令其继续工作在恒压下垂状态，并采用式(5.14)对其下垂曲线进行平移，此时光伏发电单元的输出电流也可得到改变。

下垂曲线平移原理如图 5.8 所示，该图展示了上述情况下，下垂曲线平移法改变光伏发电单元变换器输出电流的工作原理。如图所示，此时直流母线电压由其他单元稳定在 u_0，在加入电压偏移量 Δu 后，下垂曲线由 a 移动到 b，相应地，变换器输出电流由 i_0变为 i_1。

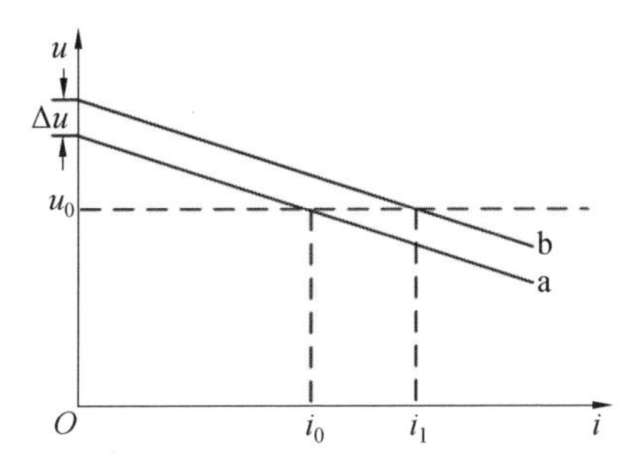

图 5.8　下垂曲线平移原理

而当母线电压发生浮动时，为了维持光伏发电单元变换器输出功率与输入功率匹配，可采用下垂曲线平移方法。母线电压变化时下垂曲线平移调节如图 5.9 所示，在直流母线电压由 u_0变至 u_1(u_2)时，若下垂曲线不变，则输出电流相应地由 i_0变至 i_1(i_2)。但是如果对下垂曲线进行相应平移，即从 a 调整至 b(c)，可以看到光伏发电单元变换器输出电流可维持在 i_0不变。

基于上述下垂曲线平移方法分析，可将 MPPT 模块产生的光伏阵列最大功率点参考电压与光伏阵列输出电压进行比较，通过电压闭环调节将作为下垂控制的偏移量送入下垂控制，最终实现对变换器的输出功率的调整以及对光伏最大功率点的跟踪。基于下垂曲线平移的最大功率点跟踪方法可由下式表示：

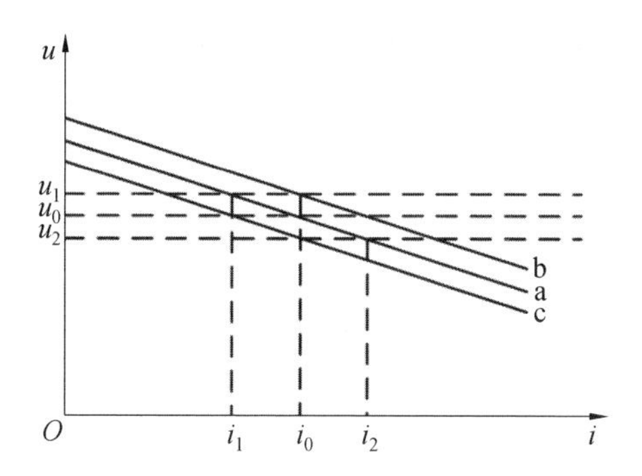

图 5.9　母线电压变化时下垂曲线平移调节

$$u^* = u_{\mathrm{ref\_dc}} - r i_{\mathrm{d}} - \left(k_{\mathrm{p}} + \frac{k_{\mathrm{i}}}{s}\right)(u_{\mathrm{ref\_pv}} - u_{\mathrm{pv}}) \tag{5.15}$$

式中，k_{p}和 k_{i}为光伏阵列电压调节器的控制参数；u_{pv}为光伏阵列输出电压；$u_{\mathrm{ref_pv}}$为 MPPT 模块产生的光伏阵列最大功率点对应的参考电压。

综上，可得直流微电网基于下垂平移的光伏发电单元无缝切换控制策略：①当光伏发电单元需要工作在恒压下垂状态时，设置下垂曲线平移量 Δu 为 0，光伏发电单元变换器内环控制所需的电压给定值 u^* 可由基本的下垂控制得出；②当光伏发电单元需要工作在 MPPT 状态时，变换器内环控制所需的电压给定值 u^* 由式(5.15)得出，最大功率模块可在闭环的调节下产生相应的电压偏移量 Δu，进而改变光伏发电单元变换器的输出电流，实现 MPPT。光伏发电单元无缝切换控制策略如图 5.10 所示，主要包括内环控制、下垂控制和 MPPT 模块三部分。

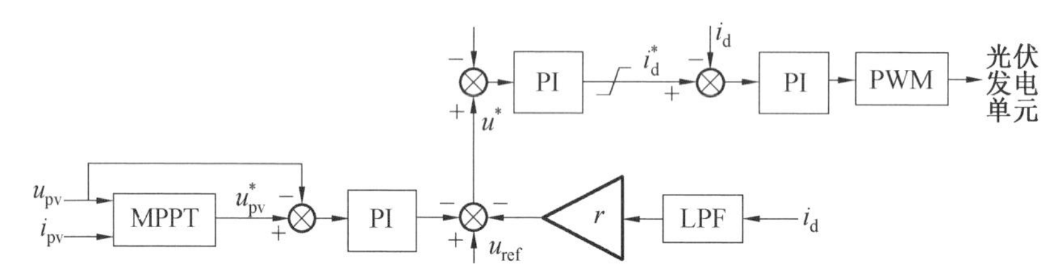

图 5.10　光伏发电单元无缝切换控制策略

在上述控制策略中，光伏发电单元变换器中的 PWM 模块信号始终由内环控制给出，不存在信号切换；系统的运行模式切换可通过下垂曲线的连续平移实现，进而实现运行状态的无缝切换。

5.2.4　无缝切换的实验验证

为了验证所提无缝切换控制策略的有效性，搭建了一个由光伏发电单元、并网变换器和直流负载组成的基本直流微电网系统。实验设备连接示意图如图

5.11所示，光伏发电单元可工作在恒压下垂状态独立向直流负载供电，也可工作在 MPPT 状态，并将多余能量通过并网变换器送入交流电网。

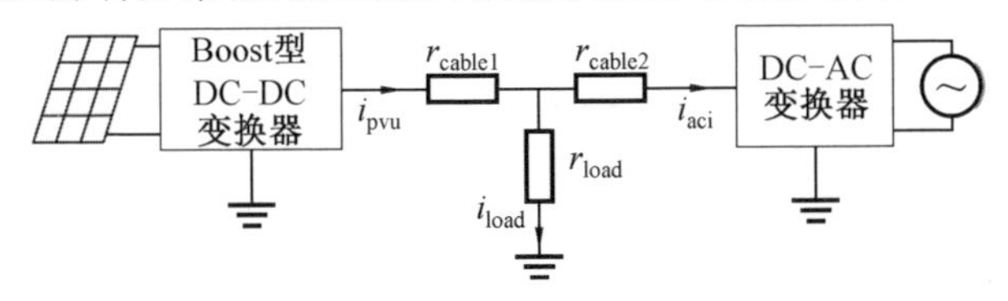

图 5.11　实验设备连接示意图

实验平台实物图如图 5.12 所示。图中，ⓐ为光伏模拟器；ⓑ为 Boost 型 DC－DC变换器；ⓒ为 STM32F103 控制器系统板；ⓓ为示波器；ⓔ为绕线式可调电阻；ⓕ为可编程交流电子负载。其中，利用光伏模拟器模拟光伏阵列的输出特性，将可编程交流负载设定在恒压模式，在母线达到其设定值时，可稳定直流母线并将多余能量逆变送入电网，从而实现并网变换器逆变并网功能。相关控制算法在微控制器 STM32F103 中执行，最大跟踪算法采用扰动观察法。变换器的给定电压基准值为 200 V，负载阻抗为 135 Ω，下垂系数为 5。

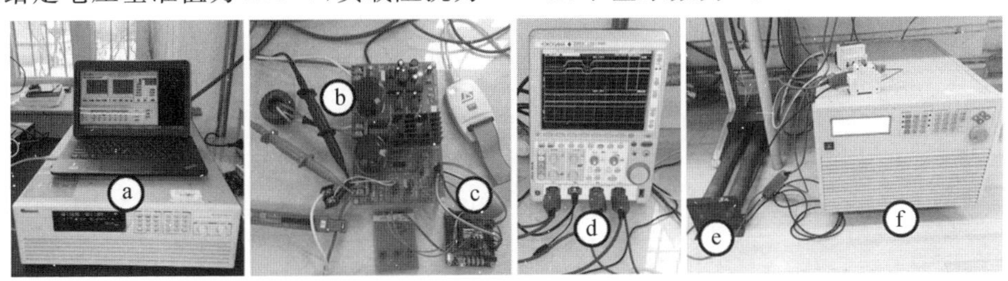

图 5.12　实验平台实物图

首先通过不同光照情况和母线电压浮动情况对所提基于下垂平移的 MPPT 控制性能进行了测试。图 5.13 为所提无缝切换控制策略下的 MPPT 测试结果。如图 5.13(a)、(b)所示，调节光伏模拟器相关配置参数，当模拟光伏阵列功率增加和最大功率点变化时，可以看到光伏发电单元在所提控制策略下迅速跟踪到新的最大功率点；如图 5.13(c)所示，当调节直流负载的设定电压值模拟直流微电网系统中母线电压浮动情况时，可以看到母线电压的变化并未影响到光伏发电单元对光伏模拟器最大功率点的跟踪。实验结果证明，所提控制策略可通过平移下垂曲线的方式跟踪和保持光伏阵列的最大功率点，与之前理论分析一致。进一步对比和测试了光伏发电单元分别在传统控制策略(独立式控制方法)和所提无缝切换控制策略下运行状态切换时的暂态性能。为了体现对比结果的客观性，两种方法的硬件参数与控制参数相同。

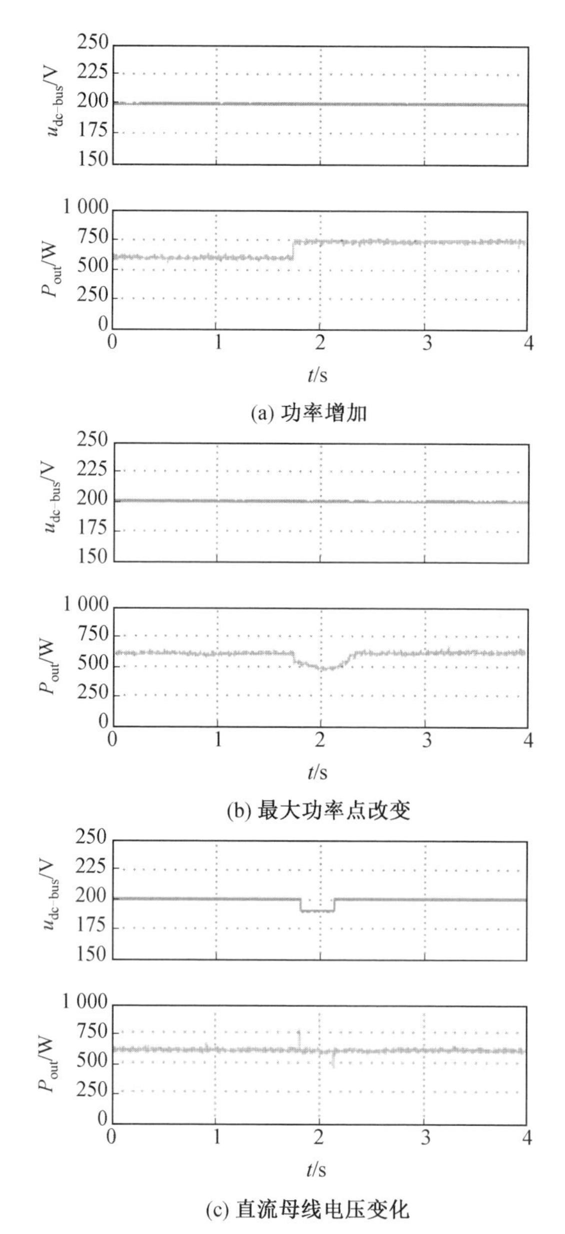

图 5.13　所提无缝切换控制策略下的 MPPT 测试结果

传统控制策略下的实验结果如图 5.14 所示，当采用独立式控制方法时，在系统由恒压下垂向 MPPT 工作状态切换的过程中，直流母线电压出现了较大的跌落；而在由 MPPT 向恒压下垂工作状态切换的过程中，变换器输出电流出现了

振荡。

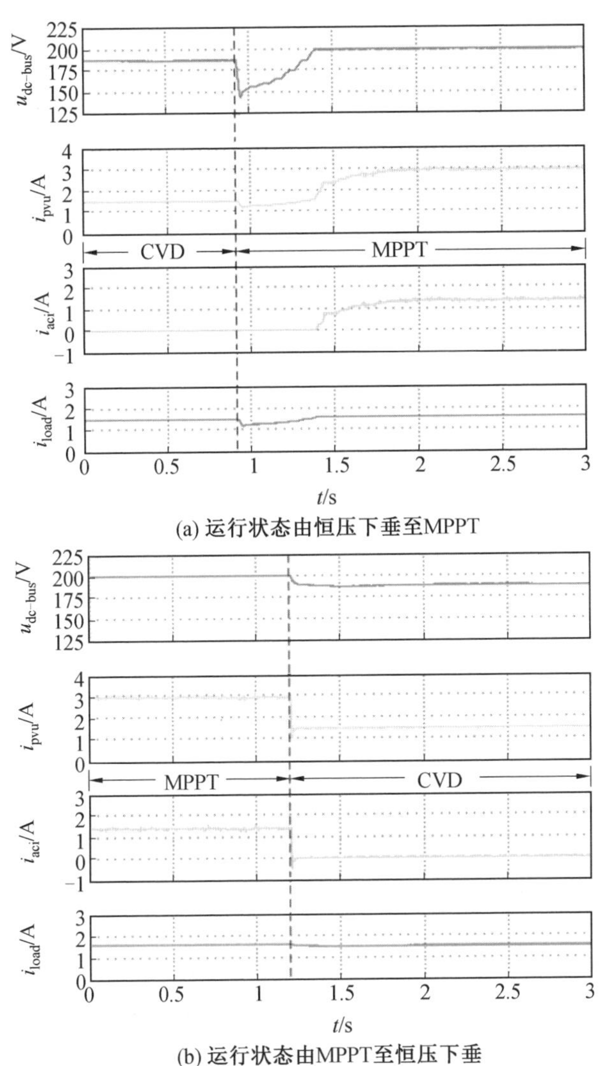

(a) 运行状态由恒压下垂至MPPT

(b) 运行状态由MPPT至恒压下垂

图 5.14　传统控制策略下的实验结果

所提无缝控制策略下的实验结果如图 5.15 所示，在工作状态相互切换过程中，直流母线电压和变换器输出电流均连续变化，未出现冲击，暂态性能良好，实现了无缝切换。

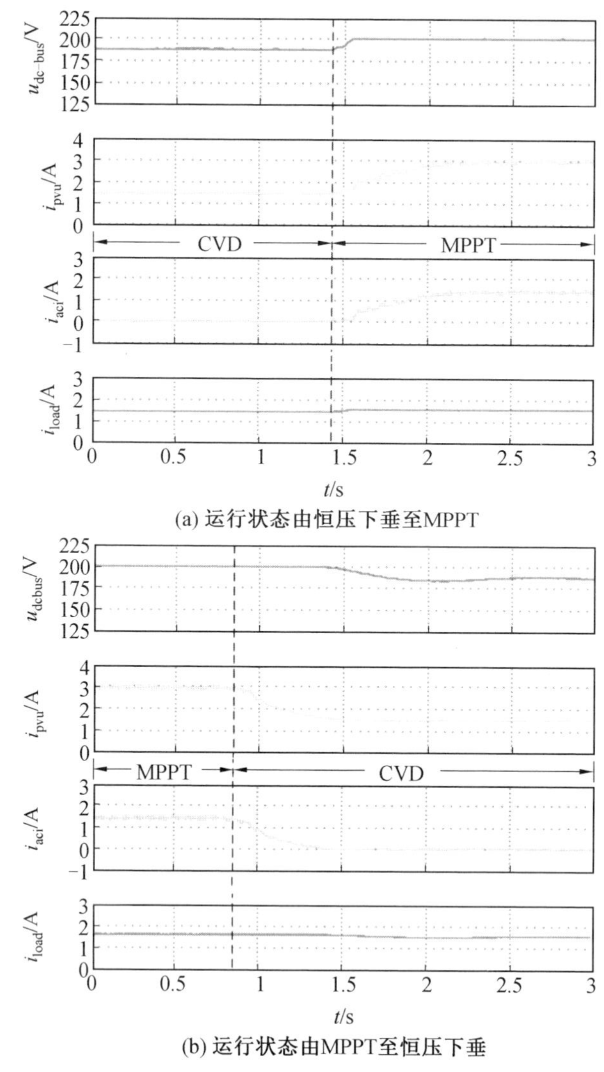

(a) 运行状态由恒压下垂至MPPT

(b) 运行状态由MPPT至恒压下垂

图 5.15　所提无缝切换控制策略下的实验结果

5.3　直流微电网协同运行方法

在前述内容基础上，本节对直流微电网系统离网、并网运行模式做进一步分析和合理安排，提出一种基于母线电压信息的系统离网、并网运行统一控制策

略。在对等控制的基础上，通过建立系统各单元统一切换判据，可在无中心控制器或上层控制干预的情况下，依据直流母线电压变化实现系统离网、并网的自主切换运行。同时，提出一种非重要负载降功率运行控制策略，令非重要负载变换器参与到稳定直流母线电压的环节中，增大系统稳定运行区间。

5.3.1　基于 DBS 的分布式运行方案

为了实现对系统离网、并网运行的统一控制，可在基于母线电压信息（DC Bus Signaling，DBS）的切换方案中同时加入系统离网、并网运行切换判据，同时应兼顾系统极端运行情况。在电网正常时，系统可在并网、离网之间依据各单元能量关系进行自主切换，并充分利用可再生能源。在电网故障时，系统可自主切换至离网运行状态，并考虑极端运行情况，在系统内能量不足时，系统中非重要负载可进行降功率运行。各运行模式依据设定母线电压进行切换，在某类发电单元无法稳定所在层级的母线电压时，系统可自动跳过该运行模式并向下一运行模式过渡，从而实现一套统一的直流微电网协调控制方案。

基于以上设计思路，可得如图 5.16 所示的系统母线电压等级与运行模式关系。在本方案中，将直流母线电压分为 5 个不同等级，依次由系统中指定类型单元稳定该阶段电压。其中模式Ⅱ和Ⅳ分别对应并网变换器的并网逆变状态和并网整流状态。当指定类型的稳压单元由于容量限制或能量变化切换至电流模式或停机时，该环节的稳压控制失效，母线电压会因此发生下降或上升，在达到另一个指定电压等级时，母线电压将由下一模式下所指定的单元稳定。

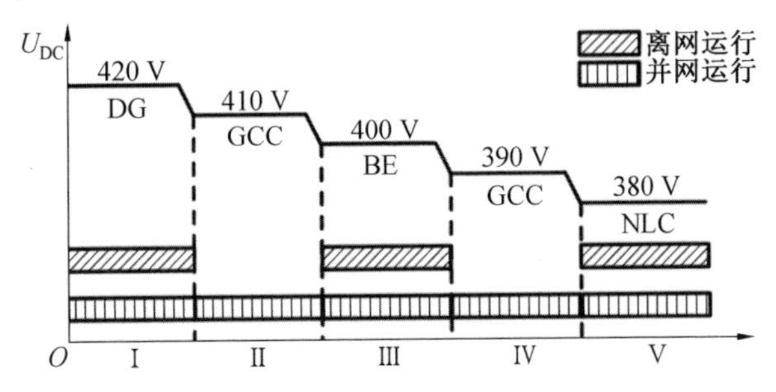

图 5.16　系统母线电压等级与运行模式关系

系统运行在上述 5 种模式下时，都应使母线电压维持在恒定状态，即系统在任何时刻都应维持各单元的能量供需平衡。下式给出了系统中不同单元在不同运行模式下的能量平衡关系：

$$\int_{t_0}^{t_5} P_{\text{Load1}}(t)\,\mathrm{d}t + \int_{t_0}^{t_5} P_{\text{Load2}}(t)\,\mathrm{d}t = \int_{t_0}^{t_5} P_{\text{DG}}(t)\,\mathrm{d}t + \int_{t_0}^{t_5} P_{\text{BE}}(t)\,\mathrm{d}t +$$

$$\int_{t_0}^{t_2} P_{GCC}(t)\mathrm{d}t + \int_{t_3}^{t_5} P_{GCC}(t)\mathrm{d}t \quad (5.16)$$

式中，$P_{DG}(t)$ 为分布式发电单元所发出的功率；$P_{BE}(t)$、$P_{GCC}(t)$分别为储能单元和并网变换器发出或吸收的功率；$P_{Load1}(t)$、$P_{Load2}(t)$分别为重要负载和非重要负载消耗的功率；$t_0 \sim t_5$为 5 种模式对应的运行时间。

5.3.2 直流微电网统一运行技术

从以上分析可以看出，系统内各单元能量供需变化会促使直流母线电压发生改变，但采用上述协调控制方案后，系统运行模式也会因此发生改变，并保证系统能量供需的整体平衡。系统中能量供需变化主要表现在负载消耗能量的变化，光伏发电单元发出能量因光照强弱、温度高低而发生改变，蓄电池因荷电状态而使充放电功率发生变化，以及并网变换器达到容量极限或交流电网发生故障等。下面是系统各模式的具体说明。

模式Ⅰ。该模式下直流母线电压由光伏发电单元稳定。光伏发电单元发出能量充足，并运行在恒压下垂状态，其发出能量在满足负载和储能单元充电的同时仍有剩余，并可通过并网变换器向电网输送。同时，并网变换器受到额定容量或电网侧限制，进入限流或停机状态。储能单元在充电过程中达到其荷电状态上限时则进入待机状态。

模式Ⅱ。该模式下直流母线电压由运行在并网逆变模式下的并网变换器稳定。光伏发电单元在给所有负载供电的同时可向储能单元进行限流充电并向电网输送剩余能量，但剩余能量未达到并网变换器额定功率限制，因此并网变换器工作在恒压下垂状态，光伏发电单元则工作在 MPPT 状态，尽可能多地向系统传输可再生能源。

模式Ⅲ。该模式下直流母线电压由储能单元稳定。此时光伏发电单元发出能量相对不足，并网变换器停止向电网输送能量，储能单元依照光伏发电单元发出能量与负载消耗能量大小关系工作在恒压下垂充电或放电状态。

模式Ⅳ。该模式下直流母线电压由运行在并网整流模式下的并网变换器稳定。此时光伏发电单元与储能单元共同发出的能量已不能满足负载需求，并网变换器因此启动并工作在整流状态，不足能量由电网进行补充。该模式下光伏发电单元工作在 MPPT 状态，储能单元工作在限流充电或待机状态。

模式Ⅴ。该模式下直流母线电压由非重要负载变换器稳定。此时并网变换器进入限流或故障停机状态，储能单元也进入限流状态或待机状态，光伏发电单元工作在 MPPT 状态或停机。系统中所有发电单元发出的电能仍无法满足负载

需求，此时非重要负载变换器将由正常供电状态切换至降功率状态，降低非重要负载所消耗功率以实现系统内能量平衡并稳定直流母线电压。

通过图 5.16 和上述系统运行模式分析，可得图 5.17 所示的系统运行模式切换关系。可以看出，若交流电网正常，则系统可按上述能量供需关系，在模式Ⅰ～Ⅴ之间自主切换，并网变换器在模式Ⅰ、Ⅱ、Ⅳ、Ⅴ中参与运行，此时系统处于并网运行模式；若交流电网故障或计划性离网运行，则系统可在模式Ⅰ、Ⅲ、Ⅴ之间切换，并网变换器没有参与运行，系统处于离网运行模式。同时，若遇某模式下指定稳压单元发出能量不足，系统也可跳过该无效模式，向下一运行模式顺利过渡。系统因此实现了离网、并网运行的统一协调控制。

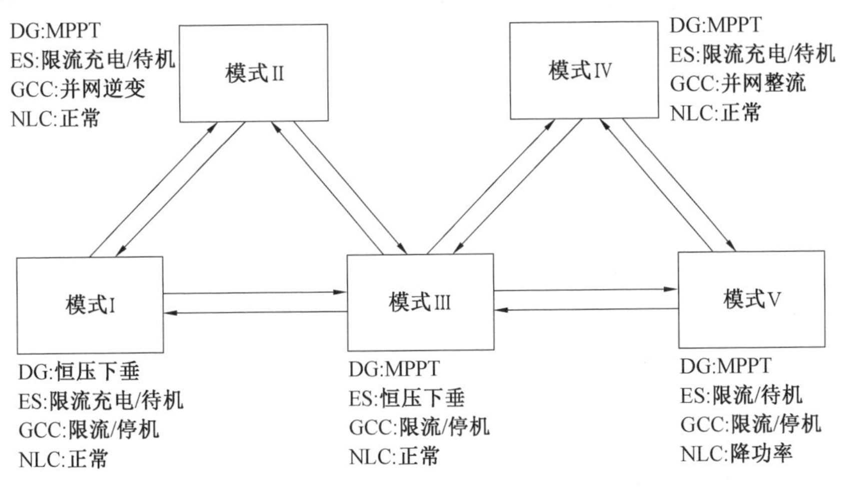

图 5.17　系统运行模式切换关系

以上系统运行模式的设计与稳定母线电压单元的顺序安排充分考虑了各类型单元的工作特点。例如，光伏发电单元安排在最高电压等级稳定母线电压，可保证其在其他运行模式以最大功率跟踪状态输出可再生能源，只有在光伏发电单元的输出功率超过系统总体接纳能力时，才运行在恒压下垂模式。考虑了系统极端运行情况，将非重要负载变换器稳压环节安排在母线电压允许的最低位置，即使在系统内光伏发电单元、并网变换器和储能单元发出能量都无法满足负载要求时，非重要负载通过降功率操作，也可最大限度维持系统内能量平衡。相比于直接切除非重要负载的方案，该方法不仅实现了非重要负载的连续调节，还使非重要负载参与到稳定直流母线电压的环节中，增大了系统运行区间。

5.3.3 系统各单元控制策略设计

根据上述对系统各单元运行状态的分析和所提出的基于母线电压信息的系统运行模式划分方法，可对系统中光伏发电单元、储能单元、并网变换器和非重要负载变换器的控制策略进行相应设计。

1. 光伏发电单元控制策略

光伏发电单元控制策略已在上节进行了介绍，可运行在最大功率点跟踪和恒压下垂控制。

2. 储能单元控制策略

系统中储能单元双向变换器的控制框图如图 5.18 所示。图中，u_{BE}和 i_{BE}分别为储能器件的端电压与端电流。依据前述储能单元工作状态，储能单元控制策略主要包括恒压充、放电控制和限流充、放电控制荷电状态(State-of-Charge，SoC)管理部分，其恒压给定参考值 u_{ref_BE}设定为 400 V。当储能单元检测到当前直流母线电压与其设定 u_{ref_BE}一致时，电压外环发挥作用，以稳定直流母线电压。同时，类似于光伏发电单元，为了确保多个储能单元同时工作在恒压模式，电压外环中也加入了下垂控制。

储能单元的充、放电电流不仅受到变换器容量限制，还受储能器件荷电状态限制($SoC_{min} \leqslant SoC(t) \leqslant SoC_{max}$)。当储能单元控制策略中电压输出值达到其限幅大小时，系统母线电压由其他单元稳定，储能单元则以最大恒定电流进行充、放电控制。SoC 管理模块用于对储能单元进行充、放电管理，可依据储能器件当前 SoC 对应的最大允许充放电功率实时产生电流环限幅指令，以防止储能器件出现过冲、过放现象。

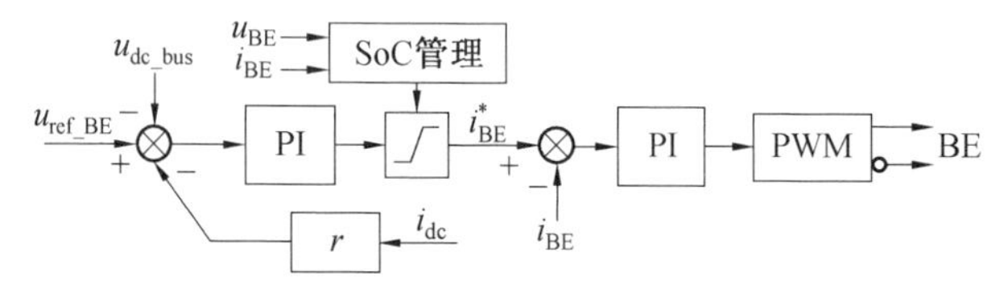

图 5.18 系统中储能单元双向变换器的控制框图

3. 并网变换器控制策略

系统中并网变换器控制策略如图 5.19 所示。图中，u_{ac}和 i_{ac}分别为并网变换器交流侧电压与电流，i_{ac}^*为并网电流给定幅值大小，由电压外环产生。并网变换器策略主要由电压外环、电流内环和电网电压锁相环(PLL)组成，其两个给定参

考电压 u_{ref_GCH} 设定值为 410 V，u_{ref_GCL} 设定值为 390 V。电压外环用于稳定直流母线电压，在母线电压高于 u_{ref_GCH} 时，并网变换器工作在逆变模式；在母线电压低于 u_{ref_GCL} 时，并网变换器则工作在整流模式。电网电压锁相环可产生与电网电压同频、同相的正弦参考信号，确保并网变换器以单位功率因数并网。其中电流限幅器的幅值可调，并依据一些文献中描述的并网限流情况，将限流类型分为主动限流、电网故障限流及容量限流三种情况，取三者最小值作为最终的电流限幅值。

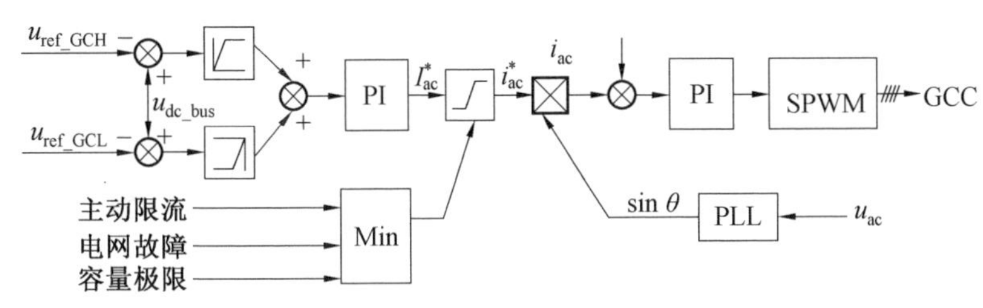

图 5.19　系统中并网变换器控制策略

4. 非重要负载变换器控制策略

图 5.20 为非重要负载变换器控制策略，图中，u_o、i_o 分别为非重要负载变换器输出端电压与端电流，u_{ref_NLC} 设定值为 390 V。在模式Ⅰ～Ⅳ中，母线电压高于设定值 u_{ref_NLC}，图 5.20 右下侧降功率控制环路无输出，变换器输出稳定在设定值 u_{ref_o}。在模式Ⅴ中，系统内发出能量不足，母线电压下降，在低于设定值 u_{ref_NLC} 时，降功率控制环路发挥作用，促使变换器输出功率下降，并将母线电压稳定在 u_{ref_NLC}。该控制环节中限幅器可确保降功率控制后的变换器运行在非重要负载所允许的最低工作电压点之上。

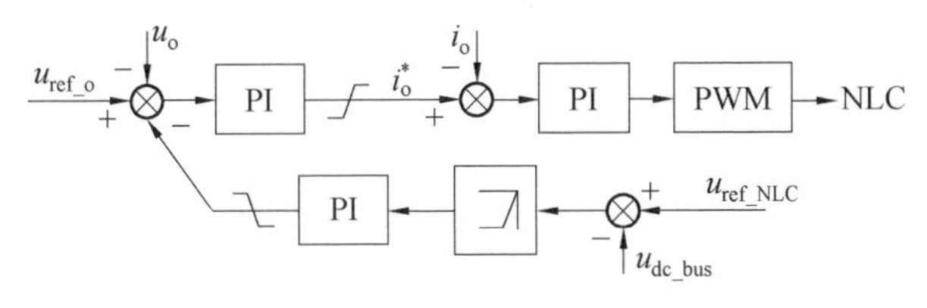

图 5.20　非重要负载变换器控制策略

与传统的直接切除非重要负载的微电网减载控制策略相比，此处提出的非重要负载降功率控制可实现平滑连续的减载操作，以避免不必要的电压、电流冲击。

5.3.4 协同控制的仿真验证

为了验证所提直流微电网离网、并网统一运行控制方案的有效性，依据所设计的各单元控制策略和所提出的协调控制方案，通过 PLECS 电力电子仿真软件搭建了系统仿真平台。系统主要包括两台光伏发电单元、一台储能单元、一台并网变换器，以及重要负载、非重要负载及其变换器。对所提控制方案及控制策略下系统不同运行模式中母线电压和各单元的功率大小及其变化情况进行了记录和分析。各仿真情景摘要见表 5.2，表中给出了本节仿真所采用的 5 个系统运行情景，并对系统运行模式的切换顺序及切换时间进行了归纳。

表 5.2 各仿真情景摘要

情景	类型	切换顺序	切换时间/s
一	并网逆变	Ⅲ→Ⅱ→Ⅰ	0.8，1.6
二	并网整流	Ⅲ→Ⅳ→Ⅴ	1.0，1.6
三	离网运行	Ⅰ→Ⅲ→Ⅴ	0.6，1.4
四	电网故障	Ⅲ→Ⅱ→Ⅰ	0.3，0.8
五	电网故障	Ⅲ→Ⅳ→Ⅴ	0.3，0.8

1. 情景一

在情景一中，系统运行在并网逆变模式下。并网逆变仿真结果如图 5.21 所示，开始时，负载消耗功率为 4 kW，两台光伏发电单元运行在最大功率点跟踪状态，发出功率分别为 1 kW 和 2 kW，直流母线电压由储能单元稳定在 400 V，并提供不足的能量。0.2 s 起，光伏发电单元发出功率持续增加，储能单元由放电转为充电。在 0.8 s 时，光伏发电单元发出功率超过负载消耗功率与储能单元所允许的最大充电功率之和，储能单元因此进入限流充电状态，直流母线电压由于失去稳压单元而发生上升，在其达到 410 V 时，并网变换器开始稳定直流母线电压并将多余能量送入电网，系统由模式Ⅲ进入模式Ⅱ。1.2 s 时，储能单元受 SoC 管理影响，充电功率发生下降，并网变换器逆变功率因此提高。1.6 s 时，负载消耗功率发生下降，并网变换器逆变功率再次随之增加，但是由于其容量限制，并网变换器随后进入限流逆变状态。直流母线电压再次上升，并在达到 420 V 时，由光伏发电单元稳定，此时光伏发电单元由最大功率点跟踪切换至恒压下垂控制，其发出功率发生下降，系统由模式Ⅱ进入模式Ⅰ。

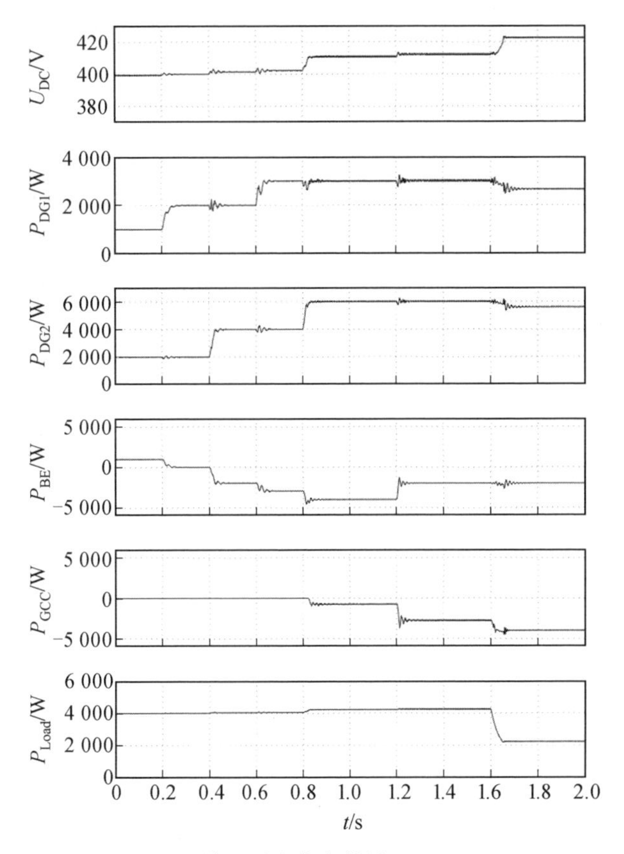

图 5.21　并网逆变仿真结果(400～420 V)

2. 情景二

在情景二中，系统运行在并网整流模式下，并网整流仿真结果如图 5.22 所示。

开始时，光伏发电单元发出功率分别为 4 kW 和 5 kW，重要负载和非重要负载消耗的总功率为 6.7 kW，系统中多余能量向储能单元充电，且未达到其最大充电功率，直流母线电压由储能单元稳定在 400 V，系统运行在模式Ⅲ。0.2 s 时，光伏发电单元＃1 发出的能量发生下降，储能单元由充电状态转为放电状态。0.6 s 时，光伏发电单元＃2 发出的能量也发生下降，储能单元放电功率相应提高。1.0 s 时，受储能单元 SoC 影响，储能单元输出功率降低，系统此时无法为负载提供充足能量，直流母线电压因此发生下降，在降至 390 V 时，并网变换器启动并运行在整流模式，提供不足的能量并稳定直流母线电压，储能单元进入限流充电模式，系统由模式Ⅲ进入模式Ⅳ。1.2 s 时，重要负载消耗功率增加，并网变

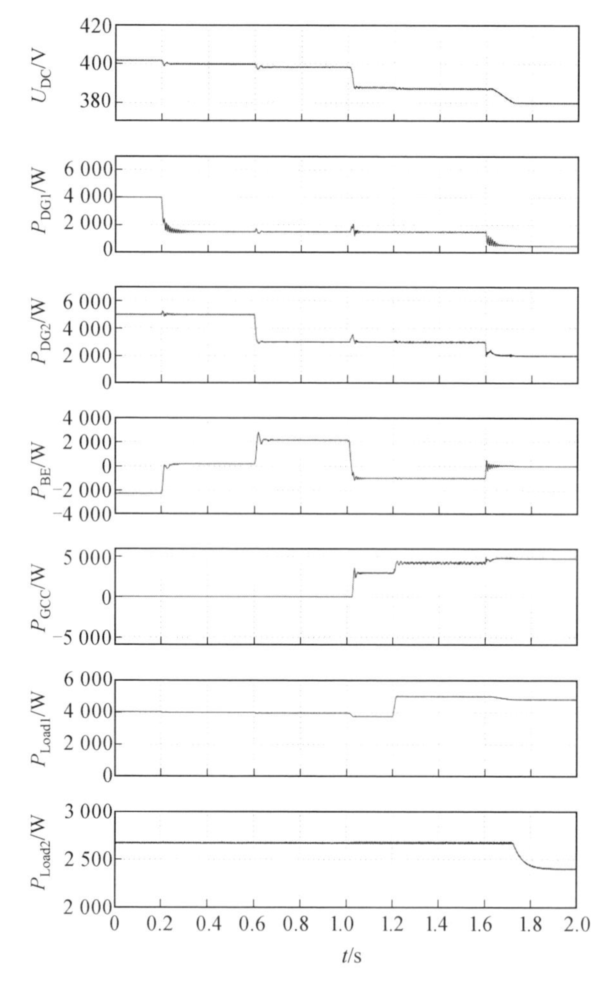

图 5.22　并网整流仿真结果(380～400 V)

换器发出功率也相应增加。1.6 s 时,由于光伏单元发出功率减少,因此并网变换器在达到容量极限进入限流整流的情况下也无法满足系统内能量平衡,此时母线电压发生进一步下降,在达到 380 V 时,非重要负载变换器稳定直流母线电压并降低非重要负载所消耗功率,系统由模式Ⅳ进入模式Ⅴ。

3. 情景三

情景三为系统运行在离网模式下。离网运行仿真结果如图 5.23 所示,开始时,光伏发电单元运行在恒压下垂控制,且发出功率分别为 1 kW 和 2 kW,由于下垂控制的影响,直流母线电压略低于 420 V。0.6 s 时,重要负载消耗能量增

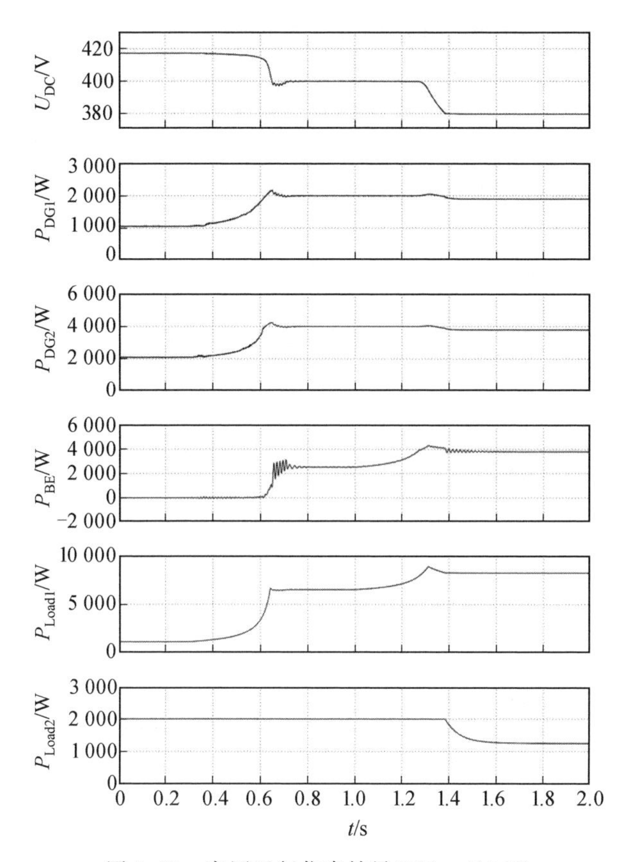

图 5.23　离网运行仿真结果(380～400 V)

加,系统内能量不足,直流母线电压因此发生下降,光伏发电单元进入 MPPT 状态。在降至 400 V 时,储能单元放电提供不足的能量并开始稳定直流母线电压,系统由模式Ⅰ进入模式Ⅲ。1.4 s 时,重要负载消耗能量再次增加,储能单元达到最大放电功率限制进入限流放电状态,此时直流母线电压再次发生下降。在降至 380 V 时,非重要负载变换器实施降功率运行并开始稳定直流母线电压,系统由模式Ⅲ进入模式Ⅴ。

在上述离网运行过程中,虽然与并网运行时采用同一电压分层控制方案,但系统可自动跳过运行模式Ⅱ和Ⅳ,顺利完成系统内各单元的协调控制,验证了所提离网、并网运行统一协调控制方法的有效性。

4. 情景四、五

为了验证所提控制方案在电网故障时的有效性,分别考查了系统运行在并网逆变和并网整流时,并网变换器因电网故障停机的仿真结果。

在图5.24(a)中，开始时，系统中光伏发电单元发出功率的增加促使系统由模式Ⅲ向模式Ⅱ过渡，并网变换器在母线达到410 V时启动并进入并网逆变状态，其并网电流在负载消耗能量降低时得以增加。但是在0.8 s时，电网故障发生，并网变换器电流降为零，母线电压失去稳压单元并迅速上升，在达到420 V时，光伏发电单元由MPPT切换至恒压下垂状态，并稳定直流母线电压，系统成功由模式Ⅱ切换至模式Ⅰ。

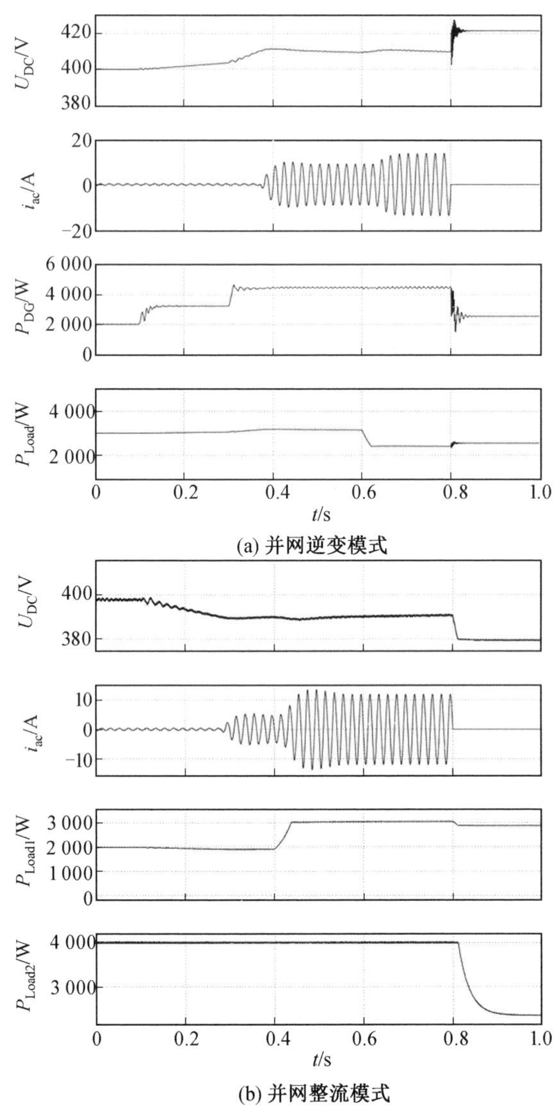

图5.24　电网故障仿真结果

在图 5.24(b)中,起初由储能单元将直流母线电压稳定在 400 V,之后储能单元发出能量不足促使系统由模式Ⅲ向模式Ⅳ过渡。并网变换器在母线电压降至 390 V 时启动并进入并网整流状态,其整流电流在负载消耗能量提高时相应增加。但在 0.8 s 时,电网故障使得并网变换器停止工作,其整流电流降为零,直流母线电压迅速下降,但在降至 380 V 时,非重要负载变换器通过降功率运行,使母线电压稳定在 380 V,系统成功由模式Ⅳ切换至模式Ⅴ。

本章小结

本章对低压单母线型直流微电网的运行控制进行相关研究。首先,给出了一种基于下垂曲线平移的光伏发电单元工作状态无缝切换控制策略,可实现最大功率跟踪和恒压下垂控制的平滑连续切换,有效消除了传统切换方法在不同工作状态相互切换时的暂态问题。其次,进一步提出一种基于母线电压信息的离网、并网运行统一协调控制方法,系统可依据直流母线电压在 5 个运行模式间自主切换运行,即使交流电网发生故障,也可顺利过渡到相应离网运行模式。最后,考虑系统极端运行情况,给出了一种非重要负载降功率稳定母线电压控制策略,可增大系统的稳定运行区间。

直流微电网二次调节技术

直流微电网中存在多个工作在恒压状态下的发电单元时，直流下垂控制可有效解决其功率均分问题，且具有实现容易、无须通信互联线等优点，但其缺点也是显而易见的。一方面，直流下垂控制会引起变换器输出端电压低于其给定参考值，并随着负载功率增加而进一步降低；另一方面，当并联变换器输出端与直流母线的线缆间阻抗差异较大时，下垂控制的功率均分效果将被削弱。尤其在直流微电网系统中，大量的分布式发电单元使得上述问题不容忽视。

6.1　直流下垂控制局限性分析

6.1.1　直流下垂控制参数设计

由第5章式(5.12)基本直流下垂控制的表达式可知，直流下垂控制的输出是在其电压初始给定值的基础上，减去下垂系数与变换器输出电流的乘积，其效果相当于在变换器输出端串联一个虚拟阻抗。那么该虚拟阻抗造成的电压降可由下式表达：

$$\Delta u = u_{\mathrm{ref}} - u_{\mathrm{dc}}^{*} = r_{\mathrm{d}} \cdot i_{\mathrm{o}} \tag{6.1}$$

由上式可知，下垂控制会导致变换器输出端电压低于实际电压给定值，且电压降与下垂系数和变换器输出电流成正比。

在第5章中采用了基于母线电压信息的直流微电网协调控制方法，为了避免系统中变换器输出电压因下垂控制产生较大压降，进而影响到系统对运行模式切换的正常判断，应合理设计下垂系数。以变换器#n额定运行功率$P_{\mathrm{rate}}(n)$和允许浮动的母线电压范围Δu_{dc}为参考，可得下垂系数的选取原则，如下式所示：

$$r_{\mathrm{d}}(n) \leqslant \Delta u_{\mathrm{dc}} \times (u_{\mathrm{dc}} - \Delta u_{\mathrm{dc}}) / P_{\mathrm{rate}}(n) \tag{6.2}$$

依据式(6.1)和式(6.2)可得图6.1所示的直流微电网下垂控制中各单元变换器输出额定功率、母线电压与下垂系数的三维关系图。从图6.1可以看出，在直流母线电压和其允许浮动范围确定的情况下，额定功率较大的变换器可以选择较小的下垂系数，而额定功率较小的变换器应选择较大的下垂系数。因此，应首先确定并联变换器工作在下垂控制状态时的直流母线电压范围，然后依据不同变换器额定功率确定下垂系数，从而在确保系统输出预定电压范围的基础上实现对并联变换器输出功率的合理分配。

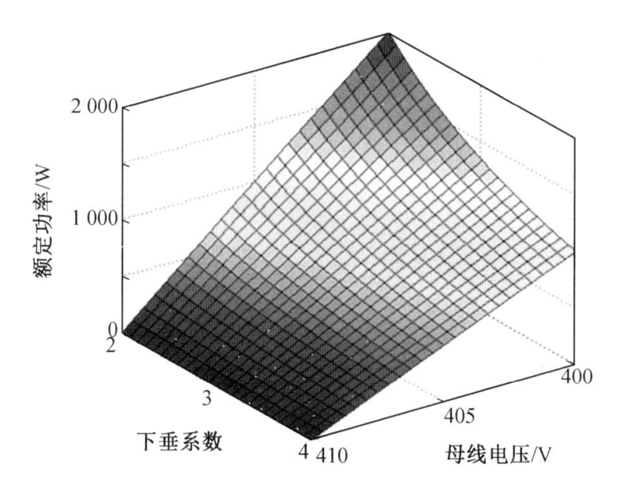

图 6.1　额定功率、母线电压与下垂系数的三维关系图

6.1.2　线缆阻抗带来的影响

在线缆阻抗差异较大的情况下，若选用较小的下垂系数，虽然可以满足上述直流母线电压浮动范围，但是并联变换器之间的均流精度可能会变差。下面分析其具体原因，在考虑线缆阻抗的情况下，定义变换器外特性阻抗 r_o为其下垂系数与线缆阻抗之和，即

$$r_o = r_d + r_c \tag{6.3}$$

以两台相同容量的并联变换器为例，不同下垂系数的均流效果如图 6.2 所示。即使在并联变换器下垂系数设置相同的情况下，由于线缆阻抗不同，两台变换器的外特性阻抗仍然存在差别，即两条外特性曲线斜率不同。在相同的载荷条件下，若选用较小的下垂系数，则直流母线电压跌落较小，但均流精度较差；若选用较大的下垂系数，则均流精度得到提高，但直流母线电压跌落进一步增大。

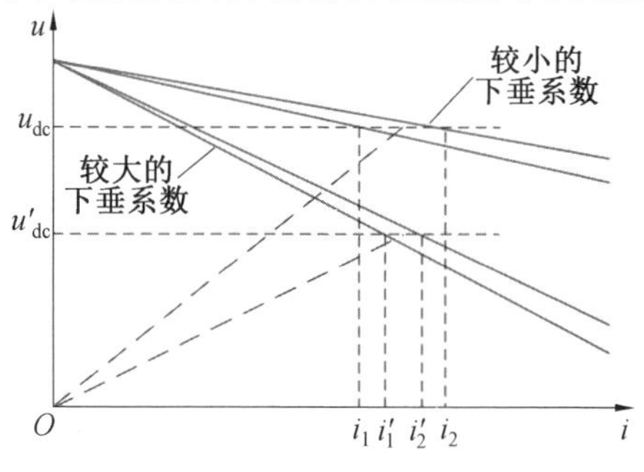

图 6.2　不同下垂系数的均流效果

可见，下垂控制造成的系统输出电压跌落与线缆阻抗造成的均流精度变差互相排斥，不可调和。尤其在直流微电网系统中，分布式发电单元间存在一定距离，此时线缆阻抗差异带来的均流精度下降不可忽视，下面对其进行定量分析。

定义电流偏差与变换器平均电流之比为 c_e，以图 5.4 为电路模型，下式描述了线缆阻抗与系统电流分配之间的关系：

$$c_e=\frac{\Delta i}{(i_1+i_2)/2}=\frac{(r_{c1}-r_{c2})/r_o}{1+0.5(r_{c1}+r_{c2})/r_o} \tag{6.4}$$

式中，Δi 为输出电流偏差；r_o 为变换器外特性阻抗。

可以发现，当线缆阻抗占据变换器外特性阻抗较大比例时，并联变换器输出电流偏差明显，与图 6.2 分析结果一致。

6.2　基于下垂平移的直流二次调节技术

6.2.1　直流母线电压恢复技术

为了克服直流微电网下垂控制带来的上述问题，有学者提出采用二次控制的方法对下垂控制进行补偿与调节，以下为现有的几种直流微电网二次控制方法的对比与分析。

有学者提出一种中心式二次控制方法。中心式二次控制框图如图 6.3 所示，其二次控制主要由微网中心控制器中的电压调节器实现。直流母线电压值由位于直流母线侧的电压传感器采集，经过闭环调节后产生二次调节信号，并通过低带宽通信线送至系统中接口变换器。各接口变换器中的初级控制环路主要包括下垂控制和电压、电流内环控制。

上述直流微电网二次控制方法可由下式表示：

$$u_{dci}^{*}=u_{dc}^{*}-r_{di}i_{dci}+\left(k_p+\frac{k_i}{s}\right)(u_{dc}^{*}-u_{dc\text{-}bus}) \tag{6.5}$$

式中，u_{dc}^{*} 为直流母线电压的初始给定参考值；u_{dci}^{*} 为系统中第 # i 台变换器经过下垂控制和二次调节后产生的电压给定参考值；r_{di} 为第 # i 台变换器的下垂系数；i_{dci} 为第 # i 台变换器的输出电流；$u_{dc\text{-}bus}$ 为直流母线公共点（PCC）处的电压采样值；k_p 和 k_i 分别为微网中心控制器中二次控制电压调节器的控制参数。

相应地，中心式二次控制方法产生的调节效果如图 6.4 所示。可见，经过上述二次控制调节，直流母线电压由 u_0 升至 u_1，下垂控制带来的母线电压跌落得以恢复。但是，上述二次控制方法未考虑线缆差异较大时的情况，即只对直流母线

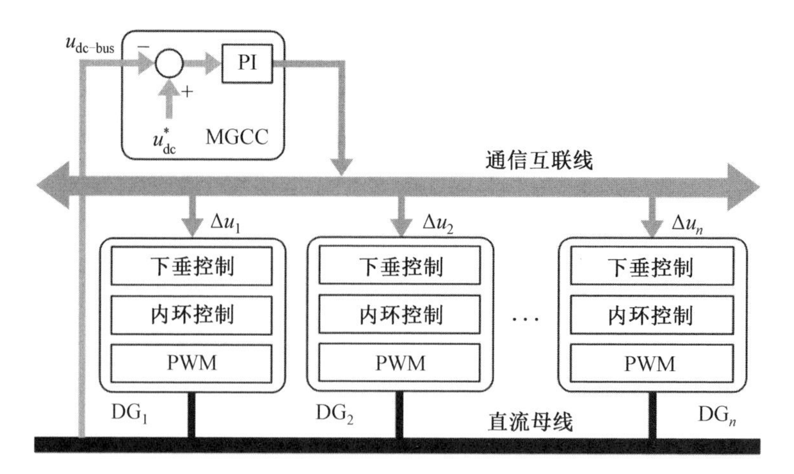

图 6.3　中心式二次控制框图

电压进行了二次调节，而系统均流精度仍可能受到线缆阻抗影响。同时，由于该方法中二次控制是在中心控制器中执行的，若中心控制器发生故障，整个系统的二次调节将完全失效。

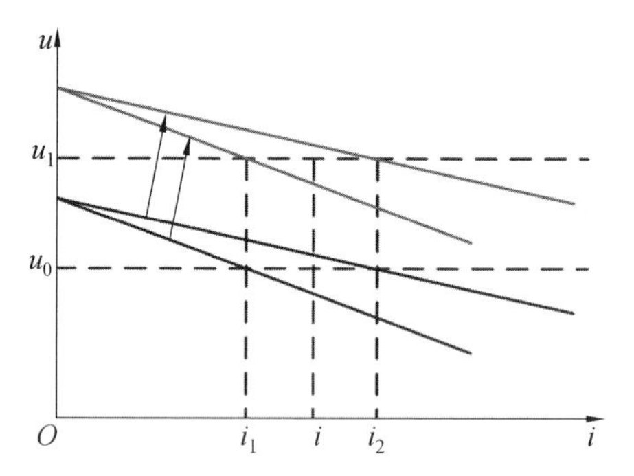

图 6.4　中心式二次控制方法产生的调节效果

6.2.2　并联均流精度提升技术

有学者提出一种分布式二次控制方法，系统中各并联变换器通过低带宽通信网络互相交换信息，并在各变换器的控制器执行二次控制。与中心式二次控制相比，分布式二次控制可有效避免由中心控制器故障带来的单点故障，系统冗余性高。平均电流补偿式二次控制框图如图 6.5 所示，该二次控制方法中，各变换器相互交换电流信息，然后在本地控制器计算系统平均电流，之后将其与系数相乘作为二次控制调节量送入下垂控制中。

上述直流微电网二次控制方案对应的数学表达式如下：

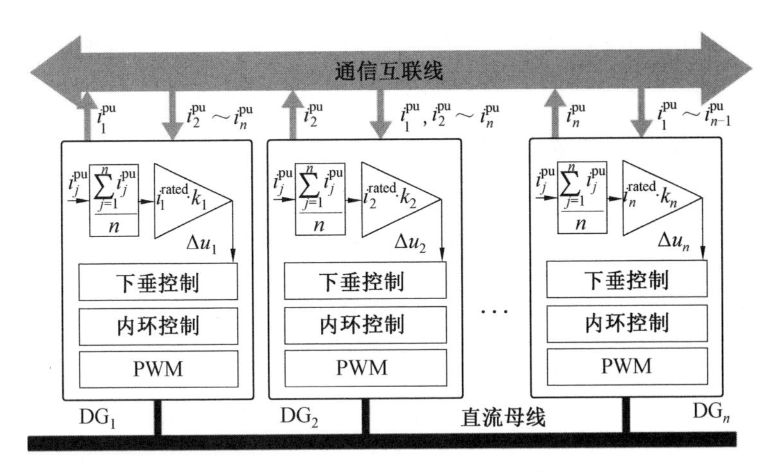

图 6.5　平均电流补偿式二次控制框图

$$u_{dci}^{*}=u_{dc}^{*}-r_{di}i_{dci}+k_{j}\cdot i_{j}^{avg}\cdot i_{j}^{rated} \tag{6.6}$$

式中，i_{j}^{avg} 是系统的平均电流；k_j 和 i_{j}^{rated} 分别是变换器 $\# j$ 的下垂平移系数和额定电流值。上述调节方法为传统下垂控制增加了一个线性补偿环节，并起到补偿直流母线电压的作用。但其均流精度主要依赖较大的下垂系数实现，当并联变换器线缆阻抗差异较大时，过大的下垂系数将影响到系统的稳定性。

为了在恢复直流母线电压的同时提高系统均流精度，有学者提出一种带有电压调节器和电流调节器的分布式二次控制方法，其控制框图如图 6.6 所示。该方案中，二次控制同样是在本地控制器中执行的，各变换器输出端电压与电流通过低带宽通信相互交换，并在各自的控制器中计算系统平均电压与平均电流。

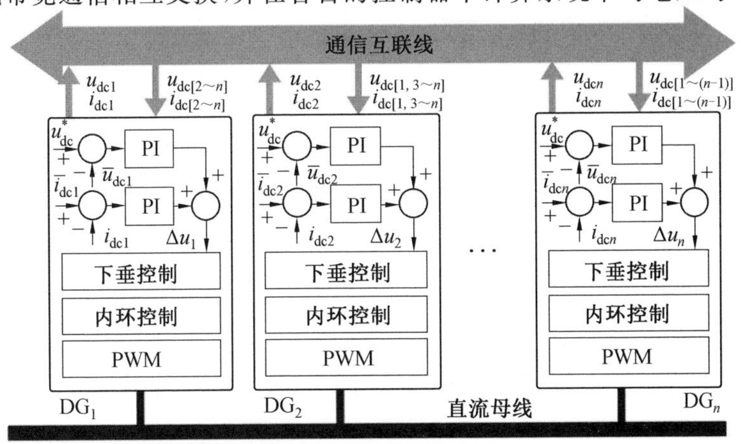

图 6.6　带有电压调节器和电流调节器的分布式二次控制框图

两个 PI 闭环调节器分别以调节系统母线电压和各变换器输出电流值为目标，最终将两者的调节量之和送至下垂控制中。

6.2.3 现有二次控制原理

带有电压调节器和电流调节器的分布式二次控制方案对应的数学表达式如下：

$$u_{dci}^{*}=u_{dc}^{*}-r_{di}i_{dci}+\left(k_{pv}+\frac{k_{iv}}{s}\right)(u_{dc}^{*}-\bar{u}_{dci})-\left(k_{pc}+\frac{k_{ic}}{s}\right)(i_{dci}-\bar{i}_{dci}) \tag{6.7}$$

式中，i_{dci}为第 # i 台变换器的输出电流；$\bar{u}_{dci}$和$\bar{i}_{dci}$分别为第 # i 台变换器中二次控制所计算出的系统平均输出电压和电流；k_{pv}、k_{iv}和 k_{pc}、k_{ic}分别为二次控制中电压、电流调节器的控制参数。需要指出的是，上述电压、电流值均为标幺值，其实际值取决于各变换器的额定容量。

分布式二次控制方法产生的调节效果如图 6.7 所示。可以发现，经过上述二次控制调节后，不仅直流微电网的母线电压得以恢复，系统均流精度也得以提高。

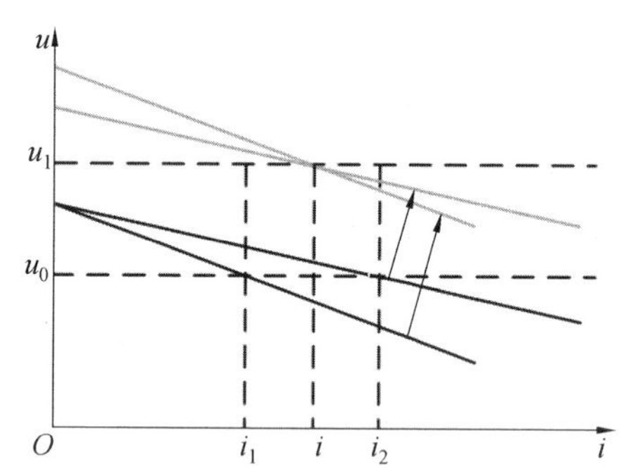

图 6.7　分布式二次控制方法产生的调节效果

中心式二次控制方法和分布式二次控制方法，都可看作在下垂控制表达式中增加一个额外补偿项，进而对变换器的输出电压、电流产生调节作用。从图 6.7中可以看出，分布式二次控制方法相当于对下垂曲线进行平移操作，因此分布式二次控制方法可归类为下垂曲线平移方法。

6.3 自适应阻抗直流二次调节技术

由上一节分析可知，采用基于下垂曲线平移的二次控制方法时，由于无法保

证并联变换器的外特性阻抗相等，当线缆阻抗不匹配时，每次负载发生变化都需要二次控制对均流精度重新进行调节。若直流微电网系统中线缆差异较大，上述二次控制方法的动态均流效果将进一步变差。因此，本节提出一种具有高动态均流效果的自适应阻抗二次控制方法。该二次控制方法在对下垂曲线进行平移的同时，也对其斜率进行调整，通过三个调节器对并联变换器的输出电压和电流进行调整，同时可使其外特性阻抗相等，因而具有较好的动态均流效果。

6.3.1　直流微电网动态均流性能分析

在上节的介绍中，当同时使用电压调节器和电流调节器时，二次控制可对直流微电网下垂控制中的并联变换器输出电压和输出电流进行二次调节，从而保证其输出精度。但是，其调节方式是通过平移下垂曲线实现的，并未改变下垂系数，即下垂曲线斜率在调节过程中始终保持固定。在这种情况下，若线缆阻抗不匹配，则并联变换器的外特性阻抗不相等，一旦负载发生快速变化，其输出电流精度将无法得到保证，以下是具体分析。

以两台容量相同的并联变换器为例，基于下垂平移法的二次控制方法等效电路模型如图 6.8 所示。图中，r_{c1} 和 r_{c2} 为线缆阻抗；r_{d1} 和 r_{d2} 为阻值等于下垂系数的虚拟阻抗；u_{dc1}、u_{dc2} 和 i_{dc1}、i_{dc2} 分别为两个变换器输出端的电压与电流值。此外，下垂平移二次控制产生的电压偏移量 Δu_1 和 Δu_2 可由式(6.7)得出。

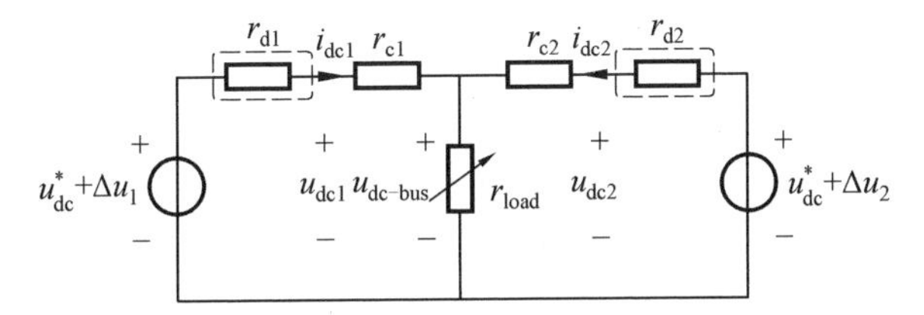

图 6.8　基于下垂平移法的二次控制方法等效电路模型

通过对以上等效电路的分析，可得系统直流母线电压表达式为

$$u_{\text{dc-bus}}=\frac{g_1}{g_1+g_2+g_{\text{load}}}\cdot u_{\text{dc1}}^*+\frac{g_2}{g_1+g_2+g_{\text{load}}}\cdot u_{\text{dc2}}^* \tag{6.8}$$

式中

$$g_i=\frac{1}{r_{ci}+r_{di}},\quad g_{\text{load}}=\frac{1}{r_{\text{load}}},\quad u_{\text{dc}i}^*=u_{\text{dc}}^*+\Delta u_i,\quad i=1,2$$

由此，可得两台并联变换器的输出电流分别为

$$i_{\text{dc1}}=\frac{g_1[(g_2+g_{\text{load}})\cdot u_{\text{dc1}}^*-g_2\cdot u_{\text{dc2}}^*]}{g_1+g_2+g_{\text{load}}} \tag{6.9}$$

$$i_{dc2}=\frac{g_2[(g_1+g_{load})\cdot u_{dc2}^*-g_1\cdot u_{dc1}^*]}{g_1+g_2+g_{load}} \tag{6.10}$$

进一步地，i_{dc1}与i_{dc2}的偏差可由下式表示：

$$\Delta i_{dc}=i_{dc1}-i_{dc2}=\frac{2(u_{dc1}^*-u_{dc2}^*)r_{load}+[(r_{c2}+r_{d2})u_{dc1}^*-(r_{c1}+r_{d1})u_{dc2}^*]}{(r_{c1}+r_{d1}+r_{c2}+r_{d2})r_{load}+(r_{c1}+r_{d1})(r_{c2}+r_{d2})} \tag{6.11}$$

为了研究负载变化对上述等效电路造成的电流偏差影响，对$\frac{d\Delta i_{dc}}{dr_{load}}$的表达式进行推导，可得

$$\frac{d\Delta i_{dc}}{dr_{load}}=\frac{(r_{c1}+r_{d1}-r_{c2}-r_{d2})[(r_{c2}+r_{d2})u_{dc1}^*+(r_{c1}+r_{d1})u_{dc2}^*]}{[(r_{c1}+r_{d1}+r_{c2}+r_{d2})r_{load}+(r_{c1}+r_{d1})(r_{c2}+r_{d2})]^2} \tag{6.12}$$

从上式可以看出，只有在$r_{c1}+r_{d1}=r_{c2}+r_{d2}$成立的条件下，即系统的外特性阻抗相等时，负载变化才不会对变换器均流精度造成影响。但是，基于下垂平移法的二次调节并未改变系统中下垂系数，当线缆阻抗不匹配，即系统的外特性阻抗不相等时，二次控制虽然可保证系统的稳态均流精度，但快速变化的负载将对系统动态均流精度产生影响。

电压平移法的动态均流偏差分析如图6.9所示，该图描述了线缆阻抗不匹配情况下的动态调节过程。由于线缆阻抗不匹配，因此变换器的外特性曲线斜率略有差别。开始时，在基于下垂平移法的二次控制作用下，两台并联变换器输出电压为u_0，输出电流为i，系统工作点在a点处。之后系统载荷增加，系统工作点应在二次控制调节下达到b点，但是慢速通信使得二次控制的调节需要一定时间，也就是说，在执行调节前，下垂曲线并未得到平移，两台变换器的工作点分别位于c点和d点。可以看出，在二次调节完成前，两台变换器的输出电流并不相等，若线缆阻抗的差异进一步增大，系统输出电流差异也将进一步增大。

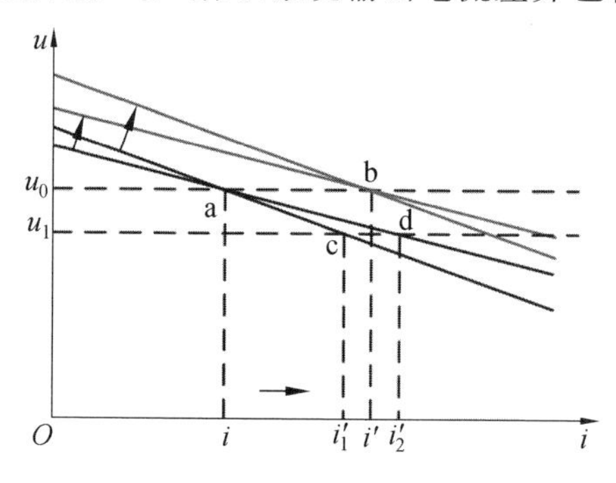

图6.9　电压平移法的动态均流偏差分析

6.3.2　自适应阻抗二次调节原理

本节所提出的分布式二次控制方法通过平移下垂曲线实现对直流微电网母线电压的恢复，同时通过对下垂曲线斜率的调节促使各并联变换器外特性阻抗趋于一致。由于在调节下垂曲线斜率的过程中，可能同时存在多种满足变换器外特性阻抗相等的条件，也就是说，下垂斜率可能会在调节过程中偏离其初始给定值，而过大或过小的下垂系数都不利于系统稳定运行，因此需要对其调节范围进行约束。为此，所提二次控制方法在电压、电流调节器的基础上加入第三个调节器，通过低带宽通信网络交换各变换器下垂系数值，并计算其平均值，进而利用该调节器对系统的平均下垂系数进行调整。

基于上述分析，可得图 6.10 所示的直流微电网改进二次控制框图。

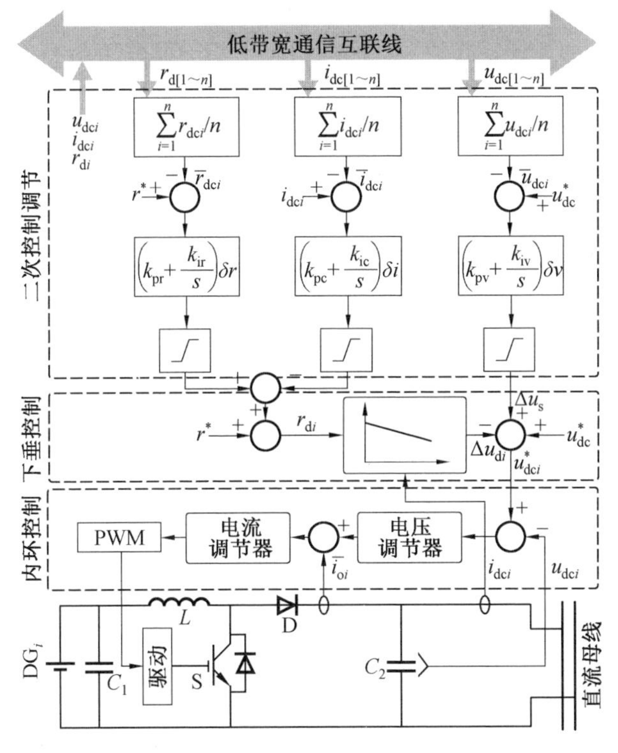

图 6.10　直流微电网改进二次控制框图

系统采用 Boost 电路作为直流微电网系统中并联 DC－DC 接口变换器。整体控制方案主要包括内环控制、下垂控制和二次控制。其中内环控制包括电压、电流闭环调节，用于稳定本地变换器的输出端电压，使其等于给定参考值。内环控制的电压给定参考值由电压给定的初始值 u_{dc}^*、下垂控制输出量 Δu_d 和二次控制电压偏移量 Δu_s 三者共同确定。二次控制主要包括数据传输模块、平均值计算（电压、电流和下垂系数）以及三个 PI 闭环调节器。其中，平均电压调节器将计算得到的电压平均值作为给定值与变换器输出端电压进行比较，经过闭环调节产生对应的下垂平移量后送入内环控制中；平均电流调节器的输出则与平均下垂系数调节器的输出相加后参与下垂系数的调节。这样，在平均下垂系数调节器的调节过程中，不仅可实现系统中并联变换器外特性阻抗一致、提高系统均流精度，也可确保系统的平均下垂系数与其给定值一致。

本节所提出的下垂系数调节方法可由下式表示：

$$r_{di}=r^*+\left(k_{pr}+\frac{k_{ir}}{s}\right)(r^*-\bar{r}_{dci})-\left(k_{pc}+\frac{k_{ic}}{s}\right)(i_{dci}-\bar{i}_{dci}) \tag{6.13}$$

式中，r^* 为下垂系数的给定参考值；$\bar{r}_{dci}$ 为本地变换器 #i 计算得到的系统下垂系数平均值；k_{pr}、k_{ir} 和 k_{pc}、k_{ic} 分别为二次控制中平均电流调节器和平均下垂系数调节器的控制参数。

本节所提分布式二次控制方法的整体控制原理可由下式表达：

$$u_{dci}^*=u_{dc}^*-[r^*+G_{pir}(r_{ref}-\bar{r}_{dci})-G_{pic}(i_{dci}-\bar{i}_{dci})]\cdot i_{dci}+G_{piv}(s)\cdot(u_{dc}^*-\bar{u}_{dci}) \tag{6.14}$$

式中，$G_{piv}(\cdot)$、$G_{pic}(\cdot)$ 和 $G_{pir}(\cdot)$ 分别为二次控制中平均电压调节器、平均电流调节器和平均下垂系数调节器的传递函数。

以两台容量相同的并联变换器为例，本节所提分布式二次控制的等效电路模型如图 6.11 所示。图中电压、电流和电阻标量与图 6.8 中定义相同，Δu 是二次控制产生的下垂系数平移量。与图 6.8 不同的是，图 6.11 虚线框中下垂系数等效虚拟阻抗是可调的，并由所提二次控制中的平均电流调节器和平均下垂系数调节器共同完成。也就是说，该二次控制方案中电压恢复和电流精度的提高分别是通过下垂系数平移和下垂斜率调整实现的。

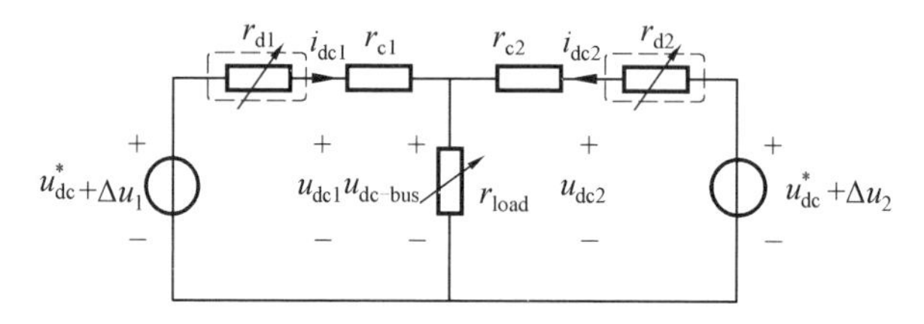

图 6.11　本节所提分布式二次控制的等效电路模型

由于使用 PI 控制器作为二次控制平均电流调节器和平均下垂系数调节器，因此系统稳态时 r_{d1}、r_{d2} 和 i_{dc1}、i_{dc2} 存在如下关系：

$$i_{\mathrm{dc1}} \approx i_{\mathrm{dc2}} \tag{6.15}$$

$$\frac{r_{\mathrm{d1}}+r_{\mathrm{d2}}}{2} \approx r^{*} \tag{6.16}$$

结合图 6.11 所示的等效电路模型，有

$$(u_{\mathrm{dc}}^{*}+\Delta u)-(r_{\mathrm{d1}}+r_{\mathrm{c1}}) i_{\mathrm{dc1}}=(u_{\mathrm{dc}}^{*}+\Delta u)-(r_{\mathrm{d2}}+r_{\mathrm{c2}}) i_{\mathrm{dc2}} \tag{6.17}$$

将式(6.15)代入式(6.17)，可得

$$r_{\mathrm{d1}}+r_{\mathrm{c1}} \approx r_{\mathrm{d2}}+r_{\mathrm{c2}} \tag{6.18}$$

从上式可以发现，各并联变换器的外特性阻抗在平均电流调节器和平均下垂系数调节器的共同作用下趋于一致，进而保证系统的稳态均流精度与暂态均流精度都可达到令人满意的效果。

结合式(6.16)和式(6.18)可得

$$\begin{cases} r_{\mathrm{d1}} \approx r^{*}+\dfrac{r_{\mathrm{c2}}-r_{\mathrm{c1}}}{2} \\ r_{\mathrm{d2}} \approx r^{*}+\dfrac{r_{\mathrm{c1}}-r_{\mathrm{c2}}}{2} \end{cases} \tag{6.19}$$

由上式可观察到不同线缆阻抗条件下所提二次控制对应的下垂系数调节情况。图 6.12 为不同线缆阻抗下的下垂系数调节，图中显示了线缆阻抗 r_{c1} 分别为 0.5 Ω 和 5 Ω，r_{c2} 发生连续变化时，对应的下垂系数 r_{d1} 和 r_{d2} 的调节情况。

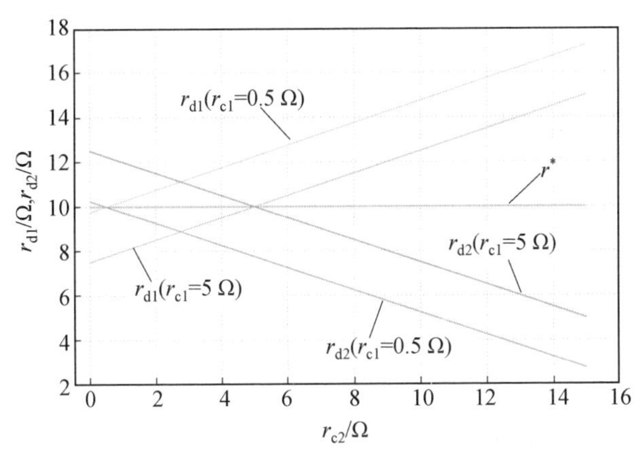

图 6.12　不同线缆阻抗下的下垂系数调节

从图 6.12 可以发现，当两台并联变换器的线缆阻抗相同时，所提二次控制调节后的下垂系数等于其给定参考值；当线缆阻抗不一致时，各变换器下垂系数可进行自适应调节，进而确保各变换器的外特性阻抗相等。同时，两者的平均值始终与其给定参考值一致。

需要指出的是，式(6.19)和图6.12主要用于对所提二次控制的下垂系数调节进行理论分析，其结果是依据各变换器的当前输出电流、下垂系数等参数，在式(6.13)所示二次控制的调节下得到的。

6.3.3 自适应阻抗二次调节稳定性分析

由于上述改进二次控制方法对下垂系数进行了调节，为了考察所提控制方法对系统稳定性的影响，本节对其构成的直流微电网下垂控制系统进行小信号建模和稳定性分析。

在不失普遍性的情况下，仍以两台并联直流变换器为例，根据上节所提出的控制方案，可得本地变换器给定电压参考值的表达式如下：

$$u_{dci}^{*}=u_{dc}^{*}+\left[k_{pv}(u_{dc}^{*}-\bar{u}_{dci})+k_{iv}\int(u_{dc}^{*}-\bar{u}_{dci})dt\right]-i_{dci}r_{di} \tag{6.20}$$

式中，u_{dci}^{*}为本地变换器内环给定电压参考值；u_{dc}^{*}为母线电压给定基准值；k_{pv}和k_{iv}为二次控制中平均电压调节器的控制参数；$\bar{u}_{dci}$为母线平均电压值；i_{dci}和r_{di}分别为本地变换器的电流输出值和当前的下垂系数。

式(6.20)中的下垂系数r_{di}由二次控制中平均电流调节器和平均下垂系数调节器共同决定，即

$$\begin{aligned}r_{di}=&\left[r^{*}+k_{pr}(r^{*}-\bar{r}_{dci})+k_{ir}\int(r^{*}-\bar{r}_{dci})dt\right]-\\&\left[k_{pc}\left(\frac{i_{dci}}{k_i}-\bar{i}_{dci}\right)+k_{ic}\int\left(\frac{i_{dci}}{k_i}-\bar{i}_{dci}\right)dt\right]\end{aligned} \tag{6.21}$$

式中，r^{*}为下垂系数的给定参考值；$\bar{r}_{dci}$为系统平均下垂系数值；k_{pr}和k_{ir}为平均下垂系数调节器的控制参数；k_{pc}和k_{ic}为平均电流调节器的控制参数；k_i为电流均分比例；$\bar{i}_{dci}$为系统中变换器输出电流平均值。

将式(6.21)代入式(6.20)，并对其进行小信号建模，可将本地变换器的给定参考电压转化至频域下，即

$$\hat{u}_{dci}^{*}=\hat{u}_{dc}^{*}+G_{piv}(-\hat{\bar{u}}_{dci})-I_{dci}\hat{r}_{di}-R_i\hat{i}_{dci} \tag{6.22}$$

$$\hat{r}_{di}=G_{pir}(-\hat{\bar{r}}_{dci})-G_{pic}\left(\frac{\hat{i}_{dci}}{k_i}-\hat{\bar{i}}_{dci}\right) \tag{6.23}$$

式中，G_{piv}、G_{pic}和G_{pir}分别为二次控制中平均电压调节器、平均电流调节器和平均下垂系数调节器的传递函数。

将式(6.23)代入式(6.22)，并令i分别等于1和2，可得

$$\begin{cases}\hat{u}_{dc1}^{*}=\hat{u}_{dc}^{*}-G_{piv}\hat{\bar{u}}_{dc1}+\left(\dfrac{I_{dc1}G_{pic}}{k_1}-R_1\right)\hat{i}_{dc1}+I_{dc1}G_{pir}\hat{\bar{r}}_{dc1}-I_{dc1}G_{pic}\hat{\bar{i}}_{dc1}\\ \hat{u}_{dc2}^{*}=\hat{u}_{dc}^{*}-G_{piv}\hat{\bar{u}}_{dc2}+\left(\dfrac{I_{dc2}G_{pic}}{k_2}-R_2\right)\hat{i}_{dc2}+I_{dc2}G_{pir}\hat{\bar{r}}_{dc2}-I_{dc2}G_{pic}\hat{\bar{i}}_{dc2}\end{cases} \tag{6.24}$$

同时，系统中平均电压、平均电流和平均下垂系数的表达式如下：

$$\begin{cases} \bar{\hat{u}}_{\mathrm{dc1}} = \dfrac{\hat{u}_{\mathrm{dc1}} + G_{\mathrm{d}} \cdot \hat{u}_{\mathrm{dc2}}}{2} \\ \bar{\hat{u}}_{\mathrm{dc2}} = \dfrac{G_{\mathrm{d}} \cdot \hat{u}_{\mathrm{dc1}} + \hat{u}_{\mathrm{dc2}}}{2} \end{cases} \tag{6.25}$$

$$\begin{cases} \bar{\hat{i}}_{\mathrm{dc1}} = \dfrac{\hat{i}_{\mathrm{dc1}} + G_{\mathrm{d}} \cdot \hat{i}_{\mathrm{dc2}}}{2} \\ \bar{\hat{i}}_{\mathrm{dc2}} = \dfrac{G_{\mathrm{d}} \cdot \hat{i}_{\mathrm{dc1}} + \hat{i}_{\mathrm{dc2}}}{2} \end{cases} \tag{6.26}$$

$$\begin{cases} \bar{\hat{r}}_{\mathrm{dc1}} = \dfrac{\hat{r}_{\mathrm{dc1}} + G_{\mathrm{d}} \cdot \hat{r}_{\mathrm{dc2}}}{2} \\ \bar{\hat{r}}_{\mathrm{dc2}} = \dfrac{G_{\mathrm{d}} \cdot \hat{r}_{\mathrm{dc1}} + \hat{r}_{\mathrm{dc2}}}{2} \end{cases} \tag{6.27}$$

式中，G_{d}为低带宽通信网络中的延迟环节，可表示为

$$G_{\mathrm{d}} = \frac{1}{1 + \tau \cdot s} \tag{6.28}$$

其中，τ 为通信延迟时间常数。

根据图 6.11 所示的电路模型，可得两台变换器的输出电流表达式为

$$\begin{cases} i_{\mathrm{dc1}} = \alpha_1 \cdot u_{\mathrm{dc1}} - \lambda \cdot u_{\mathrm{dc2}} \\ i_{\mathrm{dc2}} = \alpha_2 \cdot u_{\mathrm{dc2}} - \lambda \cdot u_{\mathrm{dc1}} \end{cases} \tag{6.29}$$

式中，系数 α_1、α_2 和 λ 可由下式得出：

$$\begin{cases} \alpha_1 = \dfrac{r_{\mathrm{c2}} + r_{\mathrm{load}}}{r_{\mathrm{c1}} r_{\mathrm{c2}} + r_{\mathrm{c1}} r_{\mathrm{load}} + r_{\mathrm{c2}} r_{\mathrm{load}}} \\ \alpha_2 = \dfrac{r_{\mathrm{c1}} + r_{\mathrm{load}}}{r_{\mathrm{c1}} r_{\mathrm{c2}} + r_{\mathrm{c1}} r_{\mathrm{load}} + r_{\mathrm{c2}} r_{\mathrm{load}}} \\ \lambda = \dfrac{r_{\mathrm{load}}}{r_{\mathrm{c1}} r_{\mathrm{c2}} + r_{\mathrm{c1}} r_{\mathrm{load}} + r_{\mathrm{c2}} r_{\mathrm{load}}} \end{cases} \tag{6.30}$$

其中，r_{c1} 和 r_{c2}分别代表变换器＃1 和＃2 的线缆阻抗；r_{load}代表负载电阻。

系统内环的电压、电流闭环控制模型可表示为

$$\hat{u}_{\mathrm{dc}i}^{*} \cdot \frac{G_{\mathrm{v\_in}} G_{\mathrm{c\_in}}}{1 + G_{\mathrm{v\_in}} G_{\mathrm{c\_in}}} = \hat{u}_{\mathrm{dc}i}, \qquad i = 1, 2 \tag{6.31}$$

式中，$G_{\mathrm{v_in}}$和 $G_{\mathrm{c_in}}$分别为系统内环控制中电压闭环调节器和电流闭环调节器的传递函数。

将式(6.30)代入式(6.29)，并结合式(6.24)～(6.28)及式(6.31)，可得下列等式关系：

$$\hat{u}_{\mathrm{dc}i}=g_i(\hat{u}_{\mathrm{dc}}^{*},\hat{r}_{\mathrm{d1}},\hat{r}_{\mathrm{d2}}),\qquad i=1,2 \tag{6.32}$$

式中，g_i代表$\hat{u}_{\mathrm{dc}i}/\hat{u}_{\mathrm{dc}}$、$\hat{u}_{\mathrm{dc}i}/\hat{u}_{\mathrm{d1}}$和$\hat{u}_{\mathrm{dc}i}/\hat{u}_{\mathrm{d2}}$之间的函数关系。

根据上述系统模型，可利用 MATLAB 对式(6.32)进行求解，并可绘制出$\hat{u}_{\mathrm{dc}i}/\hat{u}_{\mathrm{dc}}$的主导极点位置分布情况，以考察系统的稳定性。不同通信延迟下的系统主导极点分布如图 6.13 所示，当系统中低带宽通信网络延迟时间由 0 s 向 3 s 变化时，可以看到图中箭头方向所示的系统主导极点变化轨迹。可见，随着通信延迟的增加，系统主导极点向虚轴靠近，但是所有主导极点依然处于左半平面，因此系统是稳定的。

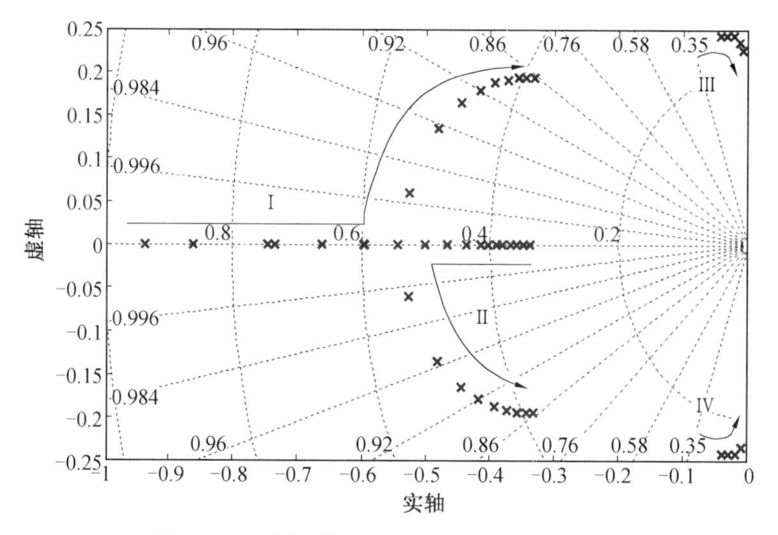

图 6.13　不同通信延迟下的系统主导极点分布

6.3.4　自适应二次调节的实验验证

为了验证所提二次控制算法的有效性，搭建了图 6.14 所示的带有三台并联变换器的直流微电网下垂控制实验平台。系统主要包括三台容量相同的 Boost 型变换器、三台直流源以及直流负载。直流负载由连接在变换器＃1 和变换器＃3输出端的本地负载和连接在公共母线端的公共负载组成。各变换器中的微控制器通过 RS232 接口与系统中其他微控制器构成一个低带宽通信网络，系统参数见表 6.1。

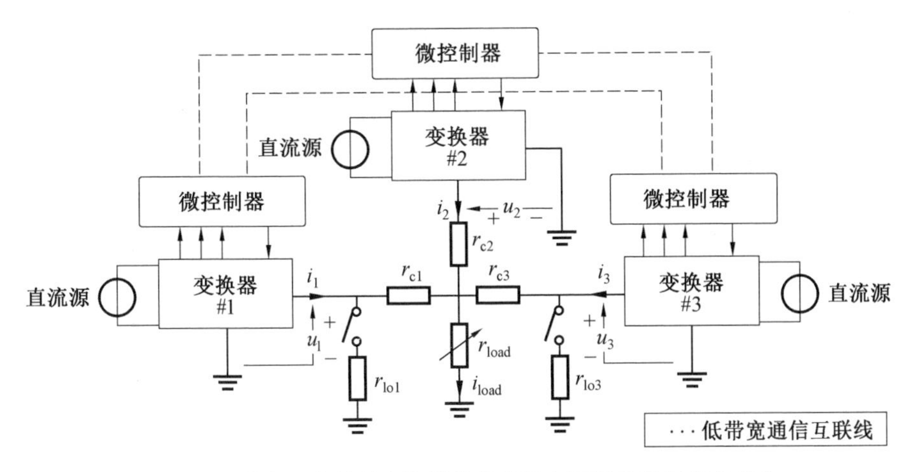

图 6.14　带有三台并联变换器的直流微电网下垂控制实验平台

表 6.1　系统参数

参数	标记	值
输入电压/V	u_{in}	100
电压参考值/V	u_{ref}	200
额定功率/kW	P_{rate}	1
开关频率/kHz	f_{sw}	20
滤波电感值/mH	L_f	2
滤波电容值/μF	C_f	470
下垂系数/Ω	r_d	10

相关实验测试主要由以下几部分组成:第一部分通过由两台变换器和公共负载组成的基本直流微电网系统,验证所提二次控制方法的有效性;第二部分在负载阶跃和波动的情况下,对基于下垂平移的二次控制方法和所提二次控制方法的动态均流效果进行对比和分析;第三部分令三台并联变换器同时运行在恒压下垂状态,验证所提二次控制方法的有效性,同时考察其中一台变换器故障退出一段时间后又恢复接入时,所提二次控制方法的可适应性;第四部分考察变换器#1 和变换器#3 输出端接有本地负载时,所提二次控制方法的有效性。

采用两台并联变换器测试所提二次控制方法的基本性能,考察了不同通信延迟和线路阻抗条件下二次控制方法使能前后变换器输出端电压与电流变化情况。不同通信延迟和线缆阻抗下所提二次控制方法的实验结果如图 6.15 所示,在二次控制使能前，由于两台变换器的线缆阻抗不匹配，因此其输出电流存在差异，且该差异随着线路阻抗差异变大而变大。在所提二次控制使能后，在其调节下，变换器的输出电压得到提升，且输出电流趋向一致。实验结果证明，所提的分布式二次控制方法可有效解决下垂控制所带来的电压跌落和线路阻抗不匹配所引起的均流精度下降问题。从实验结果中也可观察到，随着通信延迟的增加，虽然二次控制最终调节成功，但是调节时间变长，且电流变化过程出现了轻微的过调。

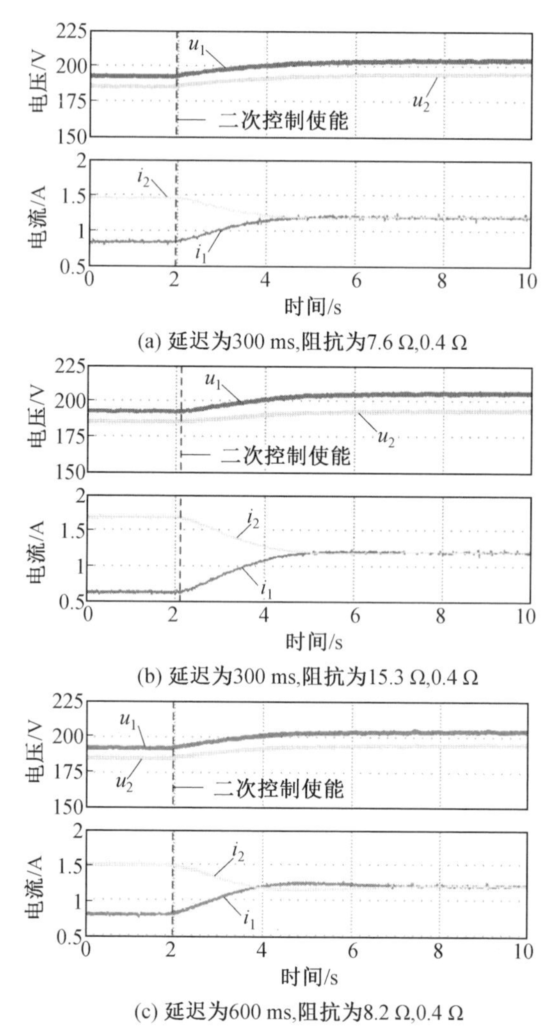

图 6.15　不同通信延迟和线缆阻抗下所提二次控制方法的实验结果

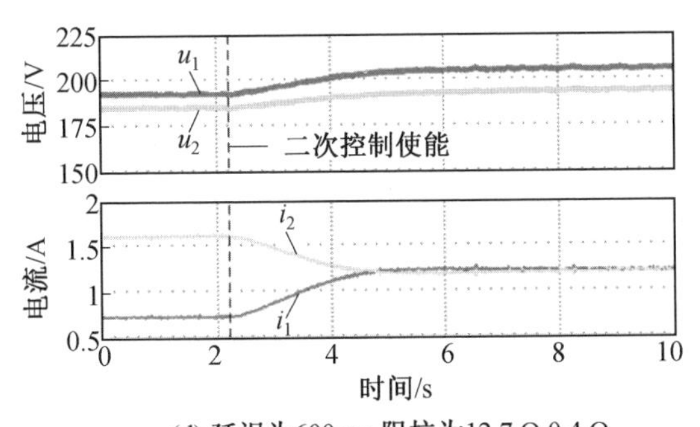

(d) 延迟为600 ms,阻抗为12.7 Ω,0.4 Ω

续图 6.15

在采用相同硬件环境和控制参数的情况下,对比了采用基于低带宽通信的自适应阻抗式二次控制方法和采用下垂平移二次控制方法的系统动态均流性能。图 6.16 为负载发生波动情况下的对比实验结果,可以看出,自适应阻抗式二次控制方法在负载发生波动时,仍保持了良好的均流性能,但是采用下垂平移二次控制方法时,负载波动部分的均流精度发生了下降。实验结果验证了 6.3.1 小节中的相关理论分析。

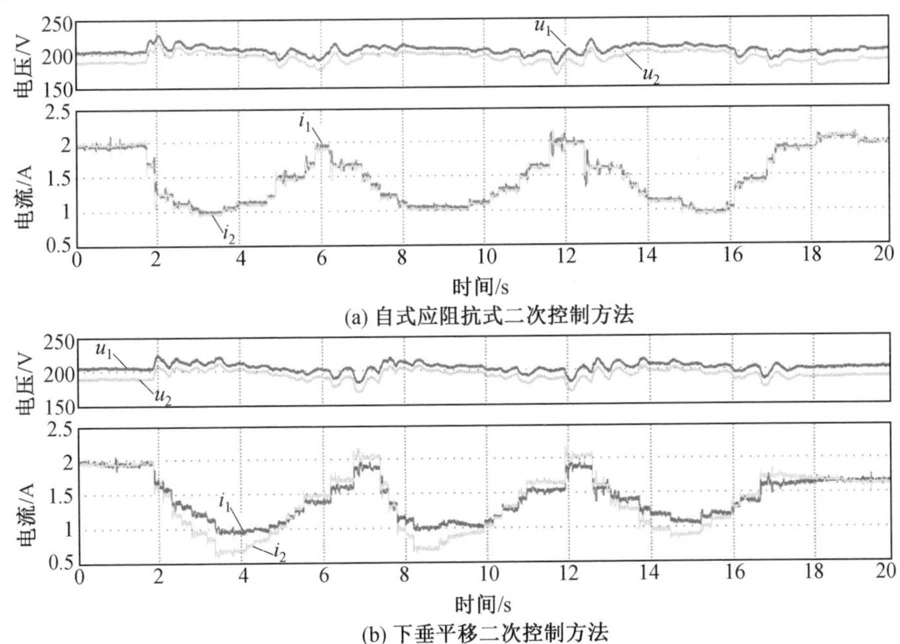

图 6.16 负载发生波动情况下的对比实验结果

在负载发生阶跃变化时，基于低带宽通信的自适应阻抗式二次控制方法和电压平移方法的暂态均流对比结果更加明显。自适应阻抗式二次控制方法和电压平移方法的暂态均流效果如图 6.17 所示，从图中可以看出，自适应阻抗式二次控制方法在负载突然增加(图 6.17(a))和突然降低时(图 6.17(b))，均流效果并未受到较大影响。

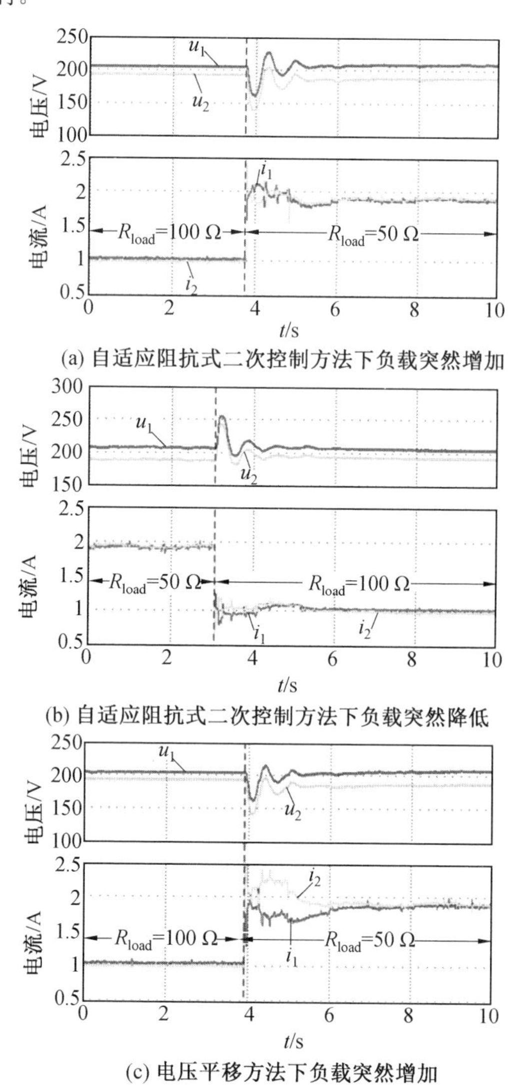

(a) 自适应阻抗式二次控制方法下负载突然增加

(b) 自适应阻抗式二次控制方法下负载突然降低

(c) 电压平移方法下负载突然增加

图 6.17　自适应阻抗式二次控制方法和电压平移方法的暂态均流效果

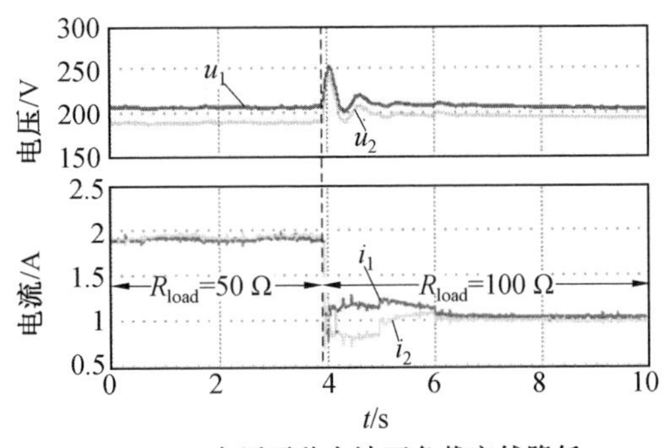

(d) 电压平移方法下负载突然降低

续图 6.17

而采用电压平移方法时（图 6.17(c)、(d)），由于其外特性阻抗不一致，因此在负载变化瞬间，两台变换器输出电流不一致，且输出电流的再次均衡需要一定的调节时间。

进一步地，验证了在多台变换器同时运行时自适应阻抗式二次控制方法的有效性和变换器退出或接入时自适应阻抗式二次控制方法的可适应性。三台并联变换器下自适应阻抗式二次控制方法的实验结果如图 6.18 所示。可以看出，在二次控制使能前，虽然三台变换器的线缆阻抗不同导致输出电流不均衡，但是在二次控制使能后，三台变换器的输出电压均得以提升，输出电流趋向一致。图 6.19 为三台并联变换器下自适应阻抗式二次控制方法的动态均流效果，可以看出其动态均流效果依然令人满意。

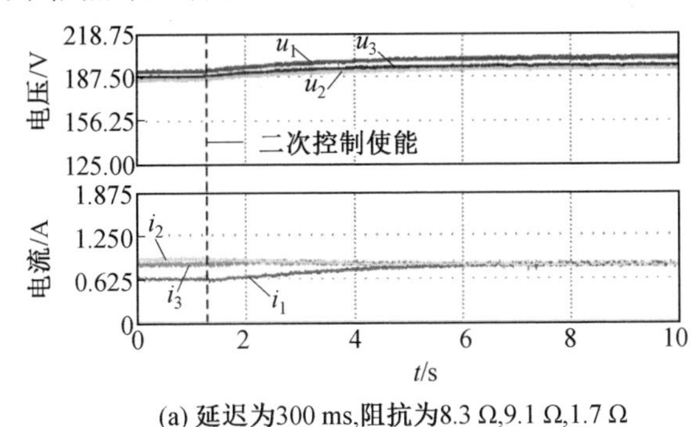

(a) 延迟为300 ms，阻抗为8.3 Ω，9.1 Ω，1.7 Ω

图 6.18　三台并联变换器下自适应阻抗式二次控制方法的实验结果

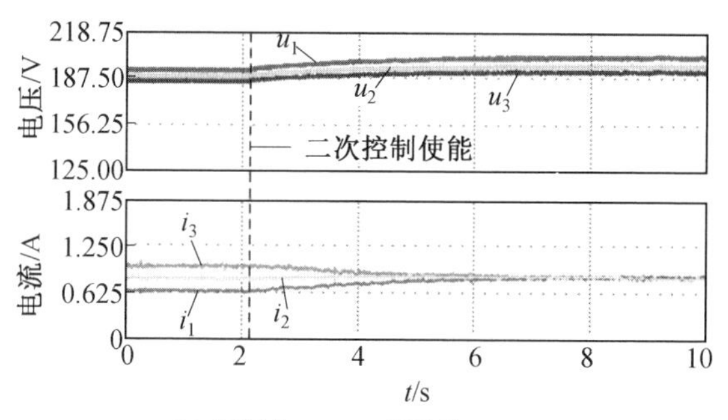

(b) 延迟为300 ms,阻抗为8.3 Ω,4.2 Ω,1.7 Ω

续图 6.18

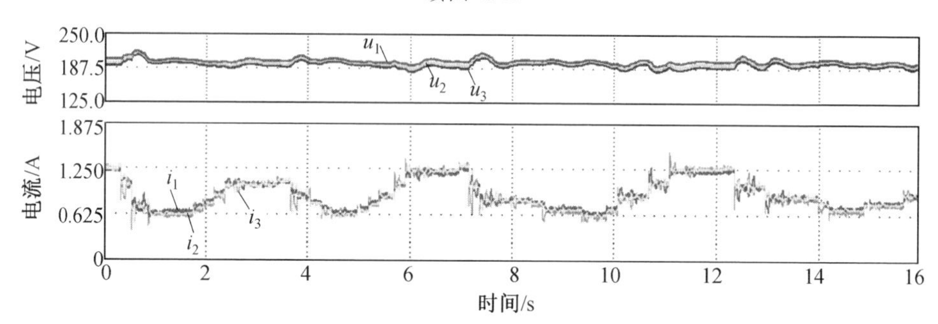

图 6.19　三台并联变换器下自适应阻抗式二次控制方法的动态均流效果(彩图见附录)

为了验证自适应阻抗式二次控制方法的可适应性，在自适应阻抗式二次控制方法使能并完成调节后，令其中一台变换器退出运行，之后恢复运行。变换器故障与恢复实验结果如图 6.20 所示，可以看出，在变换器＃1 故障退出后，为了维持系统能量平衡，其余两台变换器的输出电流相应提高，并在此期间保持了良好的均流性能。而当变换器＃1 恢复接入后，在自适应阻抗式二次控制方法作用下，三台变换器的输出电流最终又趋向一致。

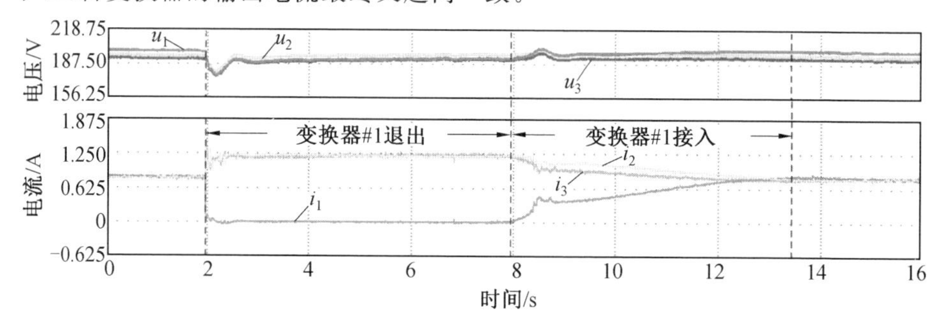

图 6.20　变换器故障与恢复实验结果

为了验证存在本地负载时所提自适应阻抗式二次控制方法的有效性，对本地负载接入和退出时系统的运行情况进行考察。本地负载接入与退出时实验结果如图6.21所示，在第一阶段，三台并联变换器只给公共负载供电，各变换器的输出电流在所提算法的调节下已经达到均衡。在第二阶段，变换器#3的本地负载r_{lo3}接入，各变换器的输出电流相应提高，在这个过程中系统的均流精度受负载的接入影响不大。在第三阶段，变换器#1的本地负载r_{lo1}也接入系统，变换器#1的输出电流在接入瞬间增高，但在二次控制作用下逐渐与其他两台变换器输出电流相等。在第四和第五阶段，变换器#1和#3的本地负载依次退出时，也有与第三阶段类似的结果。可以看出，在本地负载与公共负载同时存在时，所提自适应阻抗式二次控制方法依然能够保证参与运行变换器的均流精度。

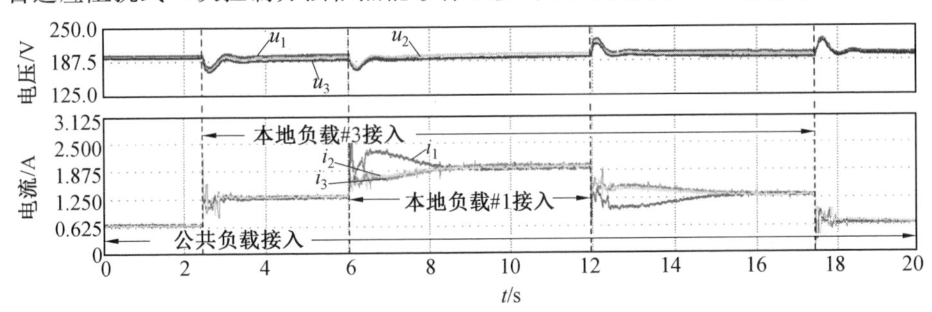

图6.21　本地负载接入与退出时实验结果

从图6.21也可以看出，在变换器#3的本地负载r_{lo3}接入与退出时，系统的均流精度受负载影响不大，这是由于变换器#3端的线缆阻抗较小，由之前的等效电路模型分析可知，该情况下所得等效线路阻抗与本地负载接入前实际线路阻抗差异较小，因此对均流精度影响不大。而在变换器#1的本地负载r_{lo1}接入与退出时，由于变换器#1端的线缆阻抗相对较大，该情况下所得等效线路阻抗与本地负载接入前线路阻抗的差异较大，因此系统的暂态均流精度受到一定影响，但随后系统均流精度在所提自适应阻抗式二次控制方法的作用下得以成功恢复。在上述过程中，变换器#2和#3的均流精度受影响较小，在整个运行周期保持了良好的动态均流效果。

本章小结

本章在分析直流下垂控制的固有缺陷和现有直流微电网二次控制方案的基

础上,进一步分析了基于下垂曲线平移二次控制方法的动态均流性能,提出了基于低带宽通信的自适应阻抗式改进二次控制方法。该二次控制方法采用分布式控制方案,通过平均电流调节器和平均下垂系数调节器共同对下垂系数进行调整,在变换器外接线缆阻抗不匹配的情况下仍可使参与运行的变换器外特性阻抗相等。本章对所提自适应阻抗式二次控制方法进行了稳定性分析和相关等效电路分析,通过多个实验场景对所提自适应阻抗式二次控制方法的有效性进行了实验验证。同时,本章对比了所提自适应阻抗式二次控制方法与下垂平移式二次控制方法在负载波动和突变情况下的动态均流性能。理论分析与实验结果表明,基于低带宽通信的自适应阻抗式二次控制方法具有更好的动态均流特性,可有效应对直流微电网中负载的复杂变化。

第7章

直流微电网容量优化配置

为建立符合本地负载需求且满足社会经济效益的微电网系统，需对系统中各单元的容量配置方案进行合理优化。直流微电网的优化配置求解可看作对多个符合运行指标方案配置结果的择优过程，可在各单元及系统运行目标建模的基础上，通过设置系统约束条件，将其抽象为组合优化问题。针对其变量多、存在非线性环节等特点，可利用智能优化算法对系统进行求解，最终得到符合运行指标和经济目标的微电网容量优化配置结果。

本章对直流微电网的容量优化配置以各单元投资费用和系统运行、维护费用最低为目标，其中各单元投资费用折算为年化投资费用进行考察，系统运行、维护费用则包括了设备运行、维护费用及与大电网交换电能涉及的电价费用。同时，优化过程中兼顾系统的供电性能、环境友好等因素，确保优化结果符合实际需求。

7.1 直流微电网容量配置模型

直流微电网的容量优化配置依据当地自然条件和负载情况，在不同类型、不同数量的单元配置方案中寻找最优配置结果。首先建立光伏发电单元、风力发电单元、储能单元，以及并网变换器的出力模型和容量模型，并使各单元出力、负载消耗能量及与电网交换能量的总和满足系统能量平衡。在兼顾各单元的实际约束条件（如容量限制、蓄电池寿命等）的基础上，进一步考虑系统的综合约束条件，使系统优化配置结果趋向合理。

7.1.1 系统各单元出力与容量模型

1. 光伏发电单元出力模型

光伏阵列中光伏电池输出功率大小主要受太阳辐射强度和环境温度影响，可由下式表达：

$$P_{pv}=P_{STC}\frac{G_c}{G_{STC}}[1+k(T_c-T_{STC})] \tag{7.1}$$

式中，P_{pv}是光伏电池在表层温度为T_c、光照强度为G_c情况下的输出功率；k为功率温度系数；下标STC特指标准测试条件（Standard Test Condition，STC）下的测试数据，其中标准测试条件下光照强度G_{STC}为1 kW/m^2，温度T_{STC}为25 ℃，光伏电池的额定输出功率P_{STC}一般由厂商给出。

光伏电池表层温度T_c与当前环境温度、光照强度和当前环境风速有关，有

$$T_c=T_a+\alpha G_c \tag{7.2}$$

式中，T_a为当前环境温度；系数α为当前环境风速的指数函数，有

$$\alpha=f(v)=c_1+c_2e^{c_3v} \tag{7.3}$$

其中，c_1、c_2、c_3为常系数。

依据光照强度和当前环境温度、风速等数据，通过上述光伏发电单元的出力

模型，即可得到各时刻系统中光伏发电单元的出力数据。

2. 风力发电单元出力模型

风力发电单元出力模型可由以下分段函数表示：

$$P_{wt}(v)=\begin{cases} p_r(v-v_{ci})/(v_r-v_{ci}), & v_{ci}\leqslant v<v_r \\ p_r, & v_r\leqslant v\leqslant v_{co} \\ 0, & v<v_{ci}\text{或 } v>v_{co} \end{cases} \tag{7.4}$$

式中，$P_{wt}(v)$为风力发电单元在环境风速为 v 时的输出功率；p_r 为机组的额定功率；v_{ci}、v_{co} 和 v_r 分别为风力发电机的切入风速、切出风速和额定风速。

依据系统风速数据，通过上述风力发电单元的出力模型，即可得到各时刻系统中风力发电单元的出力数据。

3. 储能单元容量模型

直流微电网的储能单元可采用混合储能的形式，但在微电网的优化配置方法中，系统运行间隔一般以小时为单位，无法在系统能量交换过程中体现超级电容快速补偿的特点，因此本书中的储能单元容量配置以蓄电池为对象（即只考虑蓄电池作为系统储能装置，不加超级电容），在实际应用场合，可根据系统中功率波动大小和补偿目标确定超级电容的功率及容量配置方案。

铅酸阀控蓄电池（Valve Regulated Lead Battery，VRLA）具有成本低廉、技术成熟等特点，在储能场合应用广泛，其剩余电量随充、放电过程发生变化。蓄电池充电时，其下一时刻电量 $E_{bat}(t+\Delta t)$为当前电量 $E_{bat}(t)$与单位时间内充电功率积分之和；蓄电池放电时，其下一时刻电量 $E_{bat}(t+\Delta t)$则为当前电量 $E_{bat}(t)$与单位时间内充电功率积分之差。根据蓄电池的自放电系数和充、放电效率，可得 Δt 时间内分别以 P_{bat}^{ch} 充电和 P_{bat}^{dh} 放电后蓄电池的容量变化表达式为

$$E_{bat}(t+\Delta t)=E_{bat}(t)(1-\sigma\cdot\Delta t)+\int_t^{t+\Delta t}P_{bat}^{ch}(t)\,\mathrm{d}t\cdot\eta_{ch} \tag{7.5}$$

$$E_{bat}(t+\Delta t)=E_{bat}(t)(1-\sigma\cdot\Delta t)-\int_t^{t+\Delta t}P_{bat}^{dh}(t)\,\mathrm{d}t/\eta_{dh} \tag{7.6}$$

式中，σ 为蓄电池自放电系数；η_{ch} 和 η_{dh} 分别为蓄电池充、放电效率。

据此，可得到蓄电池单位时间充、放电后的荷电状态（SoC）表达式为

$$\mathrm{SoC}(t+\Delta t)=\mathrm{SoC}(t)(1-\sigma\cdot\Delta t)+\int_t^{t+\Delta t}P_{bat}^{ch}(t)\,\mathrm{d}t\cdot\eta_{ch}/\bar{E}_{bat} \tag{7.7}$$

$$\mathrm{SoC}(t+\Delta t)=\mathrm{SoC}(t)(1-\sigma\cdot\Delta t)-\int_t^{t+\Delta t}P_{bat}^{dh}(t)\,\mathrm{d}t/(\eta_{dh}\cdot\bar{E}_{bat}) \tag{7.8}$$

式中，$\bar{E}_{bat}$ 为蓄电池额定容量。

4. 储能单元约束条件

蓄电池在充、放电过程中，其荷电状态不得出现能量越限，应对其上、下限做如下约束：

$$\mathrm{SoC}_{\min} \leqslant \mathrm{SoC}(t) \leqslant \mathrm{SoC}_{\max} \tag{7.9}$$

式中，$\mathrm{SoC}_{\min}$为蓄电池荷电状态下限；$\mathrm{SoC}_{\max}$为蓄电池荷电状态上限。

根据蓄电池的额定容量和式(7.9)可知，在系统优化配置过程中，蓄电池容量应约束在以下范围：

$$\mathrm{SoC}_{\min} \cdot \bar{E}_{\mathrm{bat}} \leqslant E_{\mathrm{bat}}(t) \leqslant \mathrm{SoC}_{\max} \cdot \bar{E}_{\mathrm{bat}} \tag{7.10}$$

同时，蓄电池的最大充、放电功率也有对应的约束限制，所允许的最大充、放电功率与蓄电池当前荷电状态及端电压有关，即

$$P_{\mathrm{ch}}^{\max}(t) = N_{\mathrm{bat}} \cdot \max\{0, \min\{[\mathrm{SoC}_{\max} - \mathrm{SoC}(t)] \cdot \bar{E}_{\mathrm{bat}}/\Delta t, I_{\mathrm{ch}}^{\max}\} \cdot V_{\mathrm{bat}}(t)\} \tag{7.11}$$

$$P_{\mathrm{dh}}^{\max}(t) = N_{\mathrm{bat}} \cdot \max\{0, \min\{[\mathrm{SoC}(t) - \mathrm{SoC}_{\min}] \cdot \bar{E}_{\mathrm{bat}}/\Delta t, I_{\mathrm{dh}}^{\max}\} \cdot V_{\mathrm{bat}}(t)\} \tag{7.12}$$

式中，N_{bat}为蓄电池数量；V_{bat}为蓄电池端电压；$I_{\mathrm{ch}}^{\max}$和$I_{\mathrm{dh}}^{\max}$分别为单位时间内允许的最大充电和放电电流，一般规定其不超过蓄电池额定容量的 20%。

5. 并网变换器功率模型

在直流微电网并网运行时，可通过所配置的并网变换器与大电网进行能量交换，交换功率的大小和方向取决于系统能量状况。在直流微电网内部能量出现剩余或不足时，并网变换器可对应运行在逆变状态或整流状态，分别向大电网输送电能或从大电网获取电能。同时，并网变换器可依据功率指令P_{cmd}调节其传输功率大小，在达到其容量极限时，则以额定功率运行。其功率传输表达式如下：

$$P_{\mathrm{GCC}} = \begin{cases} 0, & P_{\mathrm{cmd}} = 0 \\ P_{\mathrm{cmd}}, & |P_{\mathrm{cmd}}| \leqslant P_{\mathrm{rate}} \\ P_{\mathrm{rate}}, & |P_{\mathrm{cmd}}| > P_{\mathrm{rate}} \end{cases} \tag{7.13}$$

式中，P_{GCC}为直流微电网系统中并网变换器与交流电网间实际交换功率；P_{rate}为并网变换器的额定功率。

7.1.2　蓄电池寿命评估模型

有文献资料表明，超级电容的有效充、放电次数可达 50 万次以上。相比之

下，蓄电池的有效充、放电次数则少得多，且蓄电池的寿命不仅与有效充、放电次数有关，也受到有效充、放电深度和环境温度影响，在达到其有效循环次数后，蓄电池组将失效，并需要进行更换。也就是说，相同参数的蓄电池在不同运行状况下的实际寿命相差较大。因此，为了合理评估直流微电网系统的优化配置结果，有必要在上述蓄电池充、放电模型与约束条件的基础上进一步考虑其寿命评估模型，并在优化配置过程中计入。下面介绍几种现有的蓄电池寿命评估方法。

1. 曲线拟合法

用曲线拟合法评估蓄电池寿命的主要步骤如下：

(1)确定蓄电池型号和参数，包括额定安时，电压，最大充、放电电流及参考循环次数等。

(2)获取该型号蓄电池放电深度与循环次数的关系曲线。

(3)使用下列公式获得蓄电池放电深度与蓄电池实际寿命折损关系，可使用优化算法进行曲线拟合：

$$L_{\mathrm{loss}}=u_2\left(\frac{D_{\mathrm{R}}}{D}\right)^{u_0}\cdot\exp\left[u_1\left(1-\frac{D}{D_{\mathrm{R}}}\right)\right] \tag{7.14}$$

式中，D_{R}为额定循环次数下的放电深度。

(4)在(3)的基础上，进一步按下式获得蓄电池的有效放电率：

$$d_{\mathrm{eff}}(i)=\left(\frac{D_{\mathrm{A}}}{D_{\mathrm{R}}}\right)^{u_0}\cdot\exp\left[u_1\left(\frac{D_{\mathrm{A}}}{D_{\mathrm{R}}}-1\right)\right]\cdot\frac{E_{\mathrm{R}}}{E_{\mathrm{A}}}d_{\mathrm{act}} \tag{7.15}$$

式中，D_{A}为实际放电深度；E_{R}为蓄电池额定容量；E_{A}为蓄电池放电时实际容量；d_{act}为放电电量。

(5)根据(4)计算所得结果按下式计算蓄电池实际使用寿命：

$$L_{\mathrm{time}}=\frac{L_{\mathrm{R}}\cdot D_{\mathrm{R}}\cdot C_{\mathrm{R}}\cdot T}{\sum_{i=1}^{n}d_{\mathrm{eff}}(i)} \tag{7.16}$$

式中，L_{R}为蓄电池额定循环次数；T 为系统运行时间。

2. 雨流计数法

用雨流计数法评估蓄电池寿命的主要步骤如下：

(1) 确定蓄电池型号和参数，包括额定安时，电压，最大充、放电电流及参考循环次数等。

(2) 使用雨流计数法确定蓄电池运行过程中循环计数周期内的放电深度 D_i。

(3) 根据厂商提供的放电深度与循环寿命数据进行曲线拟合，获得曲线表达

函数 N_{ctf}。

(4)在以上基础上可得第 i 次循环时，等效循环寿命为

$$N(D_i)=\frac{N_{ctf}(D_1)}{N_{ctf}(D_i)} \tag{7.17}$$

式中，$N_{ctf}(D_1)$ 为放电深度为 1 时蓄电池的循环寿命。

(5)由此可得蓄电池的等效循环寿命和寿命损失(Life Loss)分别为

$$\begin{cases} N=\sum\limits_{D_i=0.01}^{1} N(D_i) \\ L_{loss}=\dfrac{N_{ctf}(D_1)}{N} \end{cases} \tag{7.18}$$

3. 等效电量权重法

等效电量权重法假设蓄电池存在一个等效放电量，在不同放电深度情况下该等效放电量与实际放电量存在比例关系，并通过权重因子(Weighting)进行调节。用等效电量权重法评估蓄电池寿命的主要步骤如下：

(1) 采用等效累计安时数(Effective Cumulative Ah)衡量蓄电池的寿命损失：

$$L_{loss}=\frac{A_c}{A_{total}} \tag{7.19}$$

式中，A_{total} 是蓄电池在全寿命周期中的总放电量，由一些文献可得其近似为蓄电池额定容量的倍数，即 $390\ \bar{E}_{bat}$；A_c 为某时期内蓄电池的等效累计安时数，可表示为

$$A_c=\lambda_{SoC}A_c^r \tag{7.20}$$

其中，λ_{SoC} 为权重因子(Weighting)；A_c^r 为实际放电安时。

权重因子 λ_{SoC} 可由下式得出：

$$\lambda_{SoC}=\begin{cases} d_1, & 0<\mathrm{SoC}(t)\leqslant 0.5 \\ d_2\cdot \mathrm{SoC}(t)+d_3, & 0.5<\mathrm{SoC}(t)\leqslant 1 \end{cases} \tag{7.21}$$

(2)进一步可得蓄电池寿命损失成本为

$$C_{loss}=L_{loss}\cdot C_{init\_bat} \tag{7.22}$$

式中，C_{init_bat} 为蓄电池的初始投资成本。

蓄电池 SoC 与权重因子的关系如图 7.1 所示。

由于等效电量权重法具有实现容易、运算量小等特点，因此在假设蓄电池环境温度恒定的条件下，本书中采用该方法对直流微电网优化配置过程中蓄电池

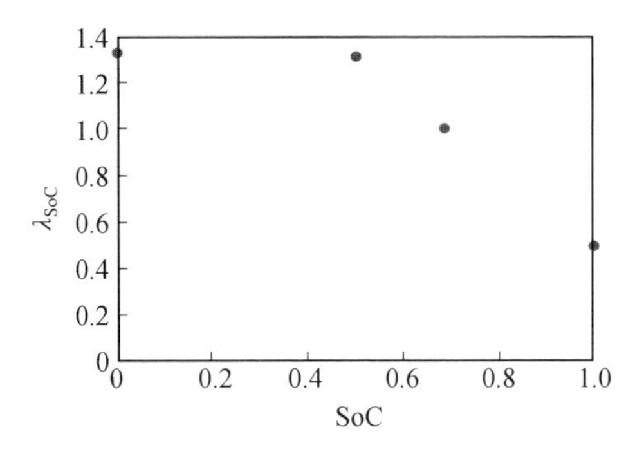

图 7.1　蓄电池 SoC 与权重因子的关系

的寿命损失进行评估。进一步地，在蓄电池运行过程中，对其寿命损失进行累加，可得 t 时刻后出蓄电池的寿命为

$$U_{span}=\frac{1}{\int_0^t L_{loss}(t)\ \mathrm{d}t} \tag{7.23}$$

蓄电池单元投资费用 $C_{bat}^{cap}(j)$ 主要由其功率成本、容量成本相加组成，即

$$C_{bat}^{cap}(j)=C_{bat}^{p}\cdot\overline{P}_{bat}(j)+C_{bat}^{e}\cdot\overline{E}_{bat}(j) \tag{7.24}$$

式中，C_{bat}^{p} 和 C_{bat}^{e} 分别为蓄电池单元的单位功率成本和容量成本；$\overline{P}_{bat}(j)$ 和 $\overline{E}_{bat}(j)$ 分别为第 j 次优化配置过程中蓄电池的额定功率和额定容量。

考虑上述蓄电池的寿命模型和成本模型，进而可得系统优化配置过程中蓄电池单元的年化投资费用(Annualized Capital Cost, ACC)为

$$C_{bat}^{ann}(j)=C_{bat}^{cap}(j)\cdot\frac{r(1+r)^{U_{span}(j)}}{(1+r)^{U_{span}(j)}-1} \tag{7.25}$$

式中，r 为银行利率。

7.1.3　各单元投资与维护成本模型

根据前面介绍的直流微电网系统组成及其出力与容量模型，可得到含有光伏发电单元、风力发电单元、储能单元及并网变换器的直流微电网系统优化配置经济目标函数。

系统中可再生能源单元的投资成本可由下式表达：

$$C_{reg}^{cap}(i,j)=N(i,j)\cdot[C_{ini}(i)+C_{setup}(i)+C_{con}(i)-C_{res}(i)] \tag{7.26}$$

式中，$C_{reg}^{cap}(i,j)$ 表示第 j 次优化配置过程中，第 i 种可再生能源单元的投资成本；$N(i,j)$ 为第 j 次优化配置过程中，第 i 类可再生能源单元的配置数量；$C_{ini}(i)$、$C_{setup}(i)$、$C_{con}(i)$、$C_{res}(i)$ 分为别第 i 类可再生能源单元单位化的初始投资费用、安

装费用、配套变换器费用和剩余成本。

在考虑折现率的情况下,可得直流微电网系统中可再生能源单元的年化投资费用为

$$C_{\rm reg}^{\rm ann}(j)=\sum_{i=1}^{N}C_{\rm reg}^{\rm cap}(i,j)\cdot\frac{r\,(1+r)^{m_i}}{(1+r)^{m_i}-1}\tag{7.27}$$

式中,m_i表示第i种可再生能源单元的使用寿命。

可再生能源的运行维护费用(Operating & Maintenance Cost, OMC)为

$$C_{\rm reg}^{\rm omc}=\sum_{i=1}^{n}K_{\rm reg}(i)\cdot\int_0^T P(i,t)\,{\rm d}t\tag{7.28}$$

式中,$K_{\rm reg}(i)$为第i种可再生能源单元的维护成本系数;$P(i,t)$为t时刻,第i种可再生能源单元所发出的功率。

蓄电池单元的维护费用为

$$C_{\rm bat}^{\rm omc}=K_{\rm bat}\cdot\int_0^T|P_{\rm bat}(t)|\,{\rm d}t\tag{7.29}$$

式中,$K_{\rm bat}$为蓄电池单元的维护成本系数;$P_{\rm bat}(t)$为t时刻蓄电池单元所发出或吸收的功率。

系统中并网变换器的年化投资费用为

$$C_{\rm con}^{\rm ann}(j)=C_{\rm con}^{\rm cap}\cdot P_{\rm con}^{\rm rate}(j)\cdot\frac{r\,(1+r)^{m_{\rm con}}}{(1+r)^{m_{\rm con}}-1}\tag{7.30}$$

式中,$C_{\rm con}^{\rm cap}$为并网变换器的单位投资费用;$P_{\rm con}^{\rm rate}(j)$为第$j$次并网变换器功率配置结果;$m_{\rm con}$表示并网变换器的使用寿命周期。

系统中并网变换器除了设备投资费用和维护费用外,还会通过并网售电、购电产生上网电价,上网电价可表示为

$$C_{\rm con}^{\rm ele}(t)=\begin{cases}P_{\rm con}(t)\cdot C_{\rm buy}(t), & P_{\rm con}(t)\geqslant 0\\ P_{\rm con}(t)\cdot C_{\rm sale}(t), & P_{\rm con}(t)<0\end{cases}\tag{7.31}$$

式中,$P_{\rm con}(t)$为t时刻流经并网变换器的功率;$C_{\rm buy}(t)$和$C_{\rm sale}(t)$分别为t时刻单位购电电价和单位售电电价。

由此可得并网变换器的运行维护费用为

$$C_{\rm con}^{\rm omc}=\int_0^T[K_{\rm con}\cdot|P_{\rm con}(t)|+C_{\rm con}^{\rm ele}(t)]{\rm d}t\tag{7.32}$$

式中,$K_{\rm con}$为并网变换器的单位维护费用系数。

7.1.4 直流微电网容量配置目标函数

综上可知,直流微电网系统的优化配置过程就是在满足约束条件的基础上,

令目标函数最小的优化过程，系统容量配置目标函数可表示为

$$\begin{cases}\text{object: } \min F(j)=\min[f_1(X_1,j)+f_2(X_2,j)+\cdots] \\ \text{s.t.} \quad h_1(X_1,j)=0,\ h_2(X_2,j)=0,\ \cdots \\ \qquad g_1(X_1,j)\leqslant 0,\ g_2(X_2,j)\leqslant 0,\ \cdots \\ \qquad X_1\in S_1, X_2\in S_2,\cdots\end{cases} \tag{7.33}$$

式中，$f_i(X_i, j)(i=1,2,\cdots)$表示系统中的各个目标函数；$h_i(X_i, j)$、$g_i(X_i, j)$ $(i=1,2,\cdots)$表示系统中的约束条件；$S_i(i=1,2,\cdots)$为系统变量所在域。

由于不涉及环境污染和燃料费用等问题，本书中所设计的直流微电网优化配置经济目标函数主要包括各项设备的投资费用以及运行、维护费用。令$f_1(X_1, j)$、$f_2(X_2, j)$分别等于系统的年化投资费用和运行维护费用，则有

$$f_1(X_1,j)=C_{\text{reg}}^{\text{ann}}(j)+C_{\text{bat}}^{\text{ann}}(j)+C_{\text{con}}^{\text{ann}}(j) \tag{7.34}$$

$$X_1(j)=\{N_1(j),N_2(j),\bar{P}_{\text{bat}}(j)_1,\bar{E}_{\text{bat}}(j),P_{\text{con}}^{\text{rate}}(j),U_{\text{span}}(j)\} \tag{7.35}$$

$$f_2(X_2,j)=C_{\text{reg}}^{\text{omc}}+C_{\text{bat}}^{\text{omc}}+C_{\text{con}}^{\text{omc}} \tag{7.36}$$

$$X_2(j)=\{N_1(j),N_2(j),P_{\text{pv}},P_{\text{wt}},P_{\text{bat}},P_{\text{con}},C_{\text{buy}},C_{\text{sale}}\} \tag{7.37}$$

在利用上述经济目标函数求解系统优化配置结果的过程中，可能会产生不满足所列系统约束条件的解。为此，可将系统约束条件以惩罚函数的形式计入总体目标函数，使算法排除优化配置过程中所产生的不满足所列约束条件的解。具体的做法是，当在系统优化配置过程中产生一个不符合约束条件的解时，惩罚因子与约束条件共同作用，使得系统总体目标函数输出结果远大于符合约束条件的优化结果，从而促使优化算法自动舍弃本次结果。根据下式可将系统约束条件作为目标函数之一计入系统总体优化目标：

$$f_3(X_3,j)=G_{\text{P}}[\max\{L_{\text{LPSP}}(j)-L_{\text{LPSP}}(\max),0\}+\max\{L_{\text{REE}}(\min)-L_{\text{REE}}(j),0\}] \tag{7.38}$$

$$X_3(j)=\{P_{\text{REG}}(j),P_{\text{LOAD}},P_{\text{bat}}^{\text{ch}},P_{\text{bat}}^{\text{dh}},P_{\text{con}}^{\text{buy}},P_{\text{con}}^{\text{sale}},\text{SoC}\} \tag{7.39}$$

式(7.38)中的G_{P}为惩罚因子，通常选取一个数值较大的常数，并保证惩罚函数的输出结果远大于经济目标函数在满足各约束条件时的输出结果。

7.2 基于多目标优化算法的容量配置方法

相比于交流微电网，直流微电网可节省大量交直流变换环节，因此在相同条件下，配置直流微电网可再生能源发电单元和储能单元的费用相对较低。但是

直流微电网无法像交流微电网那样直接通过静态开关与大电网相连接，存在并网变换器投资与运行费用问题，且并网变换器决定了系统的运行模式。本节研究直流微电网在并网变换器不同工作状态下的优化配置结果，并对结果进行对比分析。

7.2.1　粒子群算法介绍

本节采用粒子群算法求解直流微电网的容量优化配置问题。粒子群算法是一种基于群体和进化概念的启发式算法，具有收敛快、精度高等优点，已成为求解非线性优化问题的有效工具。下面结合本书中的研究对象模型和系统运行方案介绍直流微电网优化配置的求解步骤。

粒子群算法用于确定最优方案，具有参数调节少、函数适用性高等特性，尤其对多变量、非线性、不连续、不可微分等优化问题，具有极高的适用性。

首先定义粒子为 N 维空间以一定速度和方向飞行的点，m 个粒子则构成一个粒子种群 $\boldsymbol{x}=(x_1,x_2,\cdots,x_m)^{\mathrm{T}}$。种群中的每个粒子可由目标函数计算各自的适应值，并且可以记录每个粒子飞行过程中的最佳位置和当前位置。同时，每个粒子可以依照自身惯性、当前位置与最佳位置距离和当前位置与群体最佳位置距离改变自身的状态。

定义第 i 个粒子的当前位置、速度、个体极值和全局极值如下：

$$\begin{cases}\boldsymbol{x}_i=(x_{i,1},x_{i,2},\cdots,x_{i,n})^{\mathrm{T}}\\ \boldsymbol{v}_i=(v_{i,1},v_{i,2},\cdots,v_{i,n})^{\mathrm{T}}\\ \boldsymbol{p}_i=(p_{i,1},p_{i,2},\cdots,p_{i,n})^{\mathrm{T}}\\ \boldsymbol{p}_{\mathrm{g}}=(p_{\mathrm{g},1},p_{\mathrm{g},2},\cdots,p_{\mathrm{g},n})^{\mathrm{T}}\end{cases} \tag{7.40}$$

在确定上述变量后，上述粒子可按照下式更新自身速度和位置：

$$\begin{cases}v_{i,d}^{k+1}=v_{i,d}^{k}+c_1\cdot r_1\cdot(p_{i,d}^{k}-x_{i,d}^{k})+c_2\cdot r_2\cdot(p_{\mathrm{g},d}^{k}-x_{i,d}^{k})\\ x_{i,d}^{k+1}=x_{i,d}^{k}+v_{i,d}^{k+1}\end{cases} \tag{7.41}$$

式中，$i=1,2,\cdots,m$；$d=1,2,\cdots,D$；$p_{\mathrm{g},d}^{k}$ 和 $p_{i,d}^{k}$ 分别为粒子在第 D 维空间中全局极值和个体极值的位置；c_1 和 c_2 为学习因子；r_1 和 r_2 为数值介于 0 和 1 的均匀分布随机数。

粒子群算法的优化求解步骤如下：

(1)在定义的空间范围内对粒子群的种群数及各粒子的随机位置和速度进行初始化，设定当前进化代数 $j=1$。

(2)计算每个粒子在每一维空间的适应值。

(3)比较各个粒子的当前适应值与最优位置，若当前适应值优于历史最优位置，则对最优位置进行更新；比较各个粒子的当前适应值与种群最优值，若当前适应值优于种群最优值，则对种群最优值进行更新。

(4) 更新粒子速度和位置。

(5) 更新迭代，若满足结束条件，则输出结果。

粒子群算法的优化求解是一个不断迭代的过程，算法在产生新数据的同时也保存历史数据，并确保每个粒子同时处于历史最优和全局最优。每次迭代都会对个体极值和全局极值进行更新，并在上述步骤(5)中将本次求解得到的适应度与上次求解结果比较，若两次求解的差值小于等于设定的最小偏差值 E，即达到精度要求或迭代次数达到设定的最大迭代次数 $j_{\max}$，满足下式中任何一项时，算法将停止迭代并输出最终的优化结果：

$$\begin{cases} G_j - G_{j-1} \leqslant E \\ j \geqslant j_{\max} \end{cases} \tag{7.42}$$

式中，G_j 与 G_{j-1} 分别代表第 j 次和 $j-1$ 次迭代结果。

综上可得粒子群算法的优化求解流程如图 7.2 所示。

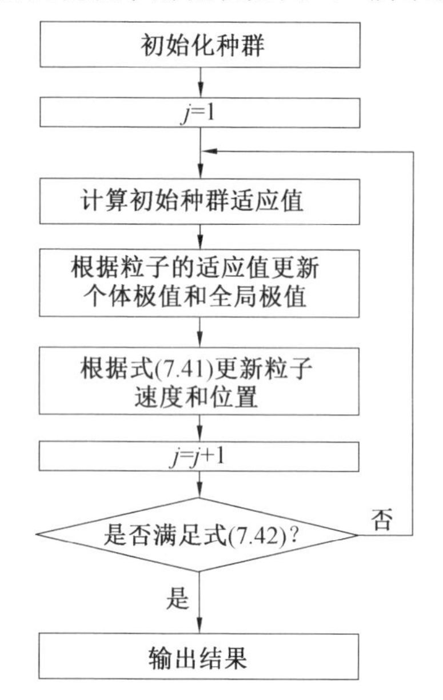

图 7.2　粒子群算法的优化求解流程

7.2.2　系统约束条件

系统在实际运行过程中，须满足若干约束条件，如系统中发电单元发电量与

蓄电池单元、负载之间须满足能量平衡关系。同时，可对负载年失电率和可再生能源利用率等系统运行条件进行约束，以在系统实现经济运行的同时，使直流微电网兼顾供电质量、环境友好等额外需求。

本书主要采用光伏、风力发电作为可再生能源发电单元，由此可得到 t 时刻系统中可再生能源发电单元发出的功率为

$$P_{\mathrm{REG}}(t,j)=N(1,j)\cdot P_{\mathrm{pv}}(t)+N(2,j)\cdot P_{\mathrm{wt}}(t) \tag{7.43}$$

进而可得到系统能量平衡约束条件为

$$P_{\mathrm{LOAD}}(t)=P_{\mathrm{REG}}(t,j)+P_{\mathrm{bat}}(t,j)+P_{\mathrm{con}}(t,j) \tag{7.44}$$

式中，$P_{\mathrm{LOAD}}(t)$为 t 时刻负载消耗功率。

当系统运行在某些极端条件下时，可能会出现系统供电不足的现象。如在直流微电网离网运行时，系统中可再生能源发电无法满足负载消耗，同时储能单元放电功率由于容量或 SoC 限制达到其最大放电功率 $P_{\mathrm{bat\_max}}^{\mathrm{dh}}$；或在系统并网运行时，可再生能源、储能单元和并网变换器同时放电且达到各自的功率或容量限制后仍不能满足负载需求时，系统内部会出现负载失电。提高系统中发电单元配置数量和并网变换器功率可解决上述问题，但一味地增加配置数量会造成系统投资成本大幅提高，也使系统在日常运行中出现多余设备闲置现象。

为此，可在系统满足基本能量平衡条件的基础上，将负载失电率(LPSP)作为直流微电网全年运行的可靠性指标，从而实现系统不同负载失电率情况下的优化配置。系统运行过程中的负载失电情况可由下式表达：

$$P_{\mathrm{LPS}}(t,j)=\begin{cases}P_{\mathrm{LOAD}}(t)-P_{\mathrm{REG}}(t,j)-P_{\mathrm{bat\_max}}^{\mathrm{dh}}-P_{\mathrm{rate}}, & P_{\mathrm{bat}}^{\mathrm{dh}}(t)>P_{\mathrm{bat\_max}}^{\mathrm{dh}} \text{ 且 } P_{\mathrm{con}}^{\mathrm{buy}}(t)>P_{\mathrm{rate}}\\ P_{\mathrm{LOAD}}(t)-P_{\mathrm{REG}}(t,j)-P_{\mathrm{bat\_max}}^{\mathrm{dh}}, & P_{\mathrm{bat}}^{\mathrm{dh}}(t)>P_{\mathrm{bat\_max}}^{\mathrm{dh}} \text{ 且 } P_{\mathrm{con}}^{\mathrm{buy}}(t)=0\\ 0, & \text{其他}\end{cases} \tag{7.45}$$

式中，前两种情况分别对应上述系统并网和离网运行时的失电情况；在正常供电情况下，失电率则为零。定义负载失电率为系统运行过程中负载累积失电量与负载消耗总电量之比，可得

$$L_{\mathrm{LRSP}}(j)=\frac{\int_0^T P_{\mathrm{LPS}}(t,j)\,\mathrm{d}t}{\int_0^T P_{\mathrm{LOAD}}(t)\,\mathrm{d}t},\quad L_{\mathrm{LRSP}}(j)\leqslant L_{\mathrm{LRSP}}(\max) \tag{7.46}$$

式中，$L_{\mathrm{LRSP}}(\max)$为系统允许的最大负载失电率。

为了体现直流微电网的优越性，应确保系统中存在一定比例的可再生能源发电单元。因此，可对其优化配置过程中可再生能源发电量所占的比例做一定限制。定义系统中可再生能源利用率(Renewable Energy Efficiency，REE)为

$$L_{\mathrm{REE}}(j)=\frac{\int_0^T P_{\mathrm{REG}}(t,j)\,\mathrm{d}t}{\int_0^T P_{\mathrm{LOAD}}(t)\,\mathrm{d}t},\quad L_{\mathrm{REE}}(j)\geqslant L_{\mathrm{REE}}(\min) \tag{7.47}$$

式中，$L_{\mathrm{REE}}(\min)$为系统设置的可再生能源利用率下限值。

需要指出的是，在对实际场合进行直流微电网优化配置时，也可根据系统指标和实际需要设计额外所需的系统约束条件，以使优化配置结果尽量满足具体场合的实际需求。

7.2.3 直流微电网运行方案划分

不同的运行方案对系统优化配置结果影响不同。图 7.3 所示为直流微电网能量流动关系，图中 REG 为系统中可再生能源发电(Renewable Energy Generation)单元，Loads 为系统中负载总和，不同单元之间的功率大小和流动方向分别在图中进行了相应的标记。系统的运行方案可由并网变换器的工作状态确定。首先，可根据直流微电网是否与交流电网连接将系统运行分为离网运行和并网运行两种基本运行方案；其次，在不同的并网发电政策下，可将系统并网运行分为单向从电网取电和功率双向流动两种运行方案；最后，针对不同的安装区域和应用场合，系统还存在离网、并网切换运行方案。

在以上分析的基础上，本节将直流微电网运行方案分为完全离网运行、单向离并网运行、双向离并网运行、单向并网运行和双向并网运行 5 种，分别针对这 5 种运行方案进行优化配置并对其结果展开对比、分析。以下是对各运行方案的具体说明。

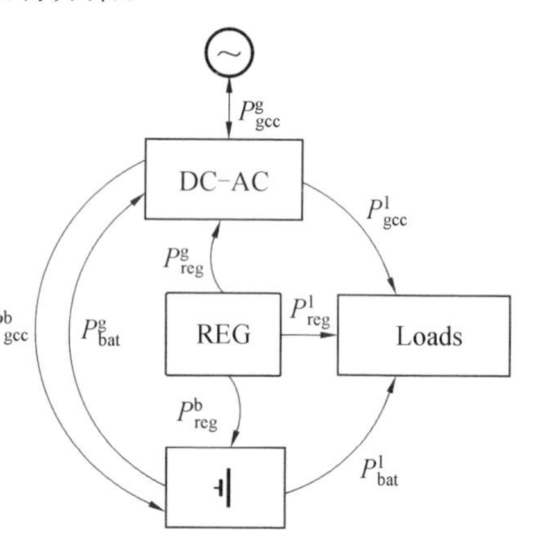

图 7.3　直流微电网能量流动关系

方案一：完全离网运行。使用储能单元，不使用并网变换器，系统只能离网运行，即图 7.3 中 $P^{\mathrm{g}}_{\mathrm{gcc}}$、$P^{\mathrm{b}}_{\mathrm{gcc}}$、$P^{\mathrm{l}}_{\mathrm{gcc}}$、$P^{\mathrm{g}}_{\mathrm{bat}}$、$P^{\mathrm{g}}_{\mathrm{reg}}$均为零。该方案下，当可再生能源发电量大于负载需求电量时，多出的电量向储能单元充电，每小时的充电量不超过式(7.11)，且储能单元中蓄电池 SoC 约束在式(7.10)范围内；当可再生能源发电量小于负载需求电量时，由储能单元补充不足的电量，每小时的放电量不超过式(7.12)，且储能单元中蓄电池 SoC 约束在式(7.10)范围内，若系统供电量仍不足，则不足电量记为负载失电量。

方案二：单向离并网运行。蓄电池与并网变换器同时参与系统运行，使系统既可离网运行又可并网运行，并可持续离网运行若干天，但只能从电网获取电量，即 P_{bat}^{g} 和 P_{reg}^{g} 为零。该方案下，系统并网运行时，并网变换器工作，可从电网获取电能，同时将产生的电价计入目标函数；离网运行时，并网变换器停机，蓄电池在满足自身约束条件的情况下为系统多余或不足能量提供缓冲。当光伏发电单元、风力发电单元和蓄电池单元发出的总电量不能满足负载需求时，则系统存在负载失电。

方案三：双向离并网运行。该方案与方案二的运行方式类似，但是并网变换器工作时，可与电网进行双向能量交换，同时进行分时计价，将产生的费用计入目标函数。直流微电网与电网进行能量交换时，根据当前时段的购电、售电价格采用分时计价策略，并可采用高峰售电、低谷购电的策略实现获利。

方案四：单向并网运行。使用单向并网变换器，不使用蓄电池，系统只能并网运行，即 P_{bat}^{g}、P_{bat}^{l}、P_{gcc}^{b}、P_{reg}^{b}、P_{reg}^{g} 均为零。该情形下，当可再生能源发电量小于负载需求电量时，不足的电量由并网变换器从交流电网购电补充，若并网变换器以最大允许功率向电网购电，系统供电仍不足，则不足的电量记为负载失电量。

方案五：双向并网运行。该方案类似于方案四，但采用双向并网变换器，当可再生能源发电量大于负载需求电量时，多出的电量通过并网变换器向交流电网售电。该方案同样可利用电价差通过高发低储（电网电价高时发电，电价低时储电）获利。

7.2.4　容量优化配置结果求解方法

直流微电网容量优化配置求解流程图如图 7.4 所示，其中系统优化变量为光伏阵列数量 N_{pv}、风力发电机数量 N_{wt}、储能单元蓄电池组容量 E_{bat} 及功率 P_{bat}，以及并网变换器额定功率 P_{con}。首先对以上数据在前述粒子群算法中进行初始化，主要包括粒子群的规模、初始速度和位置等，然后针对种群中的每个粒子，结合气象数据与可再生能源发电单元模型得到系统中光伏发电单元和风力发电单元每小时的出力数据。

接下来结合并网变换器模型、蓄电池模型，根据 7.2.3 节的运行方案和负载年度数据，在满足各单元和系统约束条件的情况下分别完成全年 8 760 h 的系统运行仿真，得到光伏发电单元和风力发电单元的年发电总量、蓄电池容量和功率、并网变换器额定功率及上网电价等。之后根据所得各单元容量、功率以及单位投资、运维费用和上网电价等经济数据计算系统的年化投资费用和运行维护成本，同时根据统计的年失电量和可再生能源发电量计算系统中负载失电率和

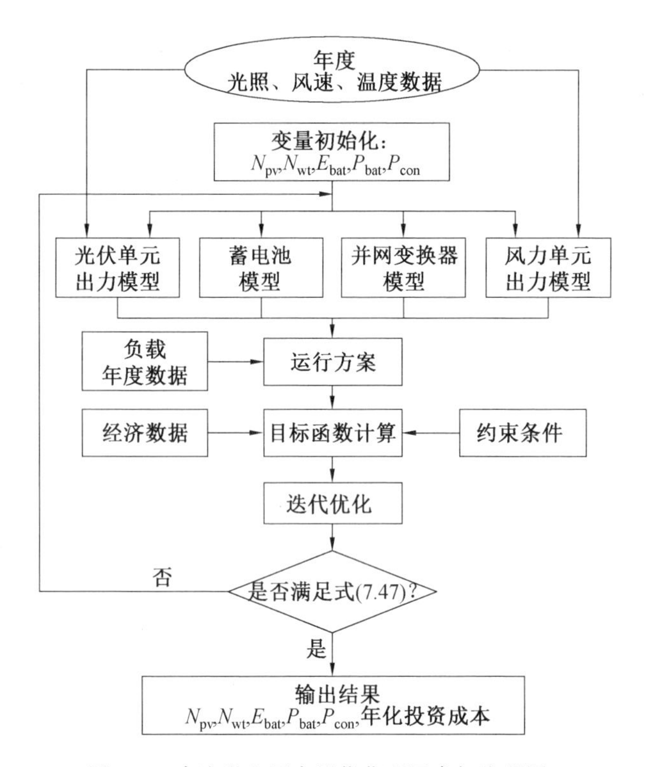

图 7.4　直流微电网容量优化配置求解流程图

可再生能源利用率，并以惩罚函数的形式计入。粒子群算法对上述经济模型进行求解，并不断迭代优化，在符合优化要求后，输出配置结果和求解目标值。

系统中各单元的出力优先级、并网变换器运行象限和配置范围由运行方案确定，可按上述步骤分别完成 7.2 节中 5 种不同运行方案的系统容量优化配置，并记录对应的优化配置结果。

7.3　直流微电网优化配置案例分析

本节利用上述系统模型、约束条件及优化方法，根据设备投资、运维费用和气象、负载数据对直流微电网的容量优化配置进行仿真计算，对系统不同运行模式进行验证，并对所得优化配置结果进行分析、对比。

7.3.1　案例数据与说明

首先采用 HOMER 软件获取某地区典型年光照量、风速、温度和负载年度

数据，用于计算直流微电网系统中光伏、风力发电机的出力及负载用电情况。其中，当地年平均光照强度 242 kW/m^2，年平均风速 5.05 m/s，年平均温度 28 ℃，负载峰值 1 881.9 kW，负载全年平均值 763.8 kW，年负载量 6 690 876 kW·h。

系统中光伏组件、风力发电机组、蓄电池组和光伏并网变换器等设备的投资费用、运行维护费用及使用年限等参数见表 7.1～7.4。其中光伏组件额定功率为 1 kW，风力发电机单机功率为 30 kW，折现率 r 为 6%。光伏组件可根据其安装地点、安装角度下的光照强度和环境温度计算出力，风力发电机可根据所捕获的风力大小结合其自身切入、切出风速计算出力，蓄电池的使用年限通过 7.1.2 节所介绍的等效电量权重法进行在线估算。

表 7.1　光伏组件参数

额定功率 /kW	地表倾斜角 /(°)	地表方位角 /(°)	温度系数	投资费用 /(元·kW^{-1})	运行维护费用 /(元·(kW·h)$^{-1}$)	使用年限 /年
1	22	0	−0.005	6 195	0.009 6	25

表 7.2　风力发电机组参数

单机功率 /kW	安装高度 /m	切入风速 /(m·s^{-1})	切出风速 /(m·s^{-1})	投资费用 /(万元·kW^{-1})	运行维护费用 /(元·(kW·h)$^{-1}$)	使用年限 /年
30	15	3	24	27	0.029 6	20

表 7.3　蓄电池组参数

充放电效率	SoC_{min}	SoC_{max}	蓄电池容量投资费用 /(元·(kW·h)$^{-1}$)	蓄电池功率投资费用 /(元·kW^{-1})	运行维护费用 /(元·(kW·h)$^{-1}$)	使用年限 /年
0.86	0.2	0.9	297	125	0.010	*

* 蓄电池寿命在线估算

表 7.4　光伏并网变换器参数

整流效率	逆变效率	投资费用/(元·kW^{-1})	运行维护费用 /(元·(kW·h)$^{-1}$)	使用年限 /年
0.95	0.95	2 500	0.01	20

直流微电网处于并网运行模式并与电网发生能量交换时，依据 7.2 节所述

运行方案，采用分时计价策略高发低储，并将与电网发生的费用计入系统经济目标函数。分时段电价见表7.5，其中峰时段为10:00—11:00和19:00—21:00，平时段为07:00—09:00、12:00—18:00和22:00—23:00，谷时段为00:00—06:00。

表7.5 分时段电价

电价	谷时段	平时段	峰时段
购电价格 /(元·$(kW·h)^{-1}$)	0.32	0.49	0.65
售电价格 /(元·$(kW·h)^{-1}$)	0.25	0.37	0.45

7.3.2 系统年化费用分析

针对7.2节所述5个运行方案，通过表7.1～7.4所示参数，采用MATLAB软件依据所提直流微电网容量优化配置方法和图7.4所示流程图进行编程，并通过粒子群算法对目标值进行求解。其中系统仿真总时间为1 a，最小时间间隔为1 h，系统离并网切换运行时最大离网运行天数为10 d，粒子群算法中种群数量为40个，最大迭代次数j_{max}为200次。

首先选取不同负载失电率，对5个运行方案优化配置后的系统年化费用进行考察。不同负载失电率下的年化费用如图7.5所示，可以看出，针对前3个运行方案，在负载失电率为0%时，对应的系统年化费用较高，且以方案一最高，方案二次之，方案三最低为趋势。随着负载失电率的提高，前3种运行方案下的系统年化费用均发生下降，且下降趋势逐渐减缓。而针对运行方案四和方案五，随着负载失电率的提高，系统年化费用的降低并不明显。

可见，在系统中存在离网运行状态时，根据本地负载对供电质量的实际需求，选取适当的负载失电率可有效降低系统年化费用，从而避免不必要的投资浪费，且设置一定的负载失电率在系统只能离网运行时带来的成本下降是最可观的。而在系统完全并网运行时，由于并网变换器产生的费用比由可再生能源发电单元产生的费用低，且电网提供的电能较可再生能源稳定、可靠，因此负载失电率指标对并网运行方案下的系统年化费用影响不大，即系统的并网运行方案可在保证系统年化费用较低的情况下持续为负载供电。

在系统单向并网运行时，由于并网变换器的投资、维护成本低于可再生能源发电成本，系统的优化配置输出结果会偏向只采用并网变换器而不采用可再生

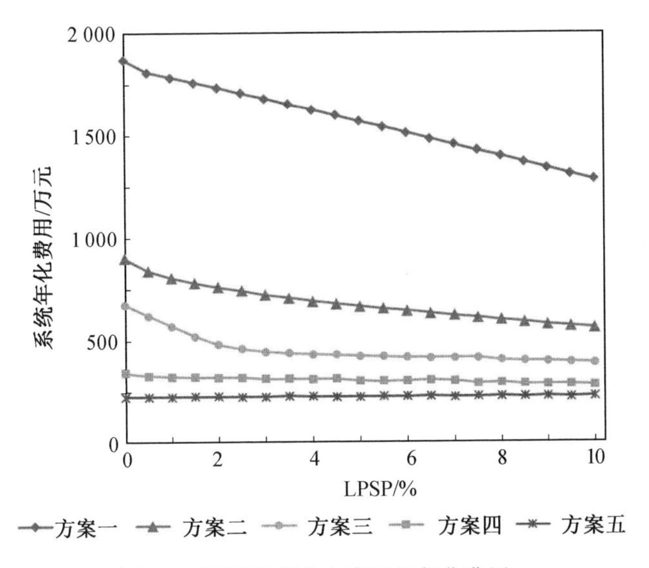

图 7.5　不同负载失电率下的年化费用

能源的情况。如之前所述，此时为了体现直流微电网清洁、低碳的优势，可对系统中可再生能源利用率进行约束。不同可再生能源利用率约束下方案四的系统年化费用与装机容量如图 7.6 所示。

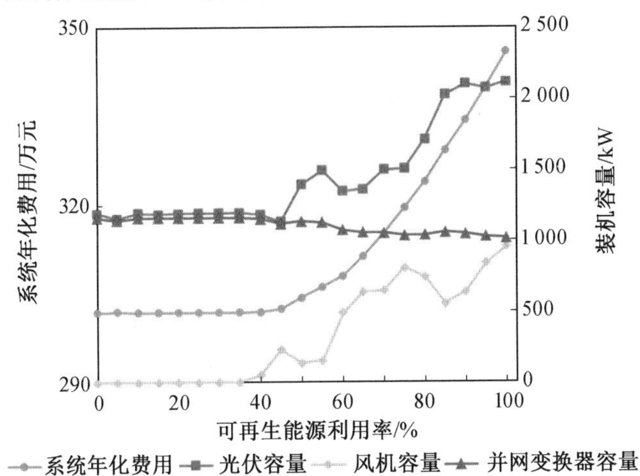

图 7.6　不同可再生能源利用率约束下方案四的系统年化费用与装机容量

可以看到，随着可再生能源利用率的提高，在高于约 40% 时，系统年化费用上升明显，并网变换器容量发生了一定下降，系统中可再生能源发电容量逐渐提高。在系统双向并网运行时，由于系统可依据不同时段上网电价通过高发低储获利，且通过提高可再生能源发电单元和并网变换器额定功率可使获利不断提高，为了保证当地输电线路正常运行并避免微电网工程不切实际地增大，可对此运行方案下的系统并网发电量进行限制。综上，可根据实际需求选取合理的可再生能源利用率和并网发电量限制，以使并网型直流微电网系统在投资费用、环境友好之间进行合理折中。

7.3.3 系统运行方案验证

通过以上优化配置结果，在MATLAB中对系统5个运行方案进行验证。根据上一节的分析，系统方案一至方案三中负载失电率选取为1%；方案四和方案五中负载失电率选取为0，可再生能源利用率选取为70%。记录一年中某天的系统运行数据，可得直流微电网系统不同运行模式下的各单元出力情况。从图7.7～7.11中可以观察到光伏、风机发电单元24 h的出力趋势，其中风机出力呈间歇波动特点，而光伏则在约12:00—14:00光照较强时段出现功率高峰，负载在午间和晚间时段出现了用电高峰，且晚间时段较为明显。下面是具体分析。

在方案一（即系统完全离网运行）中，各单元出力情况如图7.7所示，储能单元可在可再生能源发电单元出力较低时与其共同出力以满足负载供电需求；在可再生能源发电单元出力均较高时则进行充电储能。储能单元在满足其自身SoC和最大充、放电功率约束条件的情况下独立完成了系统的能量缓冲。

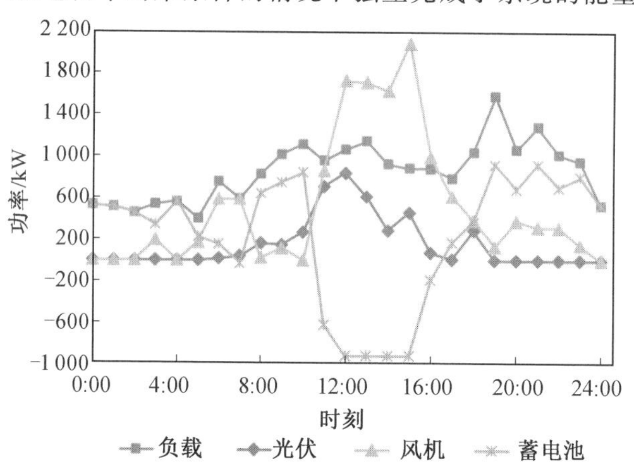

图7.7 方案一的各单元出力情况（彩图见附录）

在方案二（即系统单向离并网运行）中，各单元出力情况如图7.8所示，并网变换器在系统内能量不足时通过电网进行购电，尤其在用电谷时段电价较低时，并网变换器优先于储能单元对负载进行能量补充。但其能量流动是单向的，即

不可以向电网售电，这种运行模式可适应一些国家和地区要求的“上网不发电”政策。

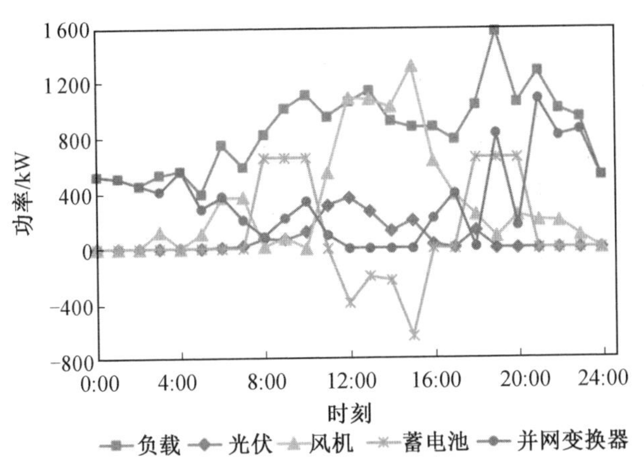

图7.8　方案二的各单元出力情况(彩图见附录)

在方案三(即系统双向离并网运行)中，系统的运行模式在方案二的基础上可实现并网变换器的能量双向流动，各单元出力情况如图7.9所示，可以看到此时蓄电池与并网变换器同时完成系统的能量缓冲。在中午时段光伏和风机总出力高于负载需求时，多余能量通过并网变换器向电网售电。

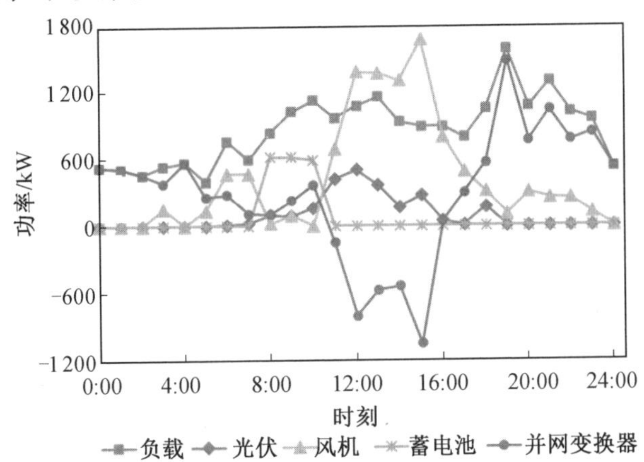

图7.9　方案三的各单元出力情况(彩图见附录)

在上述运行方案中，由于系统年失电率设置为1%，因此系统在运行过程中会出现光伏、风机、蓄电池和并网变换器总出力无法满足负载需求的情况，但这是在满足系统年失电率限制且系统投资费用较低的条件下完成的。

在方案四(即系统单向并网运行)中，各单元出力情况如图7.10所示，由于系统年失电率设置为0,并网变换器可在光伏和风机出力不及负载需求时,严格补充不足能量。由于并网变换器单象限运行,当系统存在能量过剩时则停机。

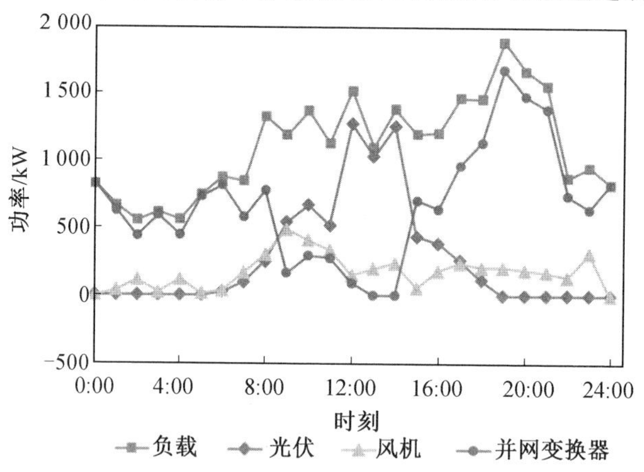

图7.10　方案四的各单元出力情况(彩图见附录)

在方案五(即系统双向并网运行)中,各单元出力情况如图7.11所示,此时系统中只存在光伏发电单元和并网变换器,且光伏发电单元配置数量较多,在午间时段出现能量高峰时,系统在发出能量满足负载需求的同时可将多余能量通过并网变换器向交流电网售电。

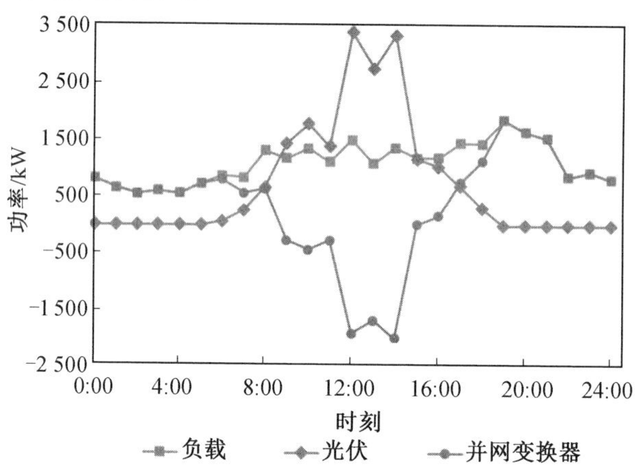

图7.11　方案五的各单元出力情况(彩图见附录)

由于以上优化配置结果是在满足系统约束条件、经济目标最低的前提下,计入各单元和并网变换器的投资与维护费用及低谷购电、高峰售电获利的情况下完成的,而图7.7～7.11所示的运行结果又是依据优化配置结果得到的,因此不仅有效验证了各运行方案的有效性,而且体现了不同运行方案下的系统经济运

行。从上述系统运行方案出力情况图中还可以看出，相比于方案一和方案二，方案三中储能单元的出力大小和频次都得以降低。

7.3.4　容量配置结果分析与对比

为了进一步对各单元配置数据进行对比与分析，选取固定约束条件对系统进行优化配置，5 种运行方案下系统具体优化配置结果见表 7.6。与 7.3.3 节相同，系统运行方案一至方案三中负载失电率选取为 1%；方案四和方案五中负载失电率选取为 0，可再生能源利用率选取为 70%。

表 7.6　5 种运行方案下系统具体优化配置结果

参数	方案一	方案二	方案三	方案四	方案五
光伏组件(1 kW)/套	3 439	1 506	2 037	1 636	4 409
风机(30 kW)/台	161	102	128	28	0
蓄电池容量/(kW·h)	21 345	6 595	5 693	—	—
蓄电池功率/kW	922	661	615	—	—
蓄电池寿命/年	6.6	6.48	7.3	—	—
并网变换器功率/kW	—	1 220	2 818	1 729	3 817
上网电价/万元	—	63.2	−193.1	149.5	−89.3
系统年化费用/万元	1 785.4	807.4	603.4	344.0	226.7

从表 7.6 可以看出，完全离网运行方案(方案一)年化费用最高，主要是由于可再生能源输出具有间歇性，为了在可再生能源出力不足时满足负载供电需求，系统必须配置较多的蓄电池，因此系统整体成本上升。在离并网运行方案(方案二、方案三)和完全并网运行方案(方案四、方案五)中，由于可以从电网购电或售电，系统年化费用逐步降低，且可通过售电使并网变换器双向并网运行时的系统年化费用较单向并网运行时的系统年化费用进一步降低，其中双向并网运行时，系统年化费用最低。对系统不同方案下的上网电价进行了统计，其中并网变换器双向运行时，系统均实现了上网发电获利。

在系统离网或离并网运行时，还对蓄电池的寿命进行了在线估算和统计，蓄电池使用年限在系统不同运行方案中得到了具体的估算并可根据其估算结果分别计算蓄电池的年化投资费用。方案三中蓄电池寿命较其他两个方案中高，这是由其充放电深度和使用频率共同决定的，蓄电池寿命的具体量化使该部分年化费用更符合实际情况。由于方案五中不存在离网运行且可通过提高发电量实现售电获利，因此系统配置结果偏向于只选用光伏发电单元作为系统中可再生能源，且其配置数量较其他方案数量多。

本章小结

本章根据低压直流微电网的组成与运行特点，建立了包含各单元出力模型、容量模型、系统经济目标函数及相关约束条件的系统优化配置模型，并利用粒子群算法进行系统优化配置求解。在求解过程中，考虑了系统中并网变换器投资费用及不同时段购电与售电费用，以其工作状态和运行象限为参考，制定了5种系统运行方案。考察了不同负载失电率和可再生能源利用率下的系统年化费用变化趋势，并依据所得结果对系统运行模式进行了验证。通过所提求解方法与评价手段，实现了基于运行方案与运行指标综合评价的直流微电网的容量优化配置。

参 考 文 献

[1] LASSETER B. Microgrids [distributed power generation][C]//Conference Proceedings (Cat. No. 01CH37194) of Power Engineering Society Winter Meeting. Columbus: IEEE,2002:146-149.

[2] 杜偲偲. 国外分布式能源发展对我国的启示[J]. 中国工程科学,2015(3):84-87,112.

[3] 丁明,王敏. 分布式发电技术[J]. 电力自动化设备,2004,24(7):31-36.

[4] POGAKU N, PRODANOVIC M, GREEN T C. Modeling, analysis and testing of autonomous operation of an inverter-based microgrid[J]. IEEE Transactions on Power Electronics,2007,22(2):613-625.

[5] NEJABATKHAH F,LI Y W. Overview of power management strategies of hybrid AC/DC microgrid[J]. IEEE Transactions on Power Electronics, 2015,30(12):7072-7089.

[6] XIN H,ZHANG L,WANG Z,et al. Control of island AC microgrids using a fully distributed approach[J]. IEEE Transactions on Smart Grid, 2015, 6(2):943-945.

[7] ZHENG X,ZENG Y,ZHAO M,et al. Early identification and location of short-circuit fault in grid-connected AC microgrid[J]. IEEE Transactions on Smart Grid,2021,12(4):2869-2878.

[8] ROCABERT J, LUNA A, BLAABJERG F, et al. Control of power converters in AC microgrids[J]. IEEE Transactions on Power Electronics,

2012,27(11):4734-4749.

[9] GUERRERO J M,CHANDORKAR M,LEE T,et al. Advanced control architectures for intelligent microgrids—Part I: Decentralized and hierarchical control[J]. IEEE Transactions on Industrial Electronics,2013,60(4):1254-1262.

[10] MAO M,GUERRERO J M,MATAS J,et al. Wireless-control strategy for parallel operation of distributed-generation inverters [J]. IEEE Transactions on Industrial Electronics,2006,53(5):1461-1470.

[11] ZHU Y,LIU B,WANG F,et al. A virtual resistance based reactive power sharing strategy for networked microgrid[C]//International Conference on Power Electronics and ECCE Asia (ICPE-ECCE Asia). Seoul:IEEE,2015:1564-1572.

[12] MICALLEF A,APAP M,SPITERI-STAINES C,et al. Cooperative control with virtual selective harmonic capacitance for harmonic voltage compensation in islanded microgrids[C]//IECON 2012 - 38th Annual Conference on IEEE Industrial Electronics Society. Montreal:IEEE,2012:5619-5624.

[13] SREEKUMAR P,KHADKIKAR V. A new virtual harmonic impedance scheme for harmonic power sharing in an islanded microgrid[J]. IEEE Transactions on Power Delivery,2016,31(3):936-945.

[14] HE J,LI Y,BLAABJERG F. An enhanced islanding microgrid reactive power, imbalance power, and harmonic power sharing scheme[J]. IEEE Transactions on Power Electronics,2015,30(6):3389-3401.

[15] 王晓寰,张纯江. 分布式发电系统无缝切换控制策略[J]. 电工技术学报,2012,27(2):218-222.

[16] LI R,XU D. Parallel operation of full power converters in permanent-magnet direct-drive wind power generation system[J]. IEEE Transactions on Industrial Electronics,2013,60(4):1619-1629.

[17] XING X, ZHANG Z, ZHANG C, et al. Space vector modulation for circulating current suppression using deadbeat control strategy in parallel three-level neutral clamped inverters[J]. IEEE Transactions on Industrial Electronics,2017,64(2):977-987.

[18] GAO F,NIU D,TIAN H,et al. Control of parallel-connected modular

multilevel converters[J]. IEEE Transactions on Power Electronics,2015,30(1):372-386.

[19] BORREGA M, MARROYO L, GONZÁLEZ R, et al. Modeling and control of a master-slave PV inverter with N-paralleled inverters and three-phase three-limb inductors [J]. IEEE Transactions on Power Electronics,2013,28(6):2842-2855.

[20] CHEN H C, LU C Y, ROUT U S. Decoupled master-slave current balancing control for three-phase interleaved boost converters[J]. IEEE Transactions on Power Electronics,2018,33(5):3683-3687.

[21] LI K,WANG X,DONG Z,et al. Elimination of zero sequence circulating current between parallel operating three-level inverters[C]//IECON 2016-42nd Annual Conference of the IEEE Industrial Electronics Society. Florence:IEEE,2016:2277-2282.

[22] LIU P,CHEN C,CAI J,et al. Stability analysis of instantaneous average current sharing control strategy for parallel operation of UPS modules [C]//Energy Conversion Congress and Exposition (ECCE). Montreal: IEEE,2015:1238-1242.

[23] JUNG H S, SUL S K. A design of circulating current controller for paralleled inverter with non-isolated DC-link [C]//3rd International Future Energy Electronics Conference and ECCE Asia. Kaohsiung:IEEE, 2017:1913-1919.

[24] GUERRERO J M,MATAS J,VICUNA L G D,et al. Decentralized control for parallel operation of distributed generation inverters using resistive output impedance[J]. IEEE Transactions on Industrial Electronics,2007, 54(2):994-1004.

[25] KIM J,GUERRERO J M,RODRIGUEZ P,et al. Mode adaptive droop control with virtual output impedances for an inverter-based flexible AC microgrid[J]. IEEE Transactions on Power Electronics, 2011, 26 (3): 689-701.

[26] GUO F, WEN C, MAO J, et al. Distributed secondary voltage and frequency restoration control of droop-controlled inverter-based microgrids [J]. IEEE Transactions on Industrial Electronics,2015,62(7):4355-4364.

[27] YAO W,CHEN M,MATAS J,et al. Design and analysis of the droop

control method for parallel inverters considering the impact of the complex impedance on the power sharing[J]. IEEE Transactions on Industrial Electronics,2011,58(2):576-588.

[28] NASIRIAN V, SHAFIEE Q, GUERRERO J M, et al. Droop-free distributed control for AC microgrids[J]. IEEE Transactions on Power Electronics,2016,31(2):1600-1617.

[29] DE BRABANDERE K, BOLSENS B, VAN DEN KEYBUS J, et al. A voltage and frequency droop control method for parallel inverters[J]. IEEE Transactions on Power Electronics,2007,22(4):1107-1115.

[30] ZHANG X G, ZHANG W J, CHEN J M, et al. Deadbeat control strategy of circulating currents in parallel connection system of three-phase PWM converter[J]. IEEE Transactions on Energy Conversion, 2014, 29(2): 406-417.

[31] 于玮,徐德鸿.基于虚拟阻抗的不间断电源并联系统均流控制[J].中国电机工程学报,2009,29(24):32-39.

[32] LI Y, MAI R, LU L, et al. Active and reactive currents decomposition-based control of angle and magnitude of current for a parallel multiinverter IPT system[J]. IEEE Transactions on Power Electronics, 2017, 32(2): 1602-1614.

[33] GUERRERO J M, DE VICUNA L G, MATAS J, et al. A wireless controller to enhance dynamic performance of parallel inverters in distributed generation systems [J]. IEEE Transactions on Power Electronics,2004,19(5):1205-1213.

[34] CHEN Y, GUO H, MA H, et al. Circulating current minimisation of paralleled 400 Hz three-phase four-leg inverter based on third harmonics injection[J]. The Journal of Engineering,2018(13):512-519.

[35] DRAGICEVIC T, LU X, VASQUEZ J C, et al. DC Microgrids—Part Ⅰ: A review of control strategies and stabilization techniques[J]. IEEE Transactions on Power Electronics, 2016, 31(7): 4876-4891.

[36] DRAGICEVIC T, LU X, VASQUEZ J C, et al. DC Microgrids—Part Ⅱ: A review of Power architectures, applications, and standardization issues [J]. IEEE Transactions on Power Electronics,2016,31(5):3528-3549.

[37] CVETKOVIC I, DONG D, ZHANG W, et al. A testbed for experimental

validation of a low-voltage DC nanogrid for buildings [C]//15th International Power Electronics and Motion Control Conference (IPEMC). Novi Sad:IEEE,2012:51-58.

[38] 王成山. 微电网分析与仿真理论[M]. 北京:科学出版社,2013:1-12.

[39] WUNDER B,KAISER J,FERSTERRA F,et al. Energy distribution with DC microgrids in commercial buildings with power electronics[C]//2015 International Symposium on Smart Electric Distribution Systems and Technologies (EDST). Vienna:IEEE,2015:425-430.

[40] LIU C,CHAU K T,DIAO C X,et al. A new DC micro-grid system using renewable energy and electric vehicles for smart energy delivery[C]//2010 IEEE Vehicle Power and Propulsion Conference. Lille:IEEE,2010:1-6.

[41] KAKIGANO H, MIURA Y, ISE T. Low-voltage bipolar-type DC microgrid for super high quality distribution[J]. IEEE Transactions on Power Electronics,2010,25(12):3066-3075.

[42] 吴卫民,何远彬,耿攀,等. 直流微电网研究中的关键技术[J]. 电工技术学报,2012,27(1):98-106.

[43] SALOMONSSON D, SODER L, SANNINO A. An adaptive control system for a DC microgrid for data centers[J]. IEEE Transactions on Industry Applications,2008,44(6):1910-1917.

[44] CHEN D,XU L. Autonomous DC voltage control of a DC microgrid with multiple slack terminals[J]. IEEE Transactions on Power Systems,2012,27(4):1897-1905.

[45] 王成山,高菲,李鹏,等. 低压微网控制策略研究[J]. 中国电机工程学报,2012,32(25):2-9.

[46] VERMA V, TALPUR G G. Decentralized master-slave operation of microgrid using current controlled distributed generation sources[C]//IEEE International Conference on Power Electronics, Drives and Energy Systems. Bengaluru:IEEE,2012:1-6.

[47] EGHTEDARPOUR N,FARJAH E. Distributed charge/discharge control of energy storages in a renewable-energy-based DC micro-grid[J]. IET Renewable Power Generation,2014,8(1):45-57.

[48] WANG B,SECHILARIU M,LOCMENT F. Intelligent DC microgrid with smart grid communications: control strategy consideration and design[J].

IEEE Transactions on Smart Grid,2012,3(4):2148-2156.
[49] 王毅,张丽荣,李和明,等.风电直流微网的电压分层协调控制[J].中国电机工程学报,2013,33(4):16-24.
[50] SUN K,ZHANG L,XING Y,et al. A distributed control strategy based on DC bus signaling for modular photovoltaic generation systems with battery energy storage[J]. IEEE Transactions on Power Electronics,2011,26(10):3032-3045.
[51] GU Y,XIANG X,LI W,et al. Mode-adaptive decentralized control for renewable DC microgrid with enhanced reliability and flexibility[J]. IEEE Transactions on Power Electronics,2014,29(9):5072-5080.
[52] XU S,SRDJAN L,ALEX Q. DC zonal micro-grid architecture and control[C]//36th Annual Conference on IEEE Industrial Electronics Society. Glendale:IEEE,2010:2988-2993.
[53] SCHONBERGER J, DUKE R, ROUND S D. DC-bus signaling: A distributed control Strategy for a hybrid renewable nanogrid[J]. IEEE Transactions on Industrial Electronics, 2006,53(5):1453-1460.
[54] 张犁,孙凯,吴田进,等.基于光伏发电的直流微电网能量变换与管理[J].电工技术学报,2013,28(2):248-254.
[55] EGHTEDARPOUR N, FARJAH E. Control strategy for distributed integration of photovoltaic and energy storage systems in DC micro-grids[J]. Renewable Energy,2012,45(1):96-110.
[56] PENG Y,NEHORAI A. Joint optimization of hybrid energy storage and generation capacity with renewable energy[J]. IEEE Transactions on Smart Grid,2014,5(4):1566-1574.
[57] YANG H,ZHOU W,LU L,et al. Optimal sizing method for stand-alone hybrid solar-wind system with LPSP technology by using genetic algorithm[J]. Solar Energy,2008,82 (4): 354-367.
[58] BAHRAMIRAD S, REDER W, KHODAEI A. Reliability-constrained optimal sizing of energy storage system in a microgrid[J]. IEEE Transactions on Smart Grid,2012,3(4):2056-2062.
[59] 林少伯,韩民晓,赵国鹏,等.基于随机预测误差的分布式光伏配网储能系统容量配置方法[J].中国电机工程学报,2013,33(4):25-33.
[60] 卢洋,卢锦玲,石少通,等.考虑随机特性的微电网电源优化配置[J].电力系

统及其自动化学报,2013,25(3):108-114.

[61] ZHAO B,ZHANG X,CHEN J,et al. Operation optimization of standalone microgrids considering lifetime characteristics of battery energy storage system[J]. IEEE Transactions on Sustainable Energy, 2013, 4 (4): 934-943.

[62] 刘波. 粒子群优化算法及其工程应用[M]. 北京:电子工业出版社,2010: 1-24.

[63] 孙俊,方伟,吴小俊. 量子行为粒子群优化:原理及其应用[M]. 北京:清华大学出版社,2011:1-10.

[64] LING S H,LEUNG F H F,LAM H K,et al. A novel genetic-algorithm-based neural network for short-term load forecasting [J]. IEEE Transactions on Industrial Electronics,2003,50(4):793-799.

[65] HUNG Y C,LIN F J,HWANG J C,et al. Wavelet fuzzy neural network with asymmetric membership function controller for electric power steering system via improved differential evolution[J]. IEEE Transactions on Power Electronics,2015,30(4):2350-2362.

[66] WANG Y, SHEN Y, YUAN X, et al. Operating point optimization of auxiliary power unit based on dynamic combined cost map and particle swarm optimization[J]. IEEE Transactions on Power Electronics, 2015, 30(12):7038-7050.

[67] 黄伟,黄婷,周欢,等. 基于改进微分进化算法的微电网动态经济优化调度[J]. 电力系统自动化,2014,38(9):211-217.

[68] 侯云鹤,鲁丽娟,熊信艮,等. 改进粒子群算法及其在电力系统经济负载分配中的应用[J]. 中国电机工程学报,2004,24(7):99-104.

[69] 郭力,刘文建,焦冰琦,等. 独立微网系统的多目标优化规划设计方法[J]. 中国电机工程学报,2014,34(4):524-536.

[70] 马溪原,吴耀文,方华亮,等. 采用改进细菌觅食算法的风/光/储混合微电网电源优化配置[J]. 中国电机工程学报,2011,31(25):17-25.

[71] MORADI M H,ESKANDARI M,MAHDI H S. Operational strategy optimization in an optimal sized smart microgrid[J]. IEEE Transactions on Smart Grid,2015,6(3):1087-1095.

[72] SHI Z, PENG Y G, WEI W. Optimal sizing of DGs and storage for microgrid with interruptible load using improved NSGA-II[C]//IEEE

Congress on Evolutionary Computation (CEC). Beijing: IEEE, 2014: 2108-2115.

名 词 索 引

A

B

C

D

E

附录　部分彩图

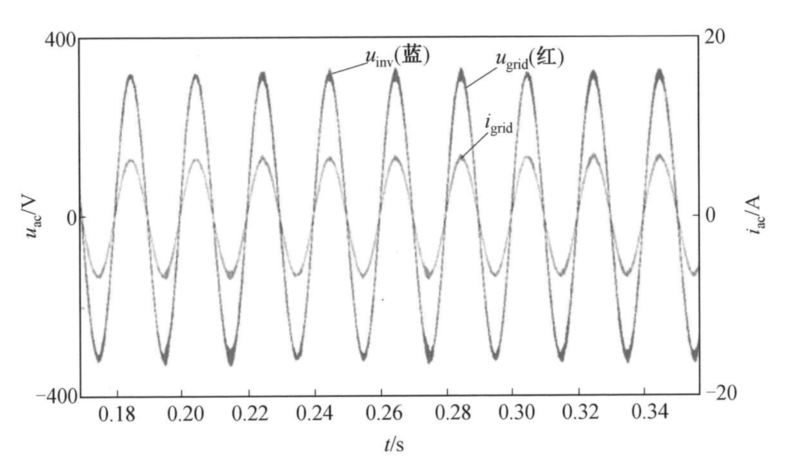

图 3.12

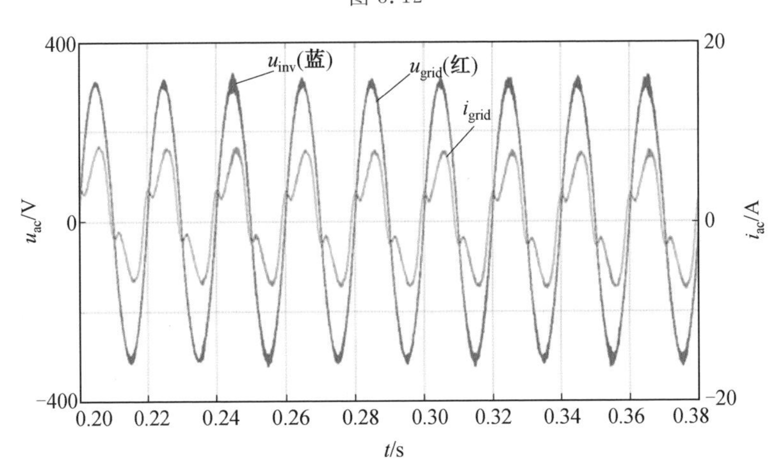

图 3.13

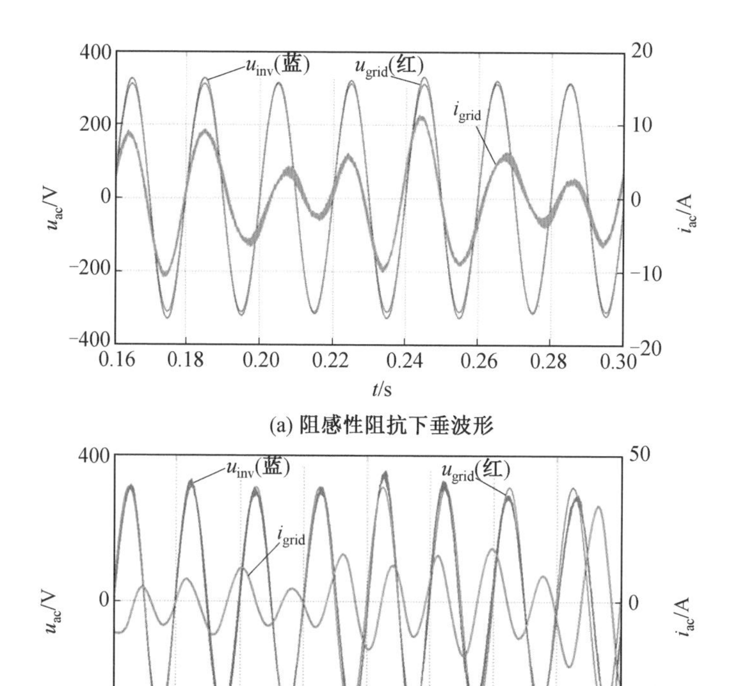

(a) 阻感性阻抗下垂波形

(b) 阻感性阻抗倒下垂波形

图 3.21

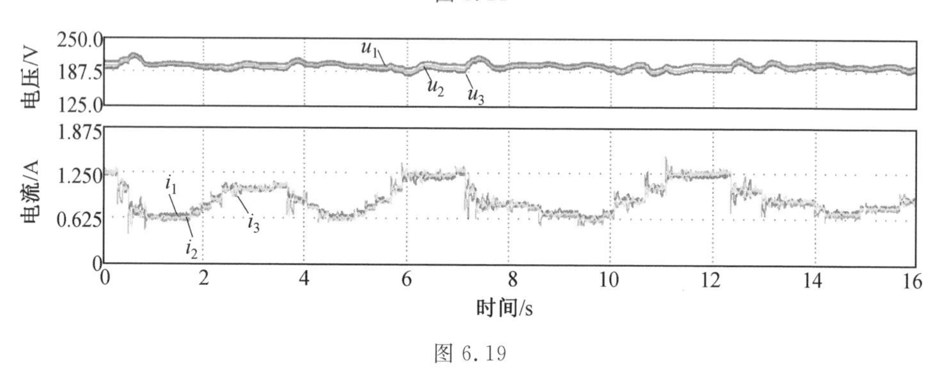

图 6.19

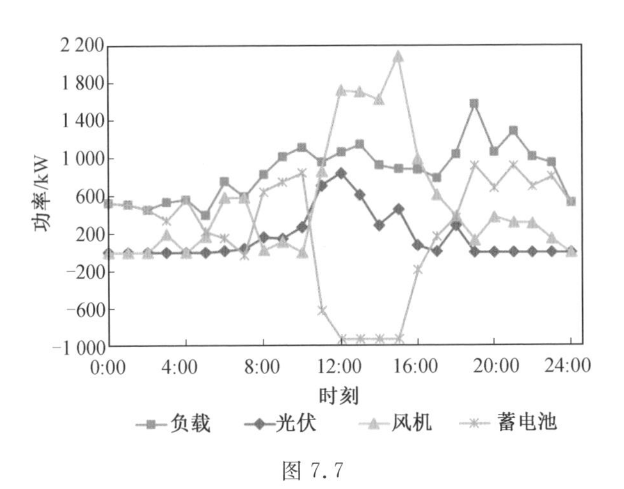
2 200
1 800
1 400
1 000
600
200
-200
-600
-1 000
功率/kW
0:00
4:00
8:00
12:00
16:00
20:00
24:00
时刻
负载
光伏
风机
蓄电池

图 7.7

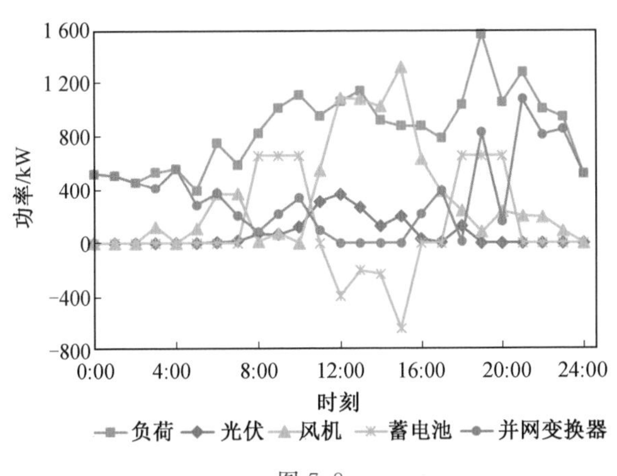
1 600
1 200
800
400
0
-400
-800
功率/kW
0:00
4:00
8:00
12:00
16:00
20:00
24:00
时刻
负荷
光伏
风机
蓄电池
并网变换器

图 7.8

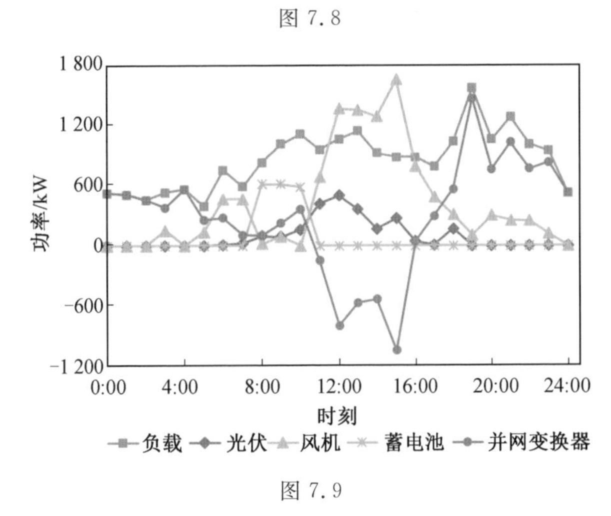
1 800
1 200
600
0
-600
-1 200
功率/kW
0:00
4:00
8:00
12:00
16:00
20:00
24:00
时刻
负载
光伏
风机
蓄电池
并网变换器

图 7.9

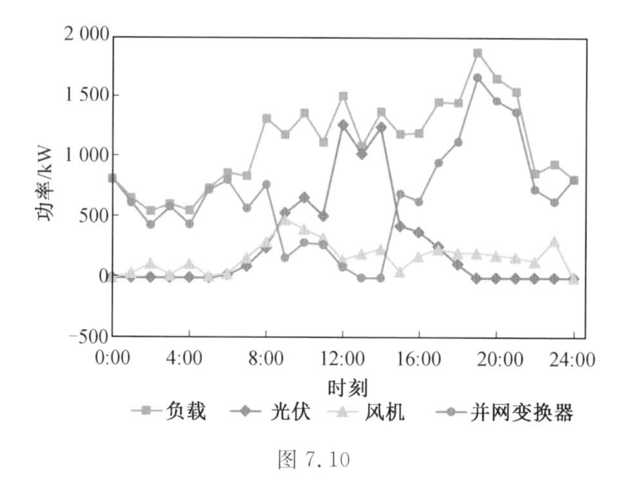
2 000
1 500
1 000
500
0
-500
功率/kW
0:00
4:00
8:00
12:00
16:00
20:00
24:00
时刻
负载
光伏
风机
并网变换器

图 7.10

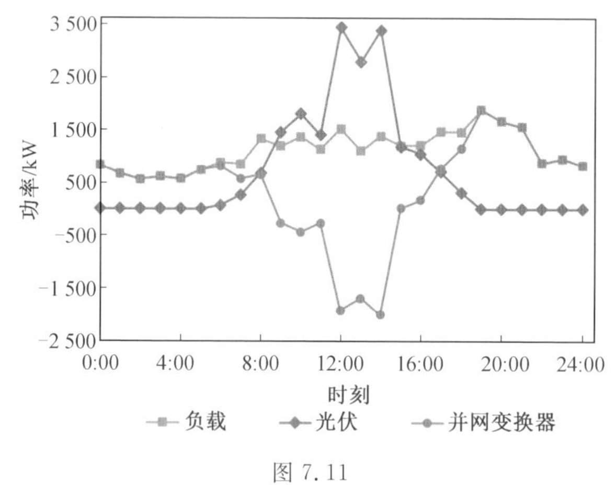
3 500
2 500
1 500
500
-500
-1 500
-2 500
功率/kW
0:00
4:00
8:00
12:00
16:00
20:00
24:00
时刻
负载
光伏
并网变换器

图 7.11